V. Aschoff

Geschichte der Nachrichtentechnik

Band 2
Nachrichtentechnische Entwicklungen in der ersten
Hälfte des 19. Jahrhunderts

2. Auflage

Mit 119 Abbildungen

Springer-Verlag
Berlin Heidelberg New York
London Paris Tokyo
Hong Kong Barcelona Budapest

Prof. Dr.-Ing. Volker Aschoff
Tannenweg 5
78126 Königsfeld-Burgberg

ISBN-13:978-3-642-79322-6   e-ISBN-13:978-3-642-79321-9
DOI: 10.1007/978-3-642-79321-9

Die Deutsche Bibliothek — CIP-Einheitsaufnahme
Aschoff, Volker:
Geschichte der Nachrichtentechnik / V. Aschoff.
Berlin ; Heidelberg ; New York ; London ; Paris ; Tokyo ; Hong Kong ;
Barcelona ; Budapest : Springer.
Bd. 2. Nachrichtentechnische Entwicklungen in der ersten
Hälfte des 19. Jahrhunderts. — 2. Aufl. — 1995
  ISBN-13:978-3-642-79322-6

Satz: Druckhaus „Thomas Müntzer" GmbH, Bad Langensalza
SPIN 10483632   60/3020-5 4 3 2 1 0 — Gedruckt auf säurefreiem Papier

Vorwort zur 2. Auflage

Nach dem Erscheinen der 1. Auflage wurde der Verfasser durch Leserbriefe und Rezensionen in dankenswerter Weise auf unklare, mißverständliche oder unvollständige Textstellen aufmerksam gemacht; in der vorliegenden 2. Auflage wurde versucht, diese Mängel zu beheben, soweit dies ohne Erweiterung des Gesamtumfanges möglich war.

Königsfeld-Burgberg, Dezember 1994 Volker Aschoff

Vorwort

Als Fortsetzung der 1984 erschienenen Geschichte der Nachrichtentechnik von ihren Anfängen im klassischen Altertum bis zum Ende des 18. Jh. (im folgenden Band 1 genannt, siehe Seite XIV), behandelt der vorliegende Band 2 die Entwicklung der Nachrichtentechnik in der 1. Hälfte des 19. Jh., in der „Galvanismus" und „Elektromagnetismus" die entscheidenden Voraussetzungen für eine „elektrische Nachrichtentechnik" schufen.

Dieser Zeitraum ist in der bisherigen Historiographie meist unter dem Gesichtspunkt der Erfindungsprioritäten behandelt worden; die vorliegenden Beiträge bemühen sich stattdessen darum, anhand der zeitgenössischen Quellen vor allem zu zeigen, nicht wann, sondern wie es zu den einzelnen Erfindungen und Entwicklungen und zu deren ersten Anwendung in der Praxis kam.

Neue Techniken entstehen nicht nur als Folge fortschreitender naturwissenschaftlicher Erkenntnisse, sie setzen auch potentielle Märkte voraus; an einigen charakteristischen Beispielen wird daher auch gezeigt, welche politischen, wirtschaftlichen oder gesellschaftlichen Faktoren zur Entwicklung und praktischen Einführung der elektrischen Nachrichtentechnik beigetragen haben.

Die Beschäftigung mit den zeitgenössischen Quellen erlaubte es, einige Erfindungen und Entwicklungen etwas ausführlicher zu behandeln, als dies bislang in der deutschsprachigen Literatur geschehen ist; auf der anderen Seite wurden manche Zusammenhänge unter bewußtem Verzicht auf Vollständigkeit nur exemplarisch behandelt und dabei auf die früheren ausführlichen Darstellungen bei Schellen [109], Zetzsche [139] und Karass [74] verwiesen.

Wie Band 1 enthält auch der vorliegende Band 2 viele wörtliche Zitate aus der zeitgenössischen Literatur; sie sollen die Schwierigkeiten aufzeigen, die durch das anfängliche Fehlen einer einheitlichen Fachterminologie bedingt waren.

Die Gliederung des Buches geht aus dem Inhaltsverzeichnis hervor. Da heutzutage wohl nur wenige Leser die Zeit und Geduld aufbringen werden, alle Kapitel nacheinander zu lesen, wurde versucht, die einzelnen Beiträge auch für sich allein lesbar zu gestalten, das führte gelegentlich zu kurzen Wiederholungen, die das gedankliche Einordnen in den chronologischen Ablauf erleichtern sollen.

Dieses Buch wäre nicht zustande gekommen ohne das hilfreiche Interesse, das H. D. Lüke und die Mitarbeiter des Instituts für Elektrische Nachrichtentechnik der RWTH Aachen den Arbeiten des Verfassers auch nach seiner Emeritierung entgegengebracht haben. Der Verfasser bedankt sich für die im Rahmen einer experimentellen Technik-Archäologie durchgeführten Versuche, für die Hilfe bei der Literaturbeschaffung und bei der Fertigstellung des Manuskriptes und für die große Zahl der Bildvorlagen, die H. D. Biller nach den oft nur sehr flüchtigen Skizzen des Verfassers gezeichnet hat.

Wie schon bei Band 1 gab die ANT Nachrichtentechnik GmbH in Backnang bei dem vorliegenden Band 2 erneut in dankenswerter Weise Starthilfe. Das Interesse, daß die Entwicklungsingenieure auch in den letzten Jahren den Vorträgen des Verfassers entgegenbrachten, bestärkten ihn in der Überzeugung, daß die Beschäftigung mit der Technikgeschichte gerade auch in der stürmischen Entwicklung der Gegenwart ihre Berechtigung hat.

Königsfeld-Burgberg, Januar 1987

Inhaltsverzeichnis

VIII

Hinweise für den Leser:

Die Zahlen in eckigen Klammern [ ] verweisen auf das Literaturverzeichnis am Ende des
Buches.

Doppelt geschweifte Klammern { } in wörtlichen Zitaten enthalten erläuternde Hinweise
des Verfassers.

Inhaltsübersicht zu:
Geschichte der Nachrichtentechnik (Band 1)

I Von Galvani und Volta zu Salvá und Soemmerring

A Vorbemerkung

Die technischen Verbesserungen der Reibungselektrisiermaschine, die Erfindung des Kondensators („Verstärkungsflasche", „Leydener Flasche", „Franklinsche Tafel") und die Fortschritte in der Deutung des Phänomens „Elektrizität" hatten in der zweiten Hälfte des 18. Jahrhunderts zu einer Reihe von Vorschlägen geführt, diese Errungenschaften auch zur Lösung nachrichtentechnischer Aufgaben zu nutzen (Bd. 1, Kap. VIII). Als gegen Ende des 18. Jahrhunderts neue Quellen von Phänomenen gefunden wurden, die denen der bisher bekannten Reibungselektrizität sehr ähnlich waren, führte dies zu Beginn des 19. Jahrhunderts zu Vorschlägen, auch diesen „Galvanismus" für den Bau von Telegraphen zu nutzen. Bevor auf diese Versuche eingegangen wird, soll in dem folgenden Abschnitt die Geschichte des Galvanismus wenigstens soweit in Erinnerung gebracht werden, als aus ihr Anregungen für eine nachrichtentechnische Anwendung hervorgegangen sind.

B Aus der Geschichte des Galvanismus

Der italienische Arzt und Naturforscher Luigi Galvani (1737 ... 1798) hatte in den 80er Jahren des 18. Jh. umfangreiche Untersuchungen über den Einfluß elektrischer Erscheinungen auf tierische Muskeln, vor allem an Froschschenkeln, durchgeführt. Er veröffentlichte einen ausführlichen Bericht über seine Experimente im Jahre 1791 in der Schrift „de viribus electricitatis in motu musculari Commentarius" [50], in der er neben vielem Anderen folgende Beobachtungen mitteilte:

1. Bei der Sektion eines Frosches zuckten dessen Schenkel zusammen, wenn die inneren Schenkelnerven mit der Spitze eines metallenen Messers berührt wurden und gleichzeitig aus dem Konduktor einer Reibungselektrisiermaschine ein Funken gezogen wurde. Die Zuckungen wurden sehr viel stärker, wenn die Muskeln des Froschschenkels durch einen Leiter mit der Erde verbunden wurden.

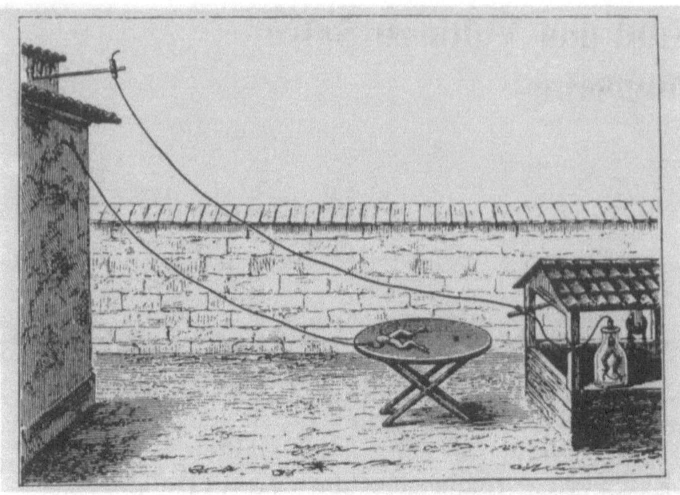

Bild I.1. Galvanis Beobachtung über den Einfluß der „natürlichen" Elektrizität auf die Muskelbewegung eines Froschschenkels

2. Das gleiche Phänomen konnte von einem entfernten Blitzschlag ausgelöst werden, wenn die Nerven des Froschschenkels mit einem von dem Dach des Hauses herabgeführten Draht verbunden wurden und die Muskeln zur Erde abgeleitet waren (Bild I.1)[1].
3. Eine Muskelkontraktion konnte schließlich auch ohne äußere elektrische Einflüsse ausgelöst werden, wenn zwischen den Nerven einerseits und den Muskeln andererseits eine elektrisch leitende Verbindung hergestellt wurde, und zwar vor allem dann, wenn dieser „äußere Verbindungsbogen" aus verschiedenen Metallen zusammengesetzt war.

Galvani schloß aus diesen Beobachtungen, daß es neben der „künstlichen" (Reibungs-)Elektrizität und der „natürlichen" (atmosphärischen) Elektrizität auch eine „tierische" Elektrizität gäbe und äußert die Vermutung, daß der Muskel der Sitz dieser neu entdeckten Elektrizität sei:

---

[1] R. W. Pohl [95] hat darauf hingewiesen, daß dies die erste dokumentierte Beobachtung einer — wie wir heute sagen würden — drahtlosen Signalübertragung über eine größere Entfernung war. Aber weder konnte man damals die physikalischen Zusammenhänge verstehen, noch konnte man voraussehen, daß es ein Jahrhundert später Marconi gelingen sollte, eine solche Übertragung technisch zu realisieren.

> „Dies angenommen wäre vielleicht die Hypothese zutreffend, die Muskelfaser
> sei gewissermaßen eine kleine Leydener Flasche oder ein anderer ähnlicher
> elektrischer, mit doppelter und entgegengesetzter Elektrizität geladener Körper,
> der Nerv aber sei mit dem Konduktor der Flasche und deshalb der ganze Muskel
> gleichsam mit einer Batterie Leydener Flaschen zu vergleichen"[2].

In der hier gespeicherten tierischen Elektrizität sah Galvani die Ursache der von ihm beobachteten Muskelkontraktionen, die ohne äußere elektrische Einflüsse ausgelöst worden waren.

Galvanis Veröffentlichung erregte bei den zeitgenössischen Naturforschern großes Aufsehen. Seine Versuche wurden an vielen Orten wiederholt und erweitert. Dabei bürgerte es sich ein, alle die physiologischen, physikalischen (und später auch chemischen) Phänomene, deren Untersuchung durch die Froschschenkelversuche Galvanis angeregt wurden, unter dem Begriff „Galvanismus" zusammenzufassen.

Besonders intensiv beschäftigte sich der italienische Physiker Alessandro Volta (1745 ... 1827) mit diesem neuen Problemkreis. Im Gegensatz zu Galvani kam er zu der Überzeugung, daß die Ursache der ohne äußere elektrische Einflüsse beobachteten Muskelkontraktionen nicht in einer tierischen Elektrizität, sondern in der Berührungsfläche zweier unterschiedlicher Metalle in dem äußeren Schließungsbogen zu suchen sei [134].

In einem Brief über die „beim Kontakt ungleicher Leiter erregte Elektrizität" schrieb er 1796 an Prof. Gren in Halle:

> „Sie sehen jetzt, worin das ganze Geheimnis, die ganze Magie des Galvanismus
> besteht. Sie ist nichts, als eine durch Berührung heterogener Leiter in Bewegung
> gesetzte künstliche Elektrizität"[3]

Tatsächlich hatte Volta bei seinen Versuchen eine weitere neue Quelle elektrischer Erscheinungen gefunden, die später von ganz großer praktischer Bedeutung werden sollte. Sein Anspruch, in dieser Quelle die ausschließliche Ursache des Galvanismus gefunden zu haben, stieß aber bei anderen Naturforschern auf Widerspruch. Zu ihnen gehörte Alexander von Humboldt (1769 ... 1859), der sich während seiner Tätigkeit als Oberbergmeister für die Fränkischen Fürstentümer

---

[2] Galvani: de viribus electricitatis in motu musculari Commentarius, zitiert nach Repr. d. Ausg. 1792 Berlin: Junk, 1925 Seite 40
„His admissis non inepta forte, neque a veritate omnino abludens hypothesis, atque conjectura illa esset, quae muscularem fibram ad exiguam veluti quamdam leidensem phialam, aut ad simile aliud electricum corpus referret duplici, eaque contraria electricitate instructum; nervum autem phialae conductori quodammodo compararet, atque totum propterea musculum cum leidensium phialarum congerie quasi componeret."
[3] Volta, Brugnatelli's Annali di Chimica 13 (1976) Seite 273 „Ecco in che consiste tutto il secreto, tutta la magià del *Galvanismo*. Ella è semplicente un' Elettricità artificiale, che vi rinova, mossa dai contatti di conduttori diversi."

(Bayreuth 1792 ... 1797) ebenfalls intensiv mit dem Galvanismus beschäftigt hatte.

Humboldt veröffentlichte die Ergebnisse seiner „Versuche über die gereitzte Muskel und Nervenfaser ...“ 1797 in einem Werk von fast 1000 Seiten Umfang [67][4]. Da nach seinen Erfahrungen die galvanischen Erscheinungen durch die Stärke des Reizes einerseits und durch die Erregbarkeit der Organe andererseits modifiziert werden, bemängelt er, daß andere Naturforscher die Betrachtung der Reizempfindlichkeit allzusehr vernachlässigt hätten. Viele Versuche müsse man hundertfältig wiederholen, „denn mit belebten Organen experimentiert man eigentlich immer unter neuen, und unbekannten Bedingungen“.

Unter Berücksichtigung dieser Vorsichtsmaßnahme findet Humboldt galvanische Erscheinungen „im Zustand erhöhter Reizempfindlichkeit“ bei organisch verbundenem Nerv und Muskel, bei einer Verbindung von Nerv und Muskel mittels feuchter Teile, mittels homogener Metalle und mittels heterogener Metalle; „im Zustand minderer Reizempfindlichkeit“ erfolgen Muskelkontraktionen dagegen nur mit „heterogenen Nerven- und Muskelarmaturen“ oder mit „homogenen Armaturen, zwischen denen ein heterogenes Metall liegt“.[5]

Im Rahmen eines Beitrages zur Geschichte der Nachrichtentechnik braucht hier nicht auf weitere Einzelheiten der galvanischen Versuche von Humboldt und auf seine „Vermuthungen über den chemischen Process des Lebens in der Thier- und Pflanzenwelt“ eingegangen werden. Es genügt hier, auf seine Feststellung hinzuweisen, daß — je nach den Versuchsbedingungen — neben der natürlichen (atmosphärischen) Elektrizität, der künstlichen (Reibungs-)Elektrizität und der von Volta gefundenen Metall-Elektrizität durchaus auch die von Galvani postulierte tierische Elektrizität als Auslöser von Muskelkontraktionen in Frage kommen konnte. Wie wir im nächsten Abschnitt sehen werden, sollte dies schon bald zu einem etwas seltsamen Vorschlag zur Anwendung des Galvanismus in der Telegraphie führen.

Von größerer Bedeutung für eine spätere praktische Anwendung auch im Bereich der Nachrichtentechnik wurden Voltas Bemühungen, das Wesen der metallischen Elektrizität unabhängig von ihrer physiologischen Wirkung genauer zu untersuchen. Er ordnete die Metalle hinsichtlich ihres Vermögens, bei Berührung miteinander „ein elektrisches Fluidum“ abzugeben, in eine Reihe, die mit Zink und Zinn begann und über Blei, Eisen, Kupfer u. a. mit Platin, Gold und Silber endete, und Ende 1799 gelang es ihm, die Wirksamkeit seiner metallischen

---

[4] Humboldts Werk ist „Dem großen Zergliederer S. Th. Soemmerring ...“ gewidmet. Über Soemmerring siehe Abschnitt D.

[5] Armaturen: Kontaktierung der Nerven- und Muskelfasern z. B. mit dünnen Metallfolien.

Elektrizitätsquellen zu vervielfachen, indem er mehrere sich direkt berührende Paare aus unterschiedlichen Metallen mit Hilfe feuchter oder flüssiger Übertragungsstrecken in Reihe schaltete. In einem Brief vom 20. März 1800 an den Präsidenten der Royal Society in London beschrieb Volta zwei Möglichkeiten einer solchen Reihenschaltung, die „Tassenkrone" (Bild I. 2) und den „Säulenapparat" (Bild I. 3) [134].

Die noch im gleichen Jahr erfolgte Veröffentlichung dieses Briefes in den „Philosophical Transactions of the Royal Society of London" löste heftige Diskussionen darüber aus, ob, wie Volta annahm, die Quelle des „Galvanismus" in der Berührungsfläche der beteiligten Metalle oder in Reaktionen zu suchen sei, die sich innerhalb der feuchten oder

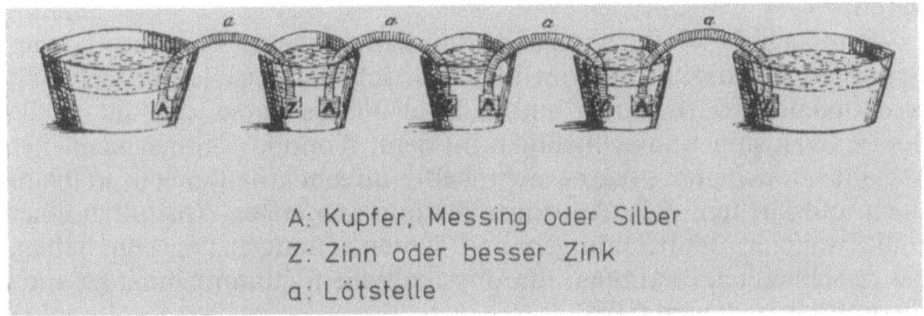

Bild I.2. Voltas „Tassenkrone" 1800

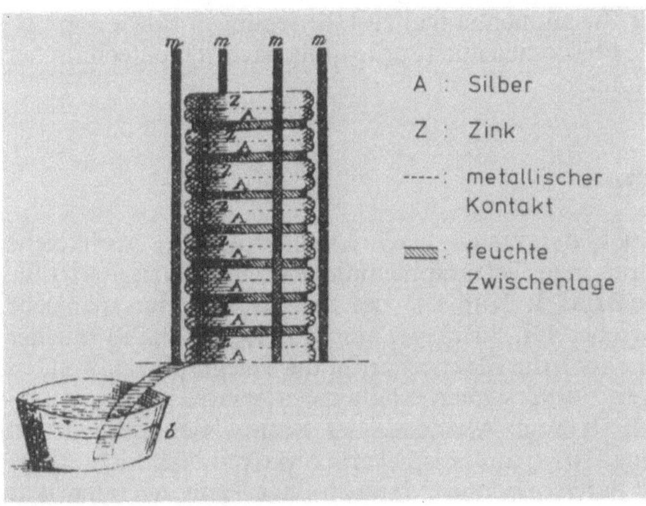

Bild I.3. Voltas „Säulenapparat" 1800

flüssigen Zwischenglieder abspielen könnten, und ob diese neue metallische Elektrizität identisch mit der in Leydener Flaschen speicherbaren Reibungselektrizität sei oder nicht.

Wichtiger als dieser Streit der Gelehrten erwies sich die Tatsache, daß die neuen von Volta angegebenen galvanischen Quellen einen kontinuierlich fließenden (elektrischen?) Strom lieferten, mit dessen Hilfe die zum Teil schon früher beobachteten durch elektrische Funken ausgelösten chemischen Reaktionen (z. B. die Zersetzung des Wassers in Wasserstoff- und Sauerstoffgas) nunmehr sehr viel genauer untersucht werden konnten und so der Zugang zu dem neuen Forschungsgebiet der Elektrochemie eröffnet wurde. Auf diesem Wege sollten im Verlauf der nächsten Jahrzehnte viele physikalische und chemische Phänomene geklärt werden, die um die Wende vom 18. zum 19. Jh. unter der sehr allgemeinen Bezeichnung „Galvanismus" zusammengefaßt worden waren.

Wenn sich dabei auch zeigen sollte, daß Galvanis Vermutung einer tierischen Elektrizität die von ihm beobachteten Erscheinungen nicht erschöpfend erklärt hatten, und daß sich Voltas These, daß die Quelle des Galvanismus ausschließlich in dem Kontakt unterschiedlicher Metalle zu suchen sei, später nicht mehr aufrecht erhalten ließ, so bleibt doch unbestritten, daß Galvani und Volta den ersten Anstoß zu einer Fülle weiterer Beobachtungen und Untersuchungen gegeben haben, die es schließlich erlaubten, die physikalischen Zusammenhänge auch theoretisch zu deuten [105].

Darüber hinaus werden die beiden nächsten Abschnitte zeigen, daß die von Galvani und Volta ausgelöste Beschäftigung mit dem „Galvanismus" schon frühzeitig (und lange vor einer endgültigen Klärung aller physikalischer Zusammenhänge) zu Überlegungen führte, ob und wie man dieses neue Phänomen auch zur Lösung nachrichtentechnischer Aufgaben nutzen könne.

C Salvá y Campillo

Unter dem Eindruck der ersten Nachrichten über die erfolgreiche Eröffnung einer optischen Telegraphenlinie zwischen Paris und Lille im Sommer 1794 (Band 1, Kap. X) beschäftigte sich der spanische Arzt und Naturforscher Dr. Salvá y Campillo (1751 ... 1828) mit der Frage, ob man nicht auch die Elektrizität für die Telegraphie anwenden könne. Nach einigen Vorversuchen erläuterte er sein Konzept im Dezember 1795 vor der Königl. Akademie der Naturwissenschaften und Künste zu Barcelona [107a] am Beispiel einer fiktiven Nachrichtenverbindung zwischen Barcelona und Mataró, einer kleinen Hafenstadt etwa 30 km nordöstlich von Barcelona (siehe Bild I. 4 oben):

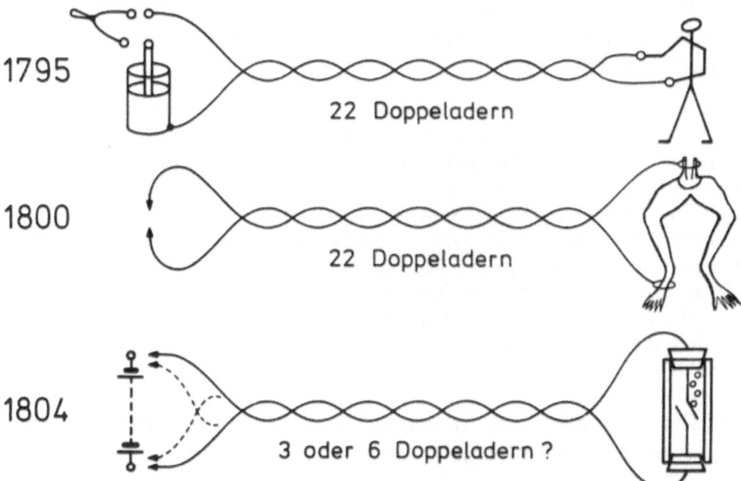

Bild I.4. Vorschläge von Salvá y Campillo für „elektrische" und „galvanische" Telegraphen

„Vorausgesetzt, es führt ein Draht von dieser Stadt nach Mataró und ein anderer von Mataró {zurück} nach Barcelona, und dort wäre ein Mann, der die Enden dieser Drähte in seinen Händen hält, . . . dann könnte man ihm mit einer Leydener Flasche . . . eine verabredete Nachricht zukommen lassen . . . Aber das ist nicht genug; es ist notwendig, jede beliebige Nachricht übertragen zu können.

Mit 22 Buchstaben . . . kann man alle Worte bilden, um jede beliebige Nachricht auszudrücken. Wenn 44 Drähte von Mataró zur Hauptstadt führten . . ., wenn dort 22 Männer die Enden dieser Drähte in Händen hielten, und wenn in Barcelona 22 geladene Leydener Flaschen {zur Verfügung stünden}, könnten wir mit den Bewohnern von Mataró sprechen. Dazu ist nur notwendig, jedem der 22 Männer einen Buchstaben {des Alphabetes} zuzuordnen, den er ansagt, wenn er einen elektrischen Schlag verspürt . . ."[6]

---

[6] Salvá [107a] Seite 3:
Esto supuesto, si desde esta ciudad á la de Mataró corriese un alambre, y otro desde Mataró á Barcelona, y hubiese allá un hombre que con sus manos agarrase los cabos de los dos alambres, con una botella de Leyden poco mayor que la de los ingleses sobredichos podria dársele la conmocion, y avisarle por medio de ella sobre un asunto convenido, como, por ejemplo, de la muerte de algun sujeto, con tanta prontitud como la del mejor telégrafo. Pero esto no basta, y es necesario que este instrumento pueda participar cualquiera noticia. En consecuencia, es preciso que la electricidad pueda hablar, si quiere aplicarse á la telegrafia, lo que no entiendo sea dificil conseguir.
Con veinte y dos letras, y aun con diez y ocho, pueden formarse todas las palabras que se requieren para comunicar cualquiera noticia. Ahora pues, si desde Mataró á esta capital corriesen 44 alambres, como los dos expresados arriba, hubiese allá 22 hombres que tuviesen los cabos de ellos, y en Barcelona 22 botellas de Leyden cargadas de electricidad, por medio de ellas se podria hablar con las gentes de aquella ciudad. Para esto ya no se necesitaba más, sino poner á cada uno de los 22 hombres sobredichos el nombre de una letra, y decirle que avisase cuando recibiese la conmocion eléctrica.

Um dem Einwand vorzubeugen, daß die getrennte Verlegung von 44 Drähten zwischen Barcelona und Mataró zu schwierig sein könnte, führt Salvá etwas später fort:

> „. . . es ist nicht notwendig, daß die Drähte einzeln verlaufen; sie können nach Art eines Seiles zusammengewickelt werden, ohne daß dadurch die Elektrizität sich durch andere als durch die für sie bestimmten Drähte bemerkbar macht . . .
>
> Bei meinen ersten Versuchen mit einem kleinen Telegraphen mittlerer Ausstattung habe ich die Drähte mit Papier umwickelt, sie dann verseilt und stets die Elektrizität durch die gewünschten Drähte geleitet. Das Papier war mit Pech oder einem anderen für diesen Zweck geeigneten ideoelektrischen Material gefirnist[7]. Wenn man die Außenseite des aus den Drähten gebildeten Seiles {ebenfalls} in der angedeuteten Weise behandelt, könnte es durch unterirdische Rohre verlaufen, die zur besseren Vorsicht mit ein oder zwei Lagen irgendeines Harzes bestrichen werden . . .“[8]

Obwohl Salvás Projekt aus heutiger Sicht wohl kaum für eine praktische Anwendung im Großen geeignet gewesen wäre, hat es in der damaligen Zeit offenbar sowohl in Spanien als auch anderenorts einen großen Eindruck gemacht. So veröffentlichte das Journal für Fabrik, Manufaktur, Handlung und Mode im Jahr 1797 [73] folgenden Bericht über eine „Neue Erfindung":

> „Der Doktor Salvá in Spanien hat einen elektrischen Telegraphen von ausnehmender Wirksamkeit erfunden. Der Friedensfürst {Manuel de Godoy, Herzog von Alcudia, erster Minister am Hofe Karls IV. von 1792 bis 1798} berief den Erfinder nach Madrid und stellte ihn bei Hofe vor, wo seine mit dem Telegraphen angestellten Versuche großen Beifall erhielten. Der Infant, Don Antonio, welcher mit dem Doktor Salvá gemeinschaftlich an der Verbesserung

---

[7] Dieser kurze Hinweis auf einen erfolgreichen „ersten Versuch" deutet darauf hin, daß Salvá hier offenbar nur mit wenigen Drähten und auf kurze Entfernung experimentiert hat. Eine praktische Ausführung im Großen wäre wohl kaum möglich gewesen, und zwar sowohl wegen der Schwierigkeit der Herstellung eines solchen Kabels als auch wegen der für die hohen Spannungen der Leydener Flaschen unzureichenden Isolierung und der Gefahr des Nebensprechens auf große Entfernungen. Zu der Anwendung papierisolierter Drähte bei Salvás Vorschlag von 1800 siehe auch Seite 10.

[8] Salvá [107a] Seite 4/5:
Pero no es necesario que los alambres corran separados; pueden ir juntos á modo de una cuerda, sin que por esto vaya la electricidad por otros que por los que se requieren para el intento; y está claro que una cuerda de 44 alambres no está muy expuesta á que la rompan ó desbaraten los chiquillos, especialmente haciéndola sostener por mástiles bien altos. En las primeras pruebas que hice con un pequeño telégrafo medio armado, vesti los alambres de papel, despues los rollé. y siempre dirigí la electricidad por los que quise. El papel barnizado con pez, ó con otra materia idioeléctrica seria más á propósito aun. Fuera de que saliendo bien del modo insinuado, la cuerda de alambres podria correr por caños subterráncos, dividiéndolos para mayor precaucion con una ó dos líneas de alguna resina . . .

dieser Erfindung arbeitet, wird einen sehr großen auf ungeheure Entfernung wirksamen Elektricitäts-Telegraphen errichten."[9]

Dies große plötzliche Interesse an Salvás Vorschlag, die Elektrizität für die Telegraphie anzuwenden, wird verständlich, wenn man sich daran erinnert, welch weltweites Aufsehen der praktische Erfolg der optischen Nachrichtenverbindung zwischen Paris und Lille im Jahre zuvor erregt hatte, für die erstmals der terminus technicus „Telegraph" eingeführt worden war (Band 1, Kap. XI).

An sich war Salvás Vorschlag einer buchstabenweisen elektrischen Nachrichtenübertragung über individuelle Leitungen nicht neu; in der zweiten Hälfte des 18. Jh. hatten C. M. in Scots Magazine, ein Anonymus im Journal de Paris, Lesage und Reußer schon ähnliche Vorschläge veröffentlicht (Band 1, Kap. VIII). Aber Salvá war der erste, der für ein elektrisches Übertragungssystem auf individuellen Leitungen den neuen Begriff „Telegraph" übernahm (und damit auf öffentliches Interesse bauen konnte), und neu war seine Idee, am Empfangsort nicht etwa sichtbare oder hörbare Signale zur Anzeige der Buchstaben zu benutzen, sondern die Elektrizität (la commocion eléctrica, den elektrischen Schlag) direkt auf die Empfangsperson wirken zu lassen. Diese physiologische Komponente seines Projektes macht es verständlich, daß sich Salvá in der Folgezeit auch intensiv mit der Anwendung des Galvanismus für die Telegraphie beschäftigte.

Im Frühjahr 1800 reichte er der Akademie eine Abhandlung über den Galvanismus ein [107b], in der er ausführlich auf Galvanis Schrift „de viribus electricitatis in moto musculari Commentarius" (siehe Seite 1) und die durch diese Schrift angeregten Arbeiten von Volta, Fontana, Spallanzani, Aldini, Corradori, Vassali und vor allem Alexan-

---

[9] Als Carl Friedrich Gauß 1838 über die Anwendung des Bifilarmagnetometers zur Telegraphie berichtete [52], wies er darauf hin, daß Soemmerring (siehe Abschnitt D) schon vor fast 30 Jahren die Gasentwicklung für diesen Zweck vorgeschlagen habe. In einer Fußnote heißt es dann: „Nach einer mir von Hrn. von Humboldt mitgetheilten Notiz hatte schon 10 Jahre früher {also Ende des 18. Jh.} Bétancourt eine Drahtkette von Aranjuez nach Madrid {Entfernung etwa 50 km} gezogen, vermittelst welcher die Entladung einer Leidener Flasche zu einer telegraphischen Signalisierung dienen sollte. Obgleich nähere Umstände über den Erfolg nicht bekannt zu sein scheinen, so ist doch an dem Gelingen eines solchen Versuchs, wenn er zweckmäßig ausgeführt wird, nicht zu zweifeln. Aber immer müßte wohl eine solche Methode auf die Signalisierung eines Ja oder Nein auf eine oder ein Paar im Voraus verabredete Fragen beschränkt bleiben." Alexander von Humboldt verbrachte den Winter 1798/99 in Spanien und verweilte längere Zeit am spanischen Hof in Aranjuez. Es ist nicht auszuschließen, daß er in dieser Zeit mit Salvá zusammenkam und auch von den Plänen des Infanten Kenntnis erhielt. Bétancourt, eigentlich Augustin de Bethencourt y Mollina (1758 ... 1826), war spanischer Ingenieur-Offizier und General-Inspecteur für das Straßen- und Kanalbauwesen; er ging später nach Frankreich und trat 1808 in russische Dienste [39].

der von Humboldt eingeht, ein Zeichen dafür, daß er sich gründlich mit der einschlägigen Literatur über den Galvanismus befaßt hatte.

Im Zusammenhang mit der Streitfrage, ob die Muskelkontraktionen der Froschschenkel ausschließlich durch äußere elektrische Vorgänge ausgelöst würden oder ob der Galvanismus auch von einer inneren Ursache herrühren könne, schließt sich Salvá aufgrund eigener Versuche dem Urteil Alexander von Humboldts an, daß beides möglich sei. Er unterscheidet daher im Rahmen seiner Abhandlung von jetzt an konsequent zwischen der ‚Elektrizität‘, die von außen her eine Kontraktion der Muskeln auslöst, und dem ‚Galvanismus‘, dessen Ursache im Inneren des Tierkörpers selbst liegt, und der eine Muskelkontraktion unter anderem auch auf dem Umweg über einen äußeren ‚Schließungsbogen‘ bewirken kann.

Überlegungen, ob ein so verstandener Galvanismus eine Anwendung in der Telegraphie finden könne, führten Salvá zu zwei speziellen Fragestellungen: erstens, ob der Draht, der einen galvanischen Reiz in dem äußeren Führungsbogen überträgt, ebenso weit verlängert werden könnte wie derjenige, durch den die Elektrizität einer Leydener Flasche geleitet werden kann, und zweitens, ob man in einem aus mehreren Drähten bestehenden Kabel den Galvanismus ebenso wie die Elektrizität jeweils nur durch einen bestimmten Draht leiten könne, um so durch die Zuckungen eines Froschschenkels einen bestimmten Buchstaben anzuzeigen (Bild I. 4 Mitte).

Mit diesen Fragen eröffnete Salvá einen Vortrag über die Anwendung des Galvanismus in der Telegraphie, den er am 14. Mai 1800 vor der Akademie zu Barcelona hielt [107c]. In diesem Vortrag berichtete er über Versuche mit einem etwa 300 m langem Draht, den er auf dem Dach und in dem Garten seines Hauses hatte auslegen lassen. Wenn er mit dem einen Ende dieses Drahtes das „Nervenplättchen“, mit dem anderen Ende das „Schenkelplättchen“ eines präparierten Froschschenkels berührte, zuckte dieser zusammen; die Zuckungen blieben aus, wenn der Draht an irgendeiner Stelle unterbrochen war. Salvá schließt daraus, daß „der galvanische Fluß augenblicklich durch die 300 m des besagten Drahtes lief“.

Im weiteren Verlauf der Versuche zeigten frisch präparierte Froschschenkel an bestimmten Tagen auch dann Zuckungen, wenn die Drahtschleife nicht geschlossen war. Salvá führt dies auf Einwirkungen der atmosphärischen Elektrizität zurück; nach seinen folgenden Ausführungen konnten diese Störungen aber beseitigt werden, wenn der Draht (wie bei seinem Vorschlag von 1795) mit Papier umwickelt wurde. In diesem Zusammenhang stellte Salvá schließlich auch fest, daß Papier nicht nur für Elektrizität, sondern auch für den Galvanismus als Isolator wirkt, und daß damit auch die zweite Frage positiv zu beantworten sei.

Aus diesen experimentellen Ergebnissen zieht Salvá schließlich die Schlußfolgerung, daß man mit der gleichen Anordnung, die er 1795 für seinen elektrischen Telegraphen vorgeschlagen hatte, auch einen galvanischen „Frosch-Telegraphen" realisieren könne, sofern sich in der Zukunft herausstellen sollte, daß der Galvanismus sich in gut leitenden Drähten nicht nur über einige hundert Meter, sondern auch über viele Meilen ausbreiten könne.

Als Vorteile gibt er an, daß ein solcher galvanischer Telegraph viel einfacher sei. Er brauche zwar die gleiche Drahtanordnung wie der elektrische, aber keine „gut aufgebauten elektrischen Maschinen und riesige Leydener Flaschen", deren Funktionsfähigkeit darüber hinaus nur bei kaltem, trockenem Wetter gewährleistet sei. Schließlich meint er:

> „Die Frösche sind billige Tiere, die man in einem Topf länger als zwei Monate am Leben erhalten kann, so daß keine Kosten auftreten würden, wenn sie auch alle zwei Stunden ersetzt werden müßten, und die erforderliche Arbeit ist sehr gering."[10]

Neben der Senkung der Betriebskosten beschäftigte Salvá in der Folgezeit auch die Frage, ob und wie man bei den Investitionskosten sparen könnte. Schon in seinem Vortrag vom 14. Mai 1800 hatte er darauf hingewiesen, daß die im Zusammenhang mit der optischen Telegraphie durchgeführten „stenographischen und pasigraphischen Arbeiten" auch für die elektrische und galvanische Telegraphie nützlich werden könnten. Als ersten Schritt in dieser Richtung erläutert Salvá in einer „Zweiten Denkschrift über die Anwendung des Galvanismus in der Telegraphie" vom 22. Februar 1804 [107 d], wie man mit Hilfe der neuesten Fortschritte auf dem Gebiet des Galvanismus (jetzt wieder im allgemeinen Sinn des damaligen Sprachgebrauches) auf ein und derselben Leitung zwei verschiedene Signale übertragen könne.

Nach einem einleitenden Überblick über die inzwischen auch in Spanien bekannt gewordene Entwicklung der Voltaschen Säule und über die Untersuchung der Wasserzersetzung (descomposicione del agua) durch Nicholson beschreibt er (Bild I. 4 unten) folgende Anordnung: von einer sendeseitig aufgestellten Voltaschen Säule führen zwei Drähte[11] zu dem Empfangsort, wo der eine von oben, der andere von unten

---

[10] Salvá [107c] Seite 39:
Las ranas son animales de poco precio, que se mantienen vivas en un puchero más de dos meses, de modo que, aun cuando tuviesen que mudarse cada dos horas, el gasto seria nada. y el trabajo de hacerlo de poca consideracion.
[11] Salvá gibt nicht an, aus welchem Material diese Drähte hergestellt werden sollen. Sowohl aus Kostengründen als auch wegen der später beschriebenen Oxydation jeweils eines der beiden Drähte kann man aber davon ausgehen, daß jedenfalls kein Edelmetall verwendet werden sollte.

in ein mit Wasser gefülltes senkrecht stehendes und beidseitig mit Korken verschlossenes gläsernes Rohr hineinragen[12]. Wenn dann beispielsweise der obere Draht von der Zinkplatte der Voltaschen Säule kommt, scheidet er Wasserstoff ab, der in Form gut sichtbarer Gasbläschen im Wasser aufsteigt, der untere Draht, der dann von der Silberplatte kommt, oxydiert. Vertauscht man die Anschlüsse an der Voltaschen Säule, werden am unteren Draht Wasserstoffbläschen aufsteigen und der obere Draht oxydiert. Das bedeutet aber, daß man mit ein und demselben Drahtpaar zwei verschiedene Signale geben kann, „womit man die Hälfte der Leitungsdrähte in dem galvanischen Telegraphen sparen kann".

Der nächste Schritt zur weiteren Einsparung von Leitungsdrähten wird von Salvá leider nur in sehr knapper Form beschrieben:

> „Wenn man durch die Verschiedenheit der angezeigten Signale — je nachdem, welcher Draht jeweils mit der Silber- oder Zinkplatte verbunden ist — aus großer Entfernung erkennen kann, welche Metalle sich berühren, dann genügen 6 Ketten oder 6 Drähte, um einen galvanischen Telegraphen zu bauen, wodurch die Kosten für die erste Einrichtung sehr reduziert sein werden."[13]

Salvá fährt dann fort, daß es schwierig sei, dies ohne Figuren verständlich zu machen. Er verweist stattdessen auf Experimente, die er zur Erläuterung vorführt, aber leider in seinem Text nicht beschreibt[14]. So bleibt in seiner sehr knappen Formulierung vieles offen: bedeuten die „sechs Ketten" sechs Stromkreise, also 6 Doppeladern, oder will er nur „sechs Drähte", also nur 3 Stromkreise benutzen? Im ersteren Fall könnte man annehmen, daß Salvá an einen sechsstelligen binären Parallel-Code gedacht hat, für den der optische Telegraph von Lord Murray (Band 1, Bild X. 8) ein Vorbild hätte sein können, bei nur 3 Stromkreisen käme (unter Einbeziehung der Stromlosigkeit als drittem Code-Element) ein dreistelliger ternärer Parallel-Code in Frage, zu dem der Dreiprismentelegraph von Kopp (Band 1, Bild XI. 10) angeregt haben könnte.

Der überlieferte Text der Denkschrift gibt darüber keine Auskunft. So muß man die Frage nach den Einzelheiten von Salvás Plan zur

---

[12] Nach dem heutigen, erst von Faraday eingeführten Sprachgebrauch: am Empfangsort dienten die Drahtenden als Elektroden in einem Elektrolyt.

[13] Salvá [107 d] Seite 54:
Como con la diversidad indicada de señales que resultan, segun que dicho alambre toca con la plata ó con el zinc, yo puedo saber á larga distancia, cual parte metálica tocan, seis cuerdas, ó seis alambres solos bastarian para montar el telégrafo galvánico, con lo que estaria muy reducido el gasto du su primera construccion.

[14] Spätere Rekonstruktionsversuche, z. B. von Saavedra [106], sind wenig befriedigend, denn sie fußten nicht auf dem Wortlaut von Salvás Abhandlung und sie zeigen Einzelheiten, die einem viel späteren Stand der Technik entsprechen.

Verringerung des Leitungsaufwandes wohl offen lassen. Trotz dieser Einschränkung zeigen aber Salvás Akademievorträge und Abhandlungen, daß er sich in der Zeit von 1795 bis 1804 sehr intensiv mit den Problemen der ‚elektrischen' und ‚galvanischen' Telegraphie befaßt und sich dabei darum bemüht hat, alle wissenschaftlichen Fortschritte seiner Zeit zur Lösung dieser Aufgabe heranzuziehen.

D Soemmerring

Am 5. Juli 1809 notierte der Anatom und Physiologe Samuel Thomas (von) Soemmerring[15] in seinem Tagebuch[16]: „will Vorschläge zu Telegraphen von der Akademie haben". Soemmerring war zu dieser Zeit Mitglied der Königlichen Akademie der Wissenschaften zu München. Der Wunsch nach „Vorschlägen zu Telegraphen" ging von dem bayrischen Staatsminister Maximilian Joseph von Montgelas aus, in dessen Wohnung in Bogenhausen Soemmering an diesem Tage am Mittagessen teilgenommen hatte.

Um verstehen zu können, wie es im Sommer 1809 dazu kam, daß sich ein hoher Staatsbeamter plötzlich für nachrichtentechnische Probleme interessierte, muß ganz kurz auf die politische Entwicklung in Europa im ersten Jahrzehnt des 19. Jh. eingegangen werden.

Napoleon hatte als Erster Konsul und seit 1804 als Kaiser der Franzosen seinen Machtbereich stetig erweitert. So hatte er 1806 den „Rheinbund" gegründet, dessen Mitglieder, darunter auch der König von Bayern, aus dem Deutschen Reich austreten und sich dem Protektorat Napoleons unterstellen mußten.

Im Gegensatz zu dieser französischen Machtexpansion hatte Österreich auf viele Gebiete außerhalb der Habsburgischen Stammlande

---

[15] Soemmerring (1755 ... 1830) wurde als 9. von 11 Kindern deutschstämmiger Eltern in der alten Hansestadt Thorn geboren. Nach dem Besuch des dortigen Gymnasiums studierte er Medizin in Göttingen und wurde 1779 Prof. der Anatomie und Chirurgie am Collegium Carolinum in Kassel. 1784 folgte er einem Ruf auf den Lehrstuhl für Anatomie und Physiologie an der Universität Mainz. Als diese im Zuge der Okkupation aller linksrheinischen Gebiete durch Frankreich 1798 geschlossen wurde, ging S. als praktischer Arzt nach Frankfurt/M. 1805 wurde er als ordentl. Mitgl. an die Kgl. Akademie der Wissenschaften zu München berufen. Die Verleihung des Ritterkreuzes des Ordens der Bairischen Krone brachte ihm 1808 den persönlichen Adel. 1820 schied er mit 65 Jahren aus seinem Amt aus und kehrte für den Rest seines Lebens nach Frankfurt zurück. Sein umfangreiches wissenschaftliches Werk behandelt Fragen der Anatomie und Physiologie des Menschen; aus seinem Tagebuch geht hervor, daß er sich seit 1801 im Zusammenhang mit seinen physiologischen Forschungen auch mit der Voltaschen Säule und mit „galvanica" befaßt hat [127].
[16] Soemmerrings Tagebücher befinden sich im Besitz der Stadt- und Universitätsbibliothek Frankfurt am Main.

verzichten müssen. Es verlor in dem 1. Koalitionskrieg die österreichischen Niederlande an Frankreich, im 3. Koalitionskrieg Tirol und Vorarlberg an Bayern, Konstanz und den Breisgau an Baden und Württemberg. Als Folge der Rheinbundgründung hatte schließlich Kaiser Franz II von Habsburg die Deutsche Kaiserwürde niederlegen müssen, womit auch formal das Ende des Heiligen Römischen Reiches Deutscher Nation gekommen war.

Nach dem siegreichen Krieg gegen Preußen in den Jahren 1806 ... 07[17] versuchte Napoleon seit dem Winter 1808/09 seine Machtstellung in Spanien zu festigen. Im Frühjahr 1809 glaubte man in Wien, daß sich Napoleon persönlich auf dem spanischen Kriegsschauplatz aufhalte, und daß jetzt die beste Gelegenheit gekommen sei, mit einer schnellen Offensive einen Teil der verlorenen Gebiete zurückzugewinnen.

Am 10. April rückten die Österreicher in Bayern ein. Der Bayrische König und sein Staatsminister Montgelas mußten München verlassen, das am 16. April von den Österreichern besetzt wurde. Aber schon am 17. April traf Napoleon (der sich Anfang April entgegen der österreichischen Vermutung nicht in Spanien, sondern in Paris aufgehalten hatte) in Straßburg ein, rückte schnell durch Süddeutschland vor, nahm am 21. April Landshut und zog am 13. Mai in Wien ein. Dank dieser schnellen Erfolge hatte der Bayrische König schon am 25. April nach München zurückkehren können.

Die außerordentliche Schnelligkeit, mit der Napoleon auf den österreichischen Angriff reagierte und seine in Mitteleuropa stationierten Truppen in Süddeutschland hatte zusammenziehen können, ließ sich nur mit einem vorzüglich funktionierenden Nachrichtenwesen erklären. Das mußte auch Montgelas, dem damals für die Außen- und Innenpolitik Bayerns zuständigen Staatsminister, deutlich geworden sein, und man darf wohl annehmen, daß er dabei im Zusammenhang mit den speziellen Ereignissen der vorangegangenen Wochen auch an die seit 1798 bestehende optische Telegraphenlinie Straßburg—Paris gedacht hat. So wird es verständlich, daß er bei dem gemeinsamen Mittagessen mit Soemmerring am 5. Juli 1809 „Vorschläge zu Telegraphen von der Akademie" anregte[18].

Montgelas hat dabei wohl nur an optische Telegraphen gedacht

---

[17] Im Rahmen dieser Kriegshandlungen unterhielt die preußische Garnison der Festung Danzig während der Belagerung durch die Franzosen im Frühjahr 1807 eine improvisierte „Telegraphische Korrespondenz" zwischen Danzig und Neufahrwasser. Die Buchstaben wurden durch 24 verschiedene Flaggen angezeigt, die Zuordnung dieser Flaggen zu den Buchstaben täglich geändert [12].

[18] Montgelas hatte als Innenminister u. a. auch die Oberleitung über den öffentlichen Unterricht und die wissenschaftlichen Anstalten in Bayern. Er unterhielt enge persönliche Beziehungen zu den Mitgliedern der Akademie.

(für die speziell ja die Bezeichnung Telegraph eingeführt worden war).
Der Physiologe Soemmerring dagegen griff sofort den Plan auf, einen
der menschlichen Nervenleitung ähnlichen galvanischen Telegraphen
zu entwickeln, bei dem die Buchstaben des Alphabetes und die 10 Ziffern
des dekadischen Zahlensystems über individuelle Leitungen „durch
Gasentbindung" angezeigt werden sollten[19].

Nach seinen Tagebucheintragungen hat sich Soemmerring in den folgenden Wochen sehr intensiv mit diesem Projekt befaßt. Am 8. Juli

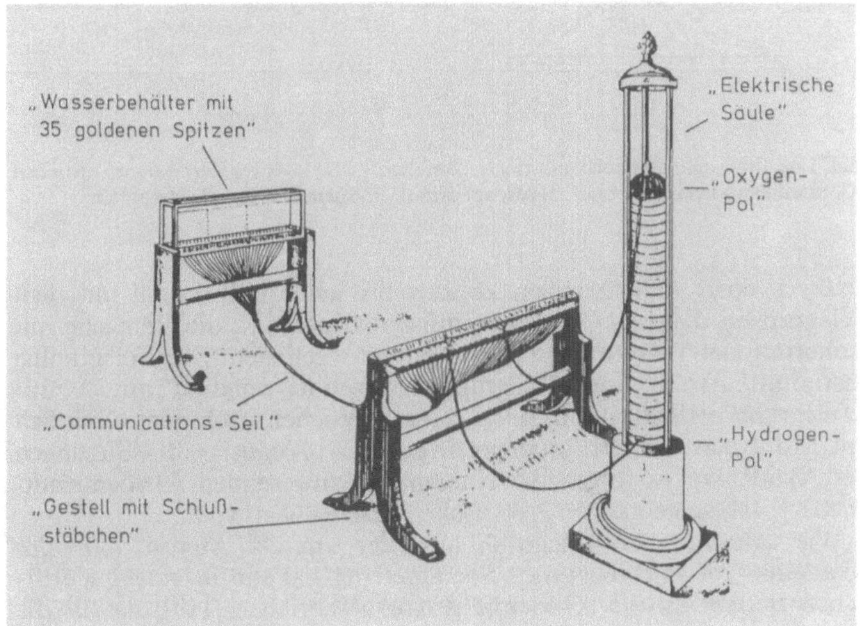

Bild I.5. Soemmerrings „elektrischer Telegraph" 1809

[19] Eine „Elektrische Telegraphie" war für Soemmerring nichts grundsätzlich Neues.
In seinem später der Akademie vorgelegten schriftlichen Bericht geht er in einer Fußnote
ausführlich auf den Vorschlag von Reiser (Reußer) in Voigts Magazin von 1794 ein
(Bd. 1, Kap. VIII), die Buchstaben über individuelle Leitungen durch elektrische
Funken anzuzeigen. Die Vorzüge seines eigenen Konzeptes sieht Soemmerring darin,
daß „selbst die schwächste Gasentbindung gar leicht ins Auge fällt, dahingegen ein
kleines elektrisches Fünkchen bei hellem Tage nicht bemerkbar ist, und weil überdies
die Gasentbindung zwey Buchstaben zu gleicher Zeit andeutet." Ein weiterer wesentlich
kürzerer Hinweis auf „Dr. Salva in Spanien" bezieht sich auf dessen Vorschlag von
1795: „Dieser Telegraph des Dr. Salva war wohl nicht durch Gasentbindung vermittelt,
weil die elektrische Säule erst ein paar Jahre später, nämlich 1800 durch Hrn. Volta
erfunden ward". Die späteren Vorschläge von Salvá waren Soemmerring also offensichtlich nicht bekannt.

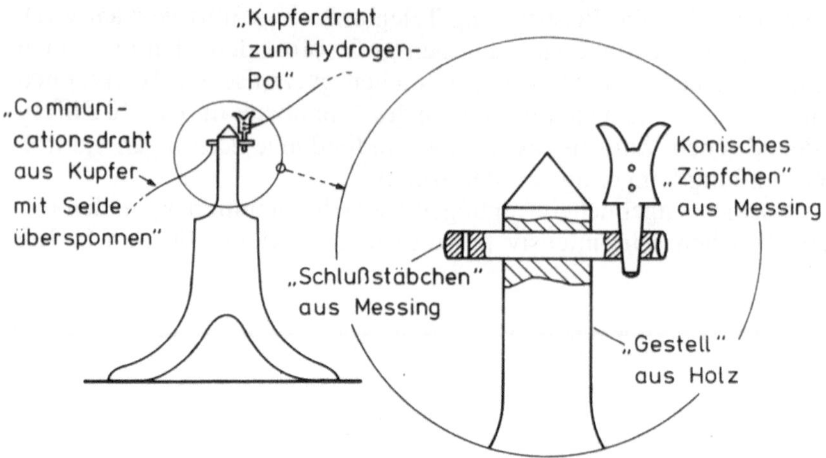

Bild I.6. Ein „Schlußstäbchen" mit „Zäpfchen" als lösbare Verbindung zwischen „Communicationsdraht" und „Hydrogendraht" in Soemmerrings Telegraphen

heißt es dort: „Nicht ruhen können bis ich d{en} Einfall mit dem Telegraphen d{urc}h Gas-Entbindung realisiert ... die Versuche mit Isolierung der Drähte d{urc}h Siegelwachs gelingen. Zur Telegraphie bestimmt". Am 23. Juli: „Telegraphen Maschine geendigt", am 29. Juli: „Telegraph gelingt". Und, noch keine 8 Wochen nach dem Gespräch mit Montgelas, notiert Soemmerring am 28. August: „h 4 Sitzungen der Akademie {es folgen die Namen der anwesenden Akademiemitglieder}. Ich zeige meinen elektrischen Telegraphen vor".

Wie sah nun der Telegraph aus, der am 28. August 1809 der Akademie vorgeführt wurde? Soemmerring hat ihn in einem schriftlichen Bericht an die Akademie genau beschrieben [119]; da für die Technikgeschichte auch die Entwicklung der Fachsprache interessant ist, werden sowohl in dem folgendem Text als auch in den nach Soemmerrings Vorlagen gezeichneten Bildern I. 5 und I. 6 die von ihm benutzten Bezeichnungen beibehalten[20].

Unter Hinweis auf die in Bild I. 5 wiedergegebene Zeichnung schreibt Soemmerring:

„In den Boden dieses gläsernen, auf einem Gestell ruhenden Wasserbehälters, sind 35 goldene Spitzen oder Stifte befestigt, und theils durch die 25 Buchstaben des teutschen, als des vollständigsten Alphabetes, theils durch die 10 Ziffern oder Zahlfiguren bezeichnet.

---

[20] Begriffe wie Elektrolyse, Elektroden (Anode, Kathode), Sender, Empfänger, Steckkontakt, Kabel u. ä. wurden erst sehr viel später eingeführt oder aus der Umgangssprache übernommen.

> Jede dieser 35 Spitzen geht in einen kupfernen Communications- oder Leitungsdraht über, welcher sich mit einem messingenen Schlußstäbchen endigt, in dessen Mitte sich ein Kanälchen findet, welches zur Aufnahme eines, sowohl am Hydrogenpole als am Oxygenpole der elektrischen Säule, mittels eines Drahtes oder Kettchen befestigten, eingeschliffenen, ebenfalls messingenen Zäpfchen dient.
>
> Diese kranähnlichen Schlußstäbchen sind gerade, wie die goldenen Spitzen im Wasserbehälter in einem eigenen Gestell derart angeordnet und befestigt, daß die entgegengesetzten Ende eines jeden leitenden Kupferdrahtes der gleiche Buchstabe oder die gleiche Ziffer bezeichnet ...
>
> Wird nun diese Vorrichtung auf die Art, wie die Tafel V {Bild I. 5} abbildet, in den Kreis einer wirkenden elektrischen Säule gebracht, so zeigt sich augenblicklich im Wasserbehälter an denjenigen beyden goldenen Spitzen oder Stiften Gas-Entbindung, deren gleichbezeichneten Schlußstäbchen die beyden Zäpfchen aufnehmen".

Da bei diesem Konzept die Gasentbindung gleichzeitig an zwei Spitzen auftritt, gibt Soemmerring „drey leicht fassliche Regeln" als Bedienungsanweisung an:

1. die Spitze mit der stärkeren Gasentwicklung (Hydrogengas) soll vor der Spitze mit der schwächeren Gasentwicklung (Oxygengas) abgelesen werden,
2. die Verdoppelung eines Buchstaben soll durch die Ziffer Null angezeigt weden (sofern sich die Verdoppelung nicht aus der Silbentrennung ergibt) und
3. ein Wortende soll durch die Ziffer 1 angezeigt werden.

Soemmerring erläutert diese drei Regeln an Beispielen, die in Bild I. 7 in Tabellenform zusammengestellt sind.

Nach dieser einleitenden Beschreibung der Wirkungsweise seines Telegraphen folgen eine Reihe von Bemerkungen zu technischen Details. Über die Spitzen schreibt er:

> „Zu den Spitzen oder Stiften im Wasserbehälter hat Gold vor allen übrigen Metallen entschiedenen Vorzug".

Soemmerring begründet dies damit, daß unedle Metalle nur an der Hydrogenpol-Spitze eine Gasentbindung zeigen, während die andere

	Hydrogengas	Oxygengas	Hydrogengas	Oxygengas	Hydrogengas	Oxygengas	Hydrogengas	Oxygengas
Akademie:	a	k	a	d	e	m	i	e
Anna :	a	n	n	a				
Nanni :	n	a	0	n	i	1		
Sie lebt :	s	i	e	1	l	e	b	t
Er lebt :	e	r	1	l	e	b	t	1

0 = Verdoppelungszeichen, 1 = Wortendezeichen

Bild I.7. Soemmerrings „Regeln" für die Benutzung seines Telegraphen

Spitze sofort oxydiert, daß das Wasser durch die so erzeugten Metalloxyde getrübt und die Spitzen alsbald angegriffen und zerstört werden. Spitzen von Platin (die ebenso wie die goldenen beide Gasarten abscheiden) seien zu kostspielig, auch sei der quantitative Unterschied zwischen Hydrogengas und Oxygengas bei Gold noch auffälliger als bei Platin, weil sich ein Teil des Oxygengases in mineralischen Purpur verwandle.

Es folgen dann Ausführungen über die Dicke der Spitzen, für die Soemmerring aufgrund seiner Versuche „das Drittel einer Pariser Linie" (ungefähr 0,75 mm) als zweckmäßig angibt. Über den Einfluß des Abstandes zwischen zwei an der Gasentbindung beteiligten Spitzen schreibt Soemmerring, daß zwei am nächsten beieinander stehende Spitzen „noch nicht einmal doppelt soviel Gas entbinden wie die entferntesten Spitzen"[21]. Auf die „Schnelligkeit des Anfanges der Gas-Entbindung" hatte der Abstand der Spitzen voneinander keinen Einfluß.

Die Ausführungen über die — wie wir heute sagen würden — ‚elektrolytischen' Vorgänge in seinem Telegraphen zeigen, daß Soemmerring in den vorangegangenen Jahren die Fachliteratur auf diesem Gebiet sorgfältig verfolgt hatte und offenbar auch selbst ein geschickter Experimentator war. In Neuland mußte er hinsichtlich der ‚elektrotechnischen' Probleme vorstoßen. So schreibt er in seinen Bemerkungen über die Communications-Drähte:

> „Sowohl um die unmittelbare, alle Wirkungen vernichtende Berührung, als unvermeidliche Verwirrungen von 35 einzelnen nebeneinander liegenden Drähten zu verhüten, zugleich dieselben in dem kleinsten Raum zusammen zu bringen, und gerade wie ein einfaches Seil zu behandeln, und doch zu gleich alles Überspringen der Elektricität von einem Drahte zum anderen zu verhüten, war die Isolierung jedes einzelnen Drahtes nothwendig. Diese Isolierung erreicht man durchs Überspinnen mit Seide so vollkommen, daß man sogar nachgehends dieses aus 35 Drähten bestehende Seil mit einem Firniß stark überziehen kann, somit vor aller Oxydation aufs dauerhafteste zu schützen vermag".

Leider schreibt Soemmerring nicht, wie er auf den Gedanken gekommen war, „seideübersponnene" Drähte zu verwenden[22]. In seinem Tagebuch ist nur von Isolierung durch „Siegelwachs" die Rede. Sollte er wirklich der erste gewesen sein, der die Drahtisolation durch Seideumspinnung praktisch ausgenutzt hat, würde dies einen wichtigen Markstein in der Entwicklung der Elektrotechnik bedeuten. Denn ohne

---

[21] Oder umgekehrt? Der dem Zitat vorhergehende Satz sagt das Gegenteil aus.
[22] Mit farbiger Seide übersponnene Kupferdrähte wurden damals von den Posamentern bei der Anfertigung von Borten, Tressen, Epauletten usw. verwendet [101]. Vielleicht hat Soemmerring (oder der Mechaniker Settele) von dorther solche Drähte bezogen.

die Möglichkeit, einen elektrischen Leiter Windung an Windung und
Lage auf Lage ohne gegenseitige metallische Berührung zu einer Spule
aufzuwickeln, wäre weder der „Multiplikator" von Schweigger noch
der erste wirklich effiziente Elektromagnet von Henry (siehe Kap. III)
möglich geworden.

Im Zusammenhang mit den Bemerkungen über die Communications-
Drähte geht Soemmerring auch auf die Frage ein, mit welcher Geschwindigkeit sich „das elektrische Agens" bewegt. Er erwähnt die
erfolglosen Bemühungen von Gray, du Fay, le Monnier und Watson,
die Fortpflanzungsgeschwindigkeit der Reibungselektrizität zu bestimmen, und schreibt dann:

> „Um meinerseits wenigstens durch einen überzeugenden Versuch augenschein-
> lich darzustellen, daß in Rücksicht des leitenden Drahtes, der Unterschied der
> Länge zwischen 2 Fuß und 2000 Fuß nicht bemerkbar ist (ungeachtet der Ver-
> stand die Gewißheit gibt, daß allerdings ein Unterschied statt haben müßte),
> so ist hier um einen Glaszylinder ein 2248 baier. Fuß langer Draht gewunden,
> welchen die Wirkung der elektrischen Säule durchlaufen muß, um von der Säule
> bis zum Alphabete im Wasserbehälter zu gelangen, und zum Beyspiel zu dienen,
> daß die Gas-Entbindung, dieser beträchtlichen Länge des Drahtes ungeachtet,
> eben so schnell zu beginnen scheint, als wenn jene Wirkung sich nur durch zwey
> Fuß hin zu erstrecken hätte".

Ebenfalls elektrotechnisches Neuland betrat Soemmerring mit der
Konstruktion seiner „Schlußstäbchen" und „Zäpfchen". Er schreibt
darüber (Bild I. 7):

> „Die Schlußstäbchen sind mit kegelförmigen Kanälchen versehen und passen mit
> den eingeschliffenen gleichfalls kegelförmigen Zäpfchen der elektrischen Säule
> genau zusammen, theils, um dadurch dem Schließen der Kette Genauigkeit und
> Stätigkeit zu verschaffen, theils um durch beständige Reibung alle Oxydation
> zwischen den hier zusammenzubringenden Metallen abzuhalten, und die Wirkung
> unfehlbar zu machen, da es bekannt ist, wie wenig Oxyd an solchen Stellen die
> elektrische Wirkung zu unterbrechen vermag"[23].

Eine solche Lösung (wie sie sehr viel später im Bereich der elektrischen Präzisionsmeßtechnik etwa bei den „Stöpsel-Rheostaten" zur
Selbstverständlichkeit wurde) war Anfang des 19. Jh. etwas sehr
Ungewohntes. In den physikalischen Kabinetten wurden damals
‚lösbare Verbindungen' zwischen zwei elektrischen Leitern durch Ein-

---

[23] Soemmerring erwähnt an dieser Stelle, daß man „gar leicht an dieser Schlußstäbchen-
Reihe eine Tastatur anbringen könne, um gerade wie auf einem Claviere . . . die Buchstaben zu bezeichnen". Über eine praktische Realisierung dieser Idee durch Soemmerring
ist nichts überliefert; doch hat sie Schilling von Canstatt 20 Jahre später bei seinem
Magnet-Nadeltelegraph wieder aufgegriffen (siehe Kap. VI).

tauchen der Drahtenden in mit Quecksilber gefüllten Näpfchen hergestellt. Auch hier erwies sich Soemmerring also als Pionier[24].

In einer Schlußbemerkung stellt Soemmerring dann die „Vorzüge
eines elektrischen Telegraphen vor den bisher gewöhnlichen" zusammen: Unabhängigkeit vom Tageslicht und den Witterungsbedingungen,
keine Notwendigkeit von Zwischenstationen mit geodätischer Sicht-
verbindung, direkte Anzeige der Buchstaben und Ziffern, Zeitersparnis
durch gleichzeitige Anzeige von je zwei Buchstaben[25], schließlich
(abgesehen von dem Communications-Seil) sehr geringe Investitionskosten.

Der schriftliche Bericht an die Akademie enthält noch keinen Hinweis auf einen „Signalapparat" für die Übertragung eines Anruf-
zeichens. Am 23. August 1809 hatte Soemmerring in seinem Tagebuch

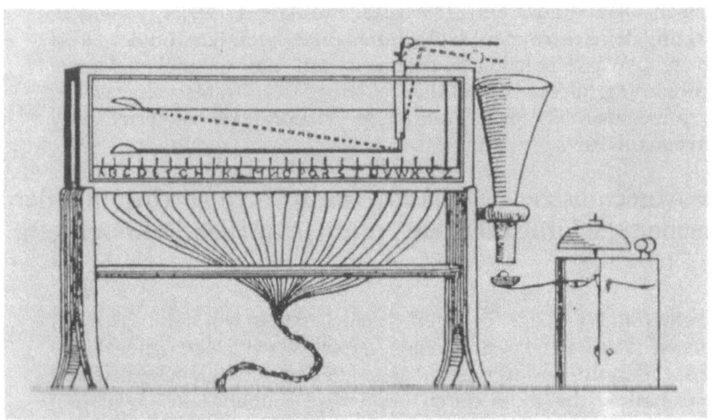

Bild I.8. Der „Signalapparat" zu Soemmerrings Telegraphen

---

[24] Noch fast ein Vierteljahrhundert später benutzte Gauß für die telegraphischen Versuche mit der großen galvanischen Kette in Göttingen einen Kommutator (Stromwender),
bei dem die an einer Wippe befestigten, teils direkt, teils über Kreuz miteinander verbundenen Kontaktstifte in mit Quecksilber gefüllte Näpfchen getaucht wurden (siehe
Kap. V).

[25] Ob die gleichzeitige Anzeige von je zwei Buchstaben in der Praxis wirklich eine
Zeitersparnis gebracht hätte, erscheint nach einigen orientierenden Versuchen im
Institut für Elektrische Nachrichtentechnik der TH Aachen allerdings zweifelhaft. Zwar
setzt die „Gasentbindung" nach dem Einschalten der Stromquelle sofort an beiden
Elektroden ein, aber es dauert 5 bis 7 Sekunden, bis deutlich zu erkennen ist, an welcher
Elektrode die größere Gasmenge abgeschieden wird. Der ‚Empfänger' mußte also bei
gleichzeitiger Beobachtung von Ort und Gasmenge nicht nur aufmerksamer sein als bei
der Übertragung nur eines Buchstabens, sondern er brauchte auch eine längere Ent-
scheidungszeit (siehe dazu die Bemerkung von W. Soemmerring zur Einzelbuchstaben-
übertragung auf Seite 21).

notiert: „Mein Einfall mit dem Signalapparat gelingt", und am 3. September: „Bey Settele {einem Münchener Mechaniker} den Apparat zum Signal bestellt". Nachdem Soemmerring zuerst an ein kleines Schaufelrad gedacht hatte, daß in dem Wasserbehälter durch die aufsteigenden Gasblasen in Drehung versetzt werden sollte, bestand der endgültige Signalapparat (Bild I. 8) aus einem zweiarmigen Hebel, dessen längerer Arm wie ein umgekehrter Löffel in den Wasserbehälter tauchte, während der kürzere Arm über den Rand des Behälters nach außen zeigte. Wurde „bc" gesendet, hob das aufsteigende Gas den Löffel in die Höhe, eine kleine Bleikugel rutschte von dem kürzeren Hebelarm ab, fiel durch einen Glastrichter auf die Arretierung eines mechanischen Weckers und löste so ein akustisches Anrufsignal aus [120].

Später hat sich Soemmerring auch noch mit einem weiteren Problem der elektrischen Telegraphie befaßt. Am 14. August 1811 schrieb er in sein Tagebuch: „Einfall, ob derselbe Draht nicht vor- und rückwärts die galvanische Kraft leitet". Am 15. November 1811 schrieb er an seinen Sohn Wilhelm nach Genf [120].

> „Ja durch ein und dasselbe Seil kann man im nämlichen Augenblick {?} vorwärts und rückwärts telegraphieren. Es versteht sich, daß dann jeder der 37 Drähte dieses Seiles an seinen Enden doppelt, gleichsam gespaltet ausgehen müßte; so daß ein Faden dieser Spaltung in der Goldspitze, der andere an dem Schlußstäbchen haftete; denn gar füglich könnte die Schlußstäbchen-Reihe sich an dem nämlichen Gestelle gleich unter dem Glaskasten angebracht befinden."

Wilhelm erwähnt dann, daß sein Vater später einen solchen „Doppeltelegraphen" tatsächlich gebaut habe, „der durch dasselbe Seil ganz gut hin und zurück functionierte". Und schließlich schreibt er in diesem Zusammenhang:

> „Auch pflegte er bei späteren Versuchen mit dem Telegraphieren den Oxygendraht als den einen schwächeren und damit undeutlicheren Gasstrom gebenden, meist fixiert zu lassen und nur mit dem Hydrogendraht zu signalisieren, was auch eben so schnell geht und zu weniger Irrtum Veranlassung gibt."[26]

Soemmerring hat mit seinem Telegraphen nie „fern"-geschrieben. Sender und Empfänger standen immer nahe beieinander und die Geräte dienten nur dazu, die prinzipielle Möglichkeit einer buchstabenweisen Nachrichtenübermittlung über individuelle Leitungen zu erläutern. Solche Demonstrationen fanden nicht nur in München, sondern auch in Paris (1809)[27], Wien und Genf (1811) statt [59].

Daß es zu keinem praktischen Einsatz des Soemmerringschen Telegraphen über größerer Entfernungen kam, lag vor allem daran, daß die

---

[26] Siehe Fußnote 25 auf Seite 20.
[27] In dem 1795 als Nachfolgerin der Königlichen Akademie der Wissenschaften zu Paris gegründeten „National-Institut".

territorialen, politischen und wirtschaftlichen Verhältnisse in Mitteleuropa noch keinen echten Bedarf für ein solches extrem schnelles Kommunikationsmittel hatten entstehen lassen[28]. Soemmerrings zum Teil schon sehr fortschrittliche Ideen waren also für eine praktische Anwendung zu früh gekommen; sie regten aber zu einigen interessanten weiterführenden Überlegungen an, auf die in dem nächsten Abschnitt eingegangen werden soll.

E Zeitgenössische Reaktionen auf Soemmerrings Telegraphenvorschlag

Soemmerrings Abhandlung „über einen elektrischen Telegraphen" erschien nicht nur in den Denkschriften der Kgl. Akademie der Wissenschaften zu München, sondern im Jahre 1811 auch unter dem Titel „Ueber Sömmerrings electrischen Telegraphen" in dem von J. S. C. Schweigger herausgegebenen Journal für Chemie und Physik [72]. Nach dem (mit Ausnahme der etwas gekürzt wiedergegebenen Einleitung) wörtlichen Abdruck des Akademieberichtes folgen dort zwei Zusätze. Der erste trägt den Titel: „Diesem Gegenstand verwandte Bemerkungen Ritters über die Geschwindigkeit der Electrizität in Leitern".

J. W. Ritter[29] war seit 1806 Mitglied der Münchener Akademie und hatte nach Soemmerrings Tagebucheintragung an der Vorführung des Telegraphen am 28. August 1809 teilgenommen. Da er am 23. Januar 1810 starb, muß er seine erst posthum erschienenen „Bemerkungen" im Herbst 1809 unter dem frischen Eindruck von Soemmerrings Vortrag verfaßt haben. Er behandelt in diesen Bemerkungen zwei recht unterschiedliche Themen.

Zuerst äußert er sich (wie die Überschrift aussagt) über die „Untersuchung der Electricitätsgeschwindigkeit in Leitern". Er stellt bestimmte Anforderungen an die Versuchsbedingungen auf, zum Beispiel, daß man bei der „Electrisierung" eines sehr langen Leiters aus einer Leydener Flasche deren äußere Belegung mit der feuchten Erde oder noch besser

---

[28] Auch die Einführung einer optischen Telegraphenlinie in Preußen zwischen Berlin und Koblenz sollte noch fast zweieinhalb Jahrzehnte auf sich warten lassen.

[29] Johann Wilhelm Ritter (1776 ... 1810), aus Samitz in Schlesien. Ursprünglich Pharmazeut, dann Studium in Jena, Privatgelehrter in Gotha und Weimar, 1806 Berufung als ordentl. Mitglied an die Kgl. Akademie der Wissenschaften zu München. Hauptarbeitsgebiet ‚Galvanismus'. Dy Bois Reymond schrieb über Ritter im Zusammenhang mit dessen Arbeiten über Nervenerregung: „Ungleich tiefer schaute in diesem Punkt unser Ritter, aber er wußte seine Beobachtungen in ein so wunderbares und undurchdringliches Dunkel zeitgemäßer Philosopheme zu verkleiden, daß viel guter Wille dazu gehört, die darin versteckten Wahrheiten zu entziffern, und daß sie jedenfalls an seiner Mitwelt und seinen Nachfolgern vorüberging" [23].

mit einem Bach oder Fluß verbinden und dann bloß die innere Belegung mit dem sehr langen Draht verbinden müsse. Seltsam spekulativ werden seine weiteren Ausführungen, wenn er dann fortfährt,

> „daß mit diesen wichtigen Versuchen {wenn man sie erst einmal richtig anstelle} sogleich noch ein zweites Interesse von Werth verbunden sein könne. Es ist die Geschwindigkeit des *Schalles* in denselben Körpern, an welchen man die Geschwindigkeit der *Electrizität* erfahren will, und die Frage: ob nicht *beider* Geschwindigkeiten, zunächst in *festen* Leitern, *genau dieselben seyen?*"

Unter Hinweis auf die Arbeiten zur Schallfortpflanzungsgeschwindigkeit in festen Körpern von Biot [26] und Chladni [33] äußert Ritter die Vermutung, daß für den Fall, daß sich dieser neue Gesichtspunkt bestätigen sollte, „weitere Versuche über die Geschwindigkeit der Electrizität in festen und auch anderen Körpern gewissermaßen zu völlig akustischen werden".

Für die Geschichte der Nachrichtentechnik ist nun vor allem das zweite Thema von Interesse, das Ritter als Schlußfolgerung aus der vermuteten engen Verwandschaft zwischen elektrischen und akustischen Erscheinungen in festen Körpern ableitet. Er schreibt:

> „Bei dieser Veranlassung erlaube ich mir noch einen Gedanken, dem ich nichts weniger als einen besonderen Werth beilege, zumal schon *Biot* ihm sehr nahe war. Sollte es nach so vielen Versuchen, das Fern*schreiben* zu cultivieren, nicht interessant seyn, auch dem Fern*sprechen* neue Aufmerksamkeit zu widmen? — Die *außerordentlich vollkommene* Fortleitung von Schall, Wort und Rede, durch metallische Leitungen, die zu gleicher Zeit auch so *schnell* geschieht, scheint allerdings einer praktischen Verwendung fähig zu seyn. Es ist Aussicht da, daß noch *ganz* leise gesprochene Worte ... durch viele Meilen lange ganz einfache Drahtkontinuen fortgepflanzt, am anderen Ende der Leitung noch vollkommen vernehmbar anlangen. Die Drähte hierzu können vielleicht äußerst dünn seyn; haben nirgends nöthig isoliert zu seyn; für jede Station wird nur einer erfordert; und Niemand wird zuhören können, der sich nicht Gelgenheit verschafft, unterwegs zum Drahte selbst kommen zu können. Bei größeren Entfernungen, als Viertelstunden, Meilen usw., würde auch der zweite, oder der Nachschall, welcher durch die *Luft* nachkommt, wo diese nämlich freie Continuität daneben hat, vermuthlich ganz wegfallen. Am ersten aber wäre ohne Zweifel zur Communication bei kleinen Entfernungen, etwa wie man sie in Städten von einem Gebäude zum anderen etc. wünschen könnte, Nutzen daraus zu ziehen. Die Zuleitungen können hier hinlänglich verborgen, und sicher gestellt werden, und noch sehr bedeutende Abweichungen vom geraden Weg der Leitung würden wenig oder nicht schaden. Keine Correspondenz in die Ferne würde so wenig umständlich und kostspielig seyn, als diese, und auch so schnell geschehen als diese, denn die dazu nöthige Zeit ist im Ganzen durchaus nicht größer, als die zu einem gleich weitläufigen Gespräche, denn es ist buchstäblich ein Gespräch, was hier geführt wird, und dem doch Niemand zuhört, als wer kann und will. Schon um sich einen *Bedienten* oder *Boten* mehr zu ersparen, würden sich solche Verbindungen zwischen Häusern, die viel Verkehr miteinander nöthig haben, vielleicht von Nutzen seyn. Und von Bureau zu Bureau, oder Ähnlichem zu einander, geleitet, würden solche einfache Schalleitungen häufig ein vortreffliches Mittel seyn können, um sich schnell des nöthigen Raths zu erholen, noch dazu, da es keineswegs nöthig ist, daß der, der durch sie hören will, sein Ohr

etwa beständig unmittelbar am Ende der Drahtleitungen habe, sondern es genügt, sich eben nur in der *Nähe* ihrer Endigung an einem sonst ruhigen und stillern Orte zu befinden. Das Sprechen miteinander in solchen Entfernungen scheint nicht umständlicher zu seyn, als ein gewöhnliches bequem geführtes Gespräch auf dem Zimmer, und, vorausgesetzt, daß der Gedanke überhaupt einige Cultur verdiene, würde man wohl zuletzt, wenn es gefällt, einfache und wohlfeile Vorrichtungen angeben können, um ganze geheime Rathssitzungen, oder einen ganzen Kriegsrath halten zu können, ohne daß die Mitglieder desselben nöthig hätten, zuvor an Einem Ort versammelt zu seyn. Dann würden sie *auch noch dazu* erst im *strengsten* Sinne *geheime* Sitzungen seyn".

Leider erwähnt Ritter nicht, wie er sich die Einkopplung des Luftschalles in den Körperschall-Leiter auf der Sendeseite und die Luftschall-Abstrahlung auf der Empfangsseite vorgestellt hat. Auch übersieht er, daß seine Drähte zwar nicht elektrisch isoliert, wohl aber akustisch von der Umwelt entkoppelt werden müßten [11]. Aber bemerkenswert bleibt, daß Ritter ähnlich wie mehr als ein Jahrhundert zuvor Johann Hassang (Band 1, Kap. VII. N.) gedanklich vieles richtig vorhergesehen hat, was heute in Fernsprechnetzen mit elektrischer Sprachübertragung zur Selbstverständlichkeit geworden ist.

Der zweite Zusatz zu Soemmerrings Abhandlung ist ein „Nachschreiben des Herausgebers", in dem J. S. C. Schweigger[30] zuerst unter Hinweis auf Buschs Handbuch der Erfindungen [30] und auf Bergsträßers Synthematographik (Band 1, Kap. IX. G.) auf die Frühgeschichte der Telegraphie eingeht und dann den Unterschied zwischen optischen und akustischen Signalen einerseits und den neuen Möglichkeiten der elektrischen Telegraphie andererseits erläutert.

In Bezug auf Soemmerrings Vorschlag bemängelt er, daß nichts darüber gesagt werde, wie „die Aufmerksamkeit des Telegraphenwächter erregt werden könne", obwohl dies auch bei einem elektrischen Telegraphen denkbar sei.[31]

„Denn wie leicht ist es nicht, mit jener Säule eine Batterie in Verbindung zu bringen und jegliches Paar von den leitenden Drähten, bei gehöriger Vorrichtung, zu benützen, um jedesmal vor dem Anfange der Zeichensprache einige in dem Zimmer des entfernten Beobachters dazu stets sorgfältig im geladenen Zustand erhaltene Volta'sche Pistolen[32] loszuschießen, welches Zeichen dieser als Merkmal

---

[30] Johann Salomo Christoph Schweigger (1779 ... 1857) widmete sich nach dem Studium der alten Sprachen ganz der Mathematik und den Naturwissenschaften. Gymnasiallehrer in Bayreuth und Nürnberg, o. Prof. für Physik und Chemie 1817 an der Universität Erlangen, ab 1819 an der Universität Halle. Schweigger wurde vor allem bekannt durch die Erfindung des elektromagnetischen Multiplikators und als Herausgeber des Journal für Chemie und Physik [23].

[31] Tatsächlich hatte Soemmerring in der Akademiedenkschrift seinen später entwickelten Signalapparat nicht erwähnt.

[32] Ein Gefäß, in dem explosive Gase durch einen elektrischen Funken gezündet werden konnten, später in Form einer Pistole mit Handgriff zur Prüfung der Zündfähigkeit von Gasgemischen gebraucht.

der Aufmerksamkeit, zu erwiedern haben würde. Verbindet man hiermit noch die Übereinkunft, zwei Voltasche Batterien, eine sehr starke und eine auffallend schwächere zu gebrauchen und die Wirkung beider, der einzelnen sowohl als der verbundenen, dem nun aufgeregten Beobachter vor Eröffnung der Unterhaltung durch Gasentbindung bemerklich zu machen: so sieht man, daß hierdurch sogleich zwei ja dreimal soviel Zeichen als vorher gewonnen sind, indem man entweder die starke, oder die schwache, oder, wenn man will, auch beide in Verbindung anwenden kann. Nimmt man noch hinzu, daß man die Gasentbindung an jedem Drahte entweder 5, oder 10 oder 15—30 Secunden lang kann dauern lassen, daß sie im anhaltenden Strome, oder in kurzen abgebrochenen Impulsen erfolgen, ja daß man auch beide Wirkungsarten, nach mannigfaltig verabredeten Combinationen in Verbindung bringen kann: so sieht man leicht eine solche Fülle von Zeichen als möglich ein, welche schon durch die gewöhnlichen zwei Polardrähte gegeben werden können, daß man, soferne der Wohlfeilheit dieß Opfer gebracht werden soll, statt 35 Drähten nach Sömmering's Weise nöthig zu haben, sicherlich bloß mit zweien auszureichen hoffen darf*. Der Beobachter, der seine Aufmerksamkeit nur auf einen Polardraht zu richten hat, kann desto feinere Zeichen verstehen und die Secundenuhr, die er neben sich haben muß, erfordert weniger Aufmerksamkeit, als dazu nötig ist, um 35 Drähte zu überblicken und dabei nicht durch anhängende Gasbläschen, die sich erst späterhin (oft viele Secunden nach Aufhebung der Kette) losreißen, getäuscht zu werden.

---

* am leichtesten durch Bezifferung der Buchstaben (nach zweckmäßiger, nicht gerade alphabetischer, Anordnung) wobei ein 3 Secunden lang dauernder Gasstrom den 3 Buchstaben, ein 12 Secunden lang dauernder den 12 usw. bezeichnen würde".[33]

Damit hatte Schweigger gezeigt, daß man bei der Telegraphie durch Gasentbindung neben der Benutzung individueller Leitungen für jeden Buchstaben und dessen direkter Anzeige am Empfangsort auch eine buchstabenweise Übertragung über nur ein einziges Drahtpaar durchführen kann, wenn man aus Kombinationen von aufeinanderfolgenden Gasentbindungen unterschiedlicher Stärke oder unterschiedlicher zeitlicher Länge einen Code vereinbart.

Nur am Rande sei erwähnt, daß Schweigger am Ende seiner ,,Nachrede" noch ein weiteres Thema aufgreift: angeregt durch Soemmerrings Idee, seinen Telegraphen durch Tasten zu bedienen, schlägt er eine Apparatur vor, bei der über Tasten ,,wie . . . auf einem Clavier" zwei keilförmige Striche (Typen) in je 8 verschiedenen Stellungen abgedruckt werden können. Aus den $2 \cdot 8 = 16$ verschiedenen Stellungen der beiden Striche und ihren 64 möglichen Kombinationen gewinnt er 80 verschiedene Zeichen für eine Schrift, ,,die einer stenographischen ähnlich

---

[33] Praktische Versuche (siehe Fußnote 25 auf Seite 20) haben gezeigt, daß Schweiggers Vorschläge einer ,Pulslängenmodulation' mit einfachem Abzählcode wegen der Trägheit der Anzeige (vor allem durch das Nachgasen) mindestens eine Zweisekundenstufung erfordert hätte.

sehen" würde. Wenn man die Tasten dieser Anordnung mit der halben Geschwindigkeit niederdrücke, mit der ein geübter Klavierspieler Töne anschlägt, dann, so meint er, „könnte zuletzt vielleicht die Schnelligkeit der mündlichen Mittheilung durch die der schriftlichen noch übertroffen werden".

Doch zurück zu Soemmerrings Telegraphenvorschlag. Eine zeitgenössische Reaktion besonderer Art erschien im 11. Blatt der Berliner Abendblätter vom 12. Oktober 1810 [19]. Dort findet man auf Seite 45 unter dem Titel „Nützliche Erfindungen. Entwurf einer Bombenpost":

> „Man hat in diesen Tagen, zur Beförderung des Verkehrs, innerhalb der Grenzen der vier Weltteile, einen elektrischen Telegraphen erfunden; einen Telegraphen, der mit der Schnelligkeit des Gedankens, ich will sagen, in kürzerer Zeit, als irgendein chronometrisches Instrument angeben kann, vermittels des Elektrophors {?} und des Metalldrahts Nachrichten mitteilt; dergestalt, daß wenn jemand, falls nur sonst die Vorrichtungen dazu getroffen wären, einen guten Freund, den er unter den Antipoden hätte, fragen wollte: „Wie gehts dir?" derselbe, ehe man noch eine Hand umkehrt, ohngefähr so, als ob er in einem und dem selben Zimmer stünde, antworten könnte: „Recht gut." So gern wir dem Erfinder dieser Post, die, auf recht eigentliche Weise, auf Flügeln des Blitzes reitet, die Krone des Verdienstes zugestehen, so hat doch auch diese Fernschreibekunst noch die Unvollkommenheit, daß sie nur, dem Interesse des Kaufmanns wenig ersprießlich, zur Versendung ganz kurzer und lakonischer Nachrichten, nicht aber zur Übermachung von Briefen, Berichten, Beilagen und Paketen taugt. Demnach schlagen wir, um auch diese Lücke zu erfüllen, zur Beschleunigung und Vervielfachung der Handelskommunikationen, wenigstens innerhalb der Grenzen der kultivierten Welt, eine Wurf- oder Bombenpost vor; ein Institut, das sich auf zweckmäßig, innerhalb des Raumes der Schußweite angelegten Artilleriestationen, aus Mörsern oder Haubitzen, hohle, statt des Pulvers mit Briefen und Paketen angefüllte Kugeln, die man, ohne alle Schwierigkeiten, mit den Augen verfolgen und wo sie hinfallen, falls es ein Morastgrund ist, wieder auffinden kann, zuwürfe; dergestalt, daß die Kugel, auf jeder Station zuvörderst eröffnet, die respektiven Briefe für jeden Ort herausgenommen, die neuen hineingelegt, das Ganze wieder verschlossen, in einen Mörser geladen und zur nächsten Station weiterspediert werden könnte. Den Prospektus des Ganzen und die Beschreibung und Auseinandersetzung der Anlagen und Kosten behalten wir einer umständlicheren und weitläufigeren Abhandlung bevor. Da man, auf diese Weise, wie eine kurze mathematische Berechnung lehrt, binnen Zeit eines halben Tages, gegen geringe Kosten von Berlin nach Stettin oder Breslau würde schreiben oder respondieren können und mithin, verglichen mit unseren reitenden Posten, ein zehnfacher Zeitgewinn entsteht, oder es ebensoviel ist, als ob ein Zauberstab diese Orte der Stadt Berlin zehnmal näher gerückt hätte: so glauben wir für das bürgerliche sowohl als handeltreibende Publikum eine Erfindung von dem größesten und entscheidendsten Gewicht, geschickt, den Verkehr auf den höchsten Gipfel der Vollkommenheit zu treiben, an den Tag gelegt zu haben.
>
> Berlin, den 10. Okt. 1810   rmz."

Nach Sembdner [116] weist die Chiffre „rmz" darauf hin, daß dieser Beitrag von dem Gründer und Herausgeber der „Berliner Abendblätter" Heinrich von Kleist[34] stammt. Bei dem elektrischen Telegraphen handelt es sich nach der gleichen Quelle um Soemmerrings Erfindung von 1809, über die damals auch eine Notiz durch die Tagespresse ging. Sembdner erwähnt in diesem Zusammenhang den „Nürnberger Korrespondent von und für Deutschland" vom 16. August 1810, den „Freimütigen oder Berlinisches Unterhaltungsblatt" vom 28. August 1810 und die Königsberger Zeitung vom 13. Sept. 1810.

Kleists „Nützliche Erfindung einer Bombenpost" erinnert an die entsprechenden Bombenpost-Vorschläge, die Lehmann und Bouchenroeder 1795 als Antwort auf die Einführung der optischen Telegraphie in Frankreich veröffentlicht hatten (Band 1, Kap. XI. F und G). Ob Kleist (der 1795 in der preußischen Armee diente) diese älteren Vorschläge gekannt hat, oder ob es sich auch hier wiedereinmal um einen Archetypus der erfinderischen Phantasie (Band 1, Kap. VIII D) handelt, wird sich heute kaum noch klären lassen.

Im übrigen ging es Kleist wohl vor allem darum, darauf hinzuweisen, daß es (in der damaligen Zeit) keinen echten Bedarf für ein Kommunikationsmittel gab, dessen extreme Schnelligkeit durch die Beschränkung auf „ganz kurze und lakonische Nachrichten" erkauft werden mußte.

Um den Inhalt von Nachrichten geht es in einem fingierten Briefwechsel zwischen einem anonymen Berliner Einwohner und dem Herausgeber, der im 14. Blatt der Berliner Abendblätter vom 16. Oktober 1810 das Thema Bombenpost noch einmal aufgreift. Dort vertritt der Anonymus die Ansicht, daß auch die Bombenpost noch viel zu schnell sei, wenn sie — wie damals leider üblich — fast nur schlechte Nachrichten übermittle. Wichtiger sei die Erfindung einer Post, die vor allem gute Nachrichten überbrächte, zum Beispiel: „. . . . morgen werden wir, unter dem Donner der Kanonen, ein Nationalfest feiern."

Wohl mit Rücksicht auf die Zensur, der die Berliner Abendblätter im folgenden Jahr auch wirklich zum Opfer fallen sollten, antwortete die „Redaktion" auf dieses „witzige Schreiben": „. . . Persiflage und Ironie sollen uns, in dem Bestreben, das Heil des menschlichen Geschlechts, soviel auf unserem Wege liegt, zu befördern, nicht irre machen."

F Schlußbemerkung

Wir kehren noch einmal zu den Vorschlägen für galvanische Telegraphen zurück. Es ist technikgeschichtlich nicht uninteressant, daß Salvá

---

[34] Heinrich von Kleist (1777 ... 1811), aus altem pommerschen Adelsgeschlecht. Neben vergeblichen Versuchen, in Militär- und Verwaltungsdiensten eine befriedigende Tätigkeit zu finden, dichterische und publizistische Arbeiten zwischen Klassik und Romantik, die zu seinen Lebzeiten wenig Beachtung fanden. Seine Bedeutung als Dramatiker und Erzähler wurde erst sehr viel später erkannt und gewürdigt.

und Soemmerring, denen wir die ersten konkreten Vorschläge zur Anwendung des Galvanismus in der Telegraphie verdanken, von Hause aus Mediziner waren. Auch ein dritter Vorschlag, auf den hier noch kurz hingewiesen werden soll, deutet eine solche Verbindung an. Der amerikanische Chemiker John Redman Coxe schrieb 1816 einen Brief an den Herausgeber der „Annals of Philosophy" in London, in dem er an einen dort erschienenen Beitrag über die Anwendung des Galvanismus zur Auflösung von Harnsteinen anknüpft. In diesem Zusammenhang erwähnte Coxe, daß er sich auch Gedanken über die Anwendung des Galvanismus „as a probable means of establishing telegraphic communication" gemacht habe und zwar „by tubes for the descomposition of water and of metallic salts". Ohne auf technische Einzelheiten einzugehen, äußert er seine Zuversicht, daß der Galvanismus auch auf diesem Gebiet eine praktische Zukunft haben werden (zitiert nach [42]):

> "When we consider what wonderful results have arise from the first trifling experiments of the junction of a small piece of silver and zinc in so short a period, what may not be expected from the further extension of galvanic electricity? I have no doubt of its being the chiefest agent in the hands of nature in the mighty changes that occur around us ..."

Wie wir in dem folgenden Beitrag sehen werden, wurde Coxes positive Anschauung über die Zukunft des Galvanismus aber noch keineswegs von allen Zeitgenossen geteilt.

II Francis Ronalds und die elektrische Telegraphie

A Vorbemerkung

Während der französischen Revolution und den Napoleonischen Eroberungen auf dem europäischen Kontinent hatte die britische Admiralität aus Sorge vor einer Invasion die der französischen Kanalküste gegenüberliegenden englischen Flottenstützpunkte durch optische Telegraphenlinien nach dem System des Lord Murray mit London verbinden lassen (Band 1, Kap. X). Nach der Verbannung Napoleons auf die Insel Elba und nach dem Abschluß des 1. Pariser Friedens im Sommer 1814 war die Hoffnung auf einen langanhaltenden Frieden so groß, daß die Admiralität den Betrieb auf diesen Telegraphenlinien wieder einstellte und die Stationen verfallen ließ, da man offenbar keinen Bedarf mehr für ein solches der Marine vorbehaltenes Kommunikationsmittel sah.

Als Napoleon am 1. März 1815 von Elba nach Frankreich zurückkehrte, war während der hundert Tage seiner neuerlichen Machtergreifung die Zeit zu kurz, um die alten Telegraphenlinien zu reaktivieren. Unter dem Eindruck dieser Ereignisse beschloß man in der Admiralität, für künftige Notfälle neue Telegraphenlinien einzurichten oder wenigstens vorzubereiten. Nach Wilson [138] wurden in diesem Zusammenhang nicht weniger als 100 Vorschläge für verbesserte optische Telegraphen zur Diskussion gestellt; die Entscheidung fiel zu Gunsten eines „Semaphor-Telegraphen" nach der Konstruktion von Sir Home Popham mit zwei einarmigen Signalflügeln, die drehbar übereinander an einem Mast befestigt waren. Im August 1816 begannen Versuche mit Popham's Semaphor-Telegraphen zwischen London und Chatham, 1822 beschloß die Admiralität den Bau einer Popham-Linie zwischen London und Porthmouth [138].

Dies neu erwachte Interesse an der ‚Telegraphie' regte auch zu Überlegungen an, ob und wie man die Elektrizität in den Dienst einer solchen Kommunikationsaufgabe stellen könne. So hat nach Fahie [42] ein gewisser Ralph Wedgewood im Jahre 1815 darauf hingewiesen, daß der von ihm erfundene „Fulguri-Polygraph" auch als „fac-simile Telegraph" über eine große Entfernung eingesetzt werden könne. Einzelheiten über diese Erfindung sind allerdings nicht überliefert.

Um so ausführlicher hat Francis Ronalds (1788 ... 1873) über Versuche mit elektrischen Telegraphen berichtet, die er 1816 in Hammersmith (damals ein kleiner Vorort im Westen Londons) durchgeführt hatte. Er veröffentlichte seine Überlegungen und die Ergebnisse seiner Versuche in einer Broschüre „Description of an Electrical Telegraph ...", die er 1823 in London drucken ließ [103].

Ronalds, dessen Vorfahren aus Schottland stammten, hatte schon früh eine Vorliebe für praktische Versuche entwickelt und sich große mechanische Fertigkeiten erworben. 1814 begann er sich für die Elektrizität zu interessieren und im Sommer 1816 beschäftigte er sich vor allem mit der Frage, ob und wie die Elektrizität zur Nachrichtenübermittlung zu brauchen sei. Er schreibt darüber:

> "in the summer of 1816, I amused myself by wasting, I fear, a great deal of time, and no small expenditure, in trying to prove, by experiments on a much more extensive scale than had hitherto been adopted, the validity of a project of this kind."

Zwischen 1816 und 1823 unternahm Ronalds längere Reisen durch Europa und den Osten und legte hierbei den Grundstein zu seiner Bibliothek, auf die in Abschnitt D eingegangen wird.

1843 wurde Ronalds „honorary director and superintendent" des neu errichteten meteorologischen Observatoriums in Kew, wo er sich vor allem um die Entwicklung einer kontinuierlichen photografischen Registrierung meteorologischer Meßgeräte Verdienste erwarb. 1852 trat er in den Ruhestand, reiste viel im Ausland und vervollständigte seine Bibliographie der Elektrizität und Telegraphie. 1871 wurde er für seine Verdienste um die Telegraphie geadelt [24][1].

Wenn auch Ronalds Vorschlag eines elektrischen Synchrontelegraphen in der von ihm entwickelten Ausführungsform zu keinerlei praktischer Anwendung führte, sind die Ausführungen in seiner Schrift von 1823 für die Geschichte der Nachrichtentechnik doch von großem Interesse, weil er instinktiv die künftig zu erwartenden Probleme voraussah und mögliche Lösungen zum mindesten andeutete. Aus diesem Grund soll in dem folgenden Abschnitt ausführlicher auf seine Schrift eingegangen werden.

B Ronalds Synchron-Telegraph

Ronalds erinnert zuerst an die Versuche von Watson, Lord Cavendish und anderer Naturforscher, die gezeigt hätten, daß der elektrische

---

[1] Diese Ehrung fiel in eine Zeit, in der Erfindungsprioritäten vor allem unter dem Gesichtspunkt nationalen Prästigedenkens in Anspruch genommen wurden.

Schlag durch lange Drähte mit unmeßbarer Geschwindigkeit übertragen werde. Er verweist dann auf den Vorschlag von Cavallo, Nachrichten mit Hilfe der Elektrizität dadurch in die Ferne zu übertragen, daß man eine bestimmte Zahl von Funken in bestimmten Zeitabständen über einen isolierten Draht schickt (Band 1, Kap. VIII). Dann fährt er fort:

> "Some German and American savans first projected Galvanic or Voltaic telegraphs, by the decomposition of water, & c. But the other form of the fluid appeared to me to afford the most accurate and practicable means of conveying intelligence."[2]

Unter Bezugnahme auf seine später beschriebenen eigenen Versuche schreibt er dann:

> "The result seemed to be, that that most extraordinary fluid or agency, electricity, may actually be employed for a more practically useful purpose than the gratification of the philosopher's inquisitive research, the schoolboy's idle amusement, or the physician's tool; that it may be compelled to travel as many hundred miles beneath our feet as the subterranean ghost which nightly haunts our metropolis, our provincial towns, and even our high roads; and that in such an enlightened country and obscure climate as this its travels would be productive of, at the least, as much public and private benefit. Why has no serious trial yet been made of the qualifications of so diligent a courier? And if he should be proved competent to the task, why should not our kings hold councils at Brighton with their ministers in London? Why should not our government govern at Porthsmouth almost as promptly as in Downing Street? Why should our defaulters escape by default of our foggy climate? And since our piteous inamorati are not all Alphei, why should they add to the torments of absence those dilatory tormentors, pens, ink, paper, and posts? Let us have electrical conversazione offices, communicating with each other all over the kingdom, if we can."

Ronalds sieht hier also schon ein künftiges sowohl allen staatlichen Institutionen, als auch der Öffentlichkeit zugängliches, weitverzweigtes Netz von Telegraphenstationen voraus, wie es sich dann in der zweiten Hälfte des 19. Jh. tatsächlich entwickeln und bald zur Selbstverständlichkeit werden sollte.

Nach dieser allgemeinen Einleitung geht Ronalds zur Beschreibung seiner eigenen Versuche über, mit denen er die Realisierbarkeit eines elektrischen Telegraphennetzes beweisen möchte.

Als erstes bemühte er sich darum, die in der zweiten Hälfte des 18. Jh. durchgeführten Versuche zur Messung der Geschwindigkeit der Elektrizität auf langen Leitungen in größerem Maßstab und mit verbesserten Beobachtungsmethoden zu wiederholen. Dazu hatte er

---

[2] In dem Katalog seiner Bibliothek (siehe Abschnitt D) führt Ronalds Soemmerring, Schweigger und Coxe auf. Sie hat er also wohl mit dem „German und American Savans" gemeint.

Bild II.1. Ronalds Freileitungsversuche in Hammersmith im Sommer 1816

auf einer Wiese bei Hammersmith im Abstand von etwa 18 m zwei
kräftige Rahmen aus Holz errichtet und jeden Rahmen mit 19 horizontalen Balken versehen (Bild II. 1). An jedem Balken waren 37 Haken
befestigt, auf die Seidenschnüre aufgelegt waren. An diesen Schnüren
wurde ein dünner Draht befestigt, der so zwischen den Rahmen hin-
und hergeführt wurde, daß die Gesamtlänge der Leitung etwa 12 km
betrug. Anfang und Ende des Drahtes wurde zu einem Experimentier-
tisch geführt, der eine Leydener Flasche, zwei Voltasche Pistolen und
zwei ,,Canton's pith ball electrometer"[3] trug.

Mit dieser Versuchsanordnung führte Ronalds eine Reihe von Expe-
rimenten durch, die zu folgenden Ergebnissen führten:

1. Wenn eine Versuchsperson den Anfang der Leitung mit der einen
   Hand über einen isolierten Kontaktbügel aus der Leydener Flasche
   auflud, spürte sie im gleichen Augenblick einen elektrischen Schlag,
   wenn sie mit der anderen Hand das Ende der Leitung berührte.

---

[3] John Canton (1718 ... 1772) hatte 1753 eine Anordnung zur Anzeige elektrischer
Ladungen angegeben, die aus zwei an Leinenfäden dicht nebeneinander aufgehängten
Hollundermarkkügelchen besteht. Wird den Kügelchen über den Aufhängepunkt
der Fäden eine elektrische Ladung zugeführt (‚mitgeteilt'), stoßen sie sich gegenseitig
ab und die Fäden divergieren. Aus der Größe des Spreizwinkels kann auf die Stärke
der Ladung geschlossen werden [105].

2. Wenn man je eine der beiden Voltaschen Pistolen mit dem Anfang und Ende der Leitung verband und eine der beiden mit Hilfe der Leydener Flasche zur Explosion brachte, hörte man im gleichen Augenblick auch den Knall der anderen Pistole.

3. Wenn man am Anfang und am Ende der Leitung je ein Elektrometer anschloß, divergierten beide Elektrometer gleichzeitig bei Ladung der Leitung und fielen gleichzeitig wieder zusammen, wenn die Leitung durch Erdung entladen wurde.

Alle drei Sinne, Gefühl, Gehör und Gesicht, bezeugten also übereinstimmend die augenblickliche Übertragung elektrischer Signale über einen Draht von 12 km Länge[4].

Ronalds räumt dann zwar ein, daß mit diesen Versuchen noch nicht bewiesen sei, auch ein Draht von unbegrenzter Länge könne augenblicklich entladen werden; die Versuche hätten aber keine Gründe geboten, das Projekt eines elektrischen Telegraphen aufzugeben.

Obwohl Ronalds die oben beschriebenen Vorversuche an einer Freileitung durchgeführt hatte, ging er bei der Realisierung seines Telegraphenprojektes zu einer unterirdischen Leitungsführung über. Er ließ in seinem Garten einen 160 m langen und 1,2 m tiefen Graben ausheben. In diesem Graben wurden hölzerne innen und außen mit Pech bestrichene Tröge und in diese Glasröhren gelegt, durch die dann der Draht geführt wurde. Die Stoßstellen der Glasrohre wurden durch gläserne Muffen überbrückt, die mit weichem Wachs abgedichtet waren; auf diese Weise konnten temperaturbedingte Längenänderungen der Glasrohre ausgeglichen werden. Die hölzernen Tröge wurden dann durch aufgeschraubte Bretter geschlossen und der Graben wieder zugeschüttet. Figur 1 in Bild II. 2 zeigt einen Querschnitt durch diese Anordnung.

Zur Nachrichtenübermittlung modifizierte Ronalds das schon im klassischen Altertum von Aineias und Polyainos vorgeschlagene Prinzip der Auswahl einer bestimmten von mehreren möglichen Nachrichten aus synchronen Bewegungsabläufen (Band 1, Kap. IV) in einer dem technischen Stand seiner Zeit angepaßten Weise. Er befestigte auf den Sekundenachsen zweier möglichst genau gleichgehender Uhren je eine runde Signal-Scheibe aus Messing, die in 20 Sektoren eingeteilt waren

---

[4] Aus der Sicht unserer heutigen Kenntnis von der Natur der elektromagnetischen Zustände und Vorgänge ist es schwer, sich ein Bild von Ronalds physikalischen Vorstellungen zu machen. Für ihn ist die Elektrizität noch ein ‚Fluidum oder Agens‘, mit dem man eine Leitung laden (‚füllen‘) kann, oder das man zur Erde entladen kann. Auf der anderen Seite spricht er aber auch gelegentlich (ganz im Sinne des heutigen Sprachgebrauches) von der Übertragung eines „elektrischen Signales" über eine Leitung. Entscheidend war für ihn wohl, daß bei seinen Versuchen die beobachtbaren Wirkungen am Anfang und am Ende der Leitung „instantaneous" auftraten.

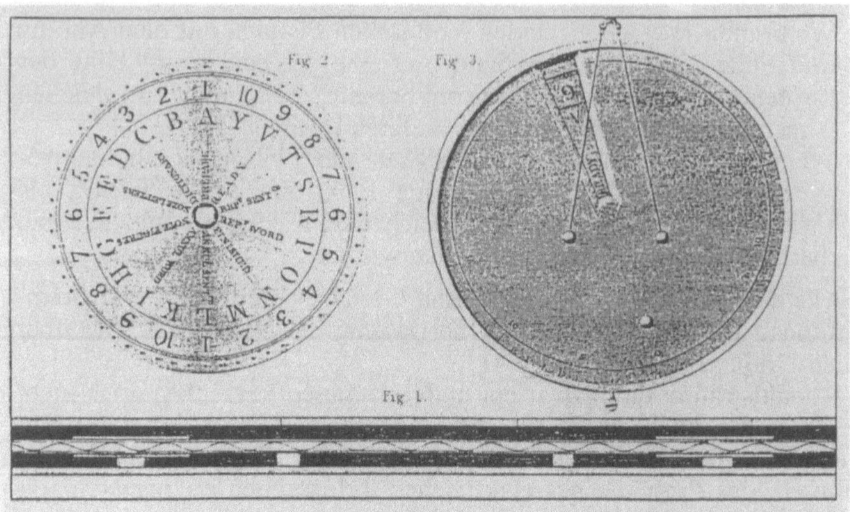

Bild II.2. Fig. 1: Querschnitt durch Ronalds unterirdische Telegraphenleitung. Fig. 2: Ronalds Zeichenscheibe. Fig. 3: Die Schlitzscheibe zur Phasenkorrektur und das „pith ball electrometer"

(Bild II. 2). In einem äußeren Ring waren zweimal die Zahlen 1 bis 10 eingetragen, dann weiter innen die Buchstaben eines auf 20 Elemente gekürzten Alphabetes und schließlich nach der Mitte zu 10 Betriebsanweisungen: Prepare, Dictionary, Note Letters, Note Figures, Annul Word, Annul Sent., Finished, Rep. Word. Rep. Sent., Ready.

Da Ronalds die beiden Uhren noch nicht phasengenau synchronisieren konnte, war vor der Signal-Scheibe eine weitere von Hand drehbare Messingscheibe mit einem sektorförmigen Schlitz angebracht, die den Blick nur auf eine Zahl, einen Buchstaben und eine Betriebsanweisung freigab. Zu Beginn einer telegraphischen Korrespondenz konnte so mit Hilfe der Betriebsanweisungen Prepare und Ready die phasengetreue Übereinstimmung zwischen beiden Signalscheiben eingestellt werden.

Das Ablese-Signal wurde durch Entladung der Leitung gegeben. Fiel dadurch bei dem Empfänger das Elektrometer zusammen, mußte er den in diesem Augenblick sichtbaren Teil der Signal-Scheibe ablesen und notieren. War zu Beginn „Note Letters" gegeben worden, konnte so jede beliebige Nachricht Buchstaben für Buchstaben übertragen werden, „Note Figures" ermöglichte die Übertragung jeder beliebigen Zahl, „Dictionary" zeigt an, daß die dann folgenden drei Zahlen mit einem telegraphischen Wörterbuch korrespondierten, das

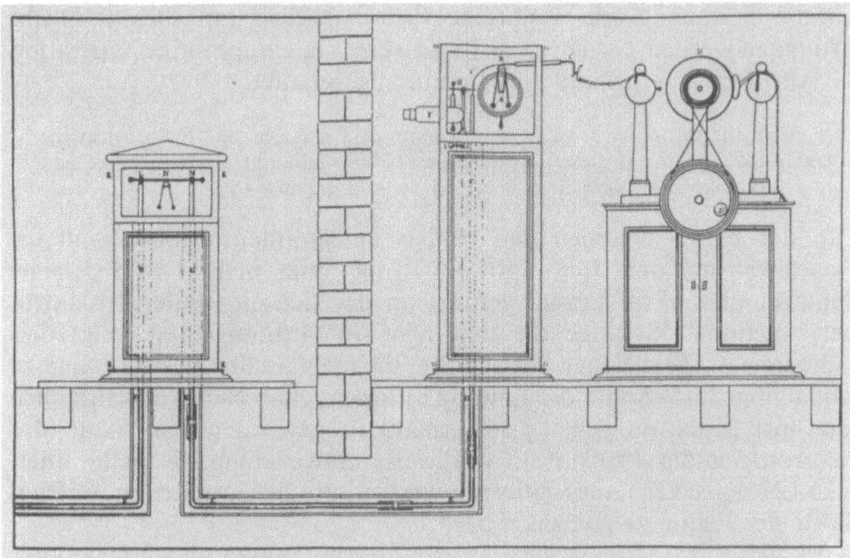

Bild II.3. Rechts der Synchrontelegraph von Ronalds, links die Prüfstation zur Leitungsüberwachung

auf 10 Seiten in je 10 Zeilen mit 10 Spalten 1000 Worte oder Sätze enthielt[5].

Weitere konstruktive Einzelheiten seiner Versuchsanlage beschreibt Ronalds dann anhand einer Zeichnung, die in Bild II. 3 wiedergegeben ist. Sie zeigt rechts eine der beiden identisch aufgebauten Telegraphenstationen: von einer Reibungselektrisiermaschine mit Handantrieb ist ein Draht isoliert in das Innere des Uhrengehäuses zu dem Aufhängepunkt des Elektrometers und von dort zu dem ebenfalls isoliert in das Uhrengehäuse geführten Leitungsdrahtes verlegt. Über einen von außen bedienbaren Schalter kann zusätzlich eine aus dem Uhren-

---

[5] Kennzeichnend für Ronalds Weitblick ist, daß er als Beispiel einer solchen „sentence" aus seinem Wörterbuch die Nachricht „steam packet arrived from …" wählt. Er hatte also wohl instinktiv erkannt, daß die elektrische Telegraphie vor allem in Zusammenhang mit der Entwicklung der übrigen Verkehrstechnik Bedeutung gewinnen könne. 1816 war zum ersten Mal ein Dampfschiff von Glasgow nach London gefahren. 1818 verkehrte das erste Dampfschiff zwischen England und Irland und 1822 wurde zwischen Dover und Calais ein „steam packet service" aufgenommen. Die weitere Entwicklung der Dampfschiffahrt führte dann zu den ersten privat betriebenen optischen Telegraphenlinien für den Schiffsmeldedienst, z. B. Ende der 20er Jahre zwischen Holyhead und Liverpool [138] und in der zweiten Hälfte der 30er Jahre zwischen Cuxhaven und Hamburg [9]. Der endgültige Durchbruch der Elektrischen Telegraphie erfolgte allerdings erst im Zusammenhang mit der Einführung der Eisenbahnen.

gehäuse herausragende Voltasche Pistole leitend mit diesem Draht verbunden werden. Sie wird vor Beginn einer telegraphischen Operation als ‚Anrufzeichen' gezündet und dann abgeschaltet.

> "One of the stations was situated in a room over a stable, and the other at the end of the garden, a distance (as I have said) of five hundred and twenty-five feet, in a toolhouse; and the wire was buried under a gravel walk."

In der Mitte zwischen den beiden Telegraphenstationen sind die Glasröhren mit dem Leitungsdraht in das links in Bild II. 3 gezeigte Gehäuse einer ‚Prüfstation' geführt, in der sich ein weiteres Elektrometer befindet. Solange die Leitungen in Ordnung sind, zeigt dies Elektrometer die gleichen Ausschläge, die auch an den Endstationen zu beobachten sind. Sollte die Leitung an irgendeiner Stelle unterbrochen oder ihre Isolation gegen Erde schadhaft geworden sein, kann das Elektrometer der Prüfstation wahlweise entweder an die rechte oder linke Leitungshälfte angeschlossen werden, um festzustellen, in welcher Hälfte der Fehler zu suchen sei:

> "But I never had occasion to make use of this contrivance after using soft wax instead of hard cement to unite the different lengths of glass tube."

Schließlich weist Ronalds noch darauf hin, daß für die Übertragung von Betriebsanweisungen die Leitung höher aufzuladen sei als während des folgenden Telegraphierbetriebes:

> "It was necessary to distinguish the preparatory signs from those intended to spell, or refer to the dictionary, by giving the wire a rather higher charge than usual, and thus cause the pith balls to diverge more."

Im Anschluß an die Beschreibung des Aufbaus und der Wirkungsweise der Versuchsanlage in Hammersmith folgen Überlegungen, welche Schwierigkeiten bei einer Anwendung im Großen zu erwarten wären und wie man ihnen begegnen könne. Ronalds beginnt hier mit der Frage, wie sich eine wesentliche Verlängerung der unterirdisch verlegten Leitung auf die Plötzlichkeit der Entladung auswirken könnte:

> "... the probability, that the electrical compensation, which would take place in a wire enclosed in glass tubes of many miles in length (the wire acting, as it were, like the interior coating to a battery) might amount to the retention of a charge, or at least might destroy the suddenness of a discharge, or, in other words, it might arrive at such a degree as to retain the charge with more or less force, even although the wire were brought into contact with the earth."

Falls solche Schwierigkeiten auftreten sollten, schlägt er als erstes vor, die Entladung einer langen Leitung nicht durch Verbindung mit der Erde, sondern mit einer Batterie Leydener Flaschen herbeizuführen, die zuvor eine der Größe der Leitungsladung entsprechende Ladung entgegengesetzten Vorzeichens erhalten habe. Er schlägt in diesem Zusammenhang einige Experimente vor, die vielleicht zu einer mathematischen Beschreibung der zeitlichen Vorgänge auf langen Leitungen führen könnten, gibt aber auch zu bedenken, daß es schwierig sein würde, alle äußeren Einflüsse (Luftfeuchtigkeit, Leitfähigkeit der Erde usw.) mit genügender Genauigkeit berücksichtigen zu können. Für die Praxis hofft er (indem er intuitiv das Prinzip des Doppelstrombetriebes sehr viel späterer Zeiten vorwegnimmt)

> "... that this expedient should enormously increase the power of procuring a sudden discharge, and that it might, comparatively speaking, be carried to an unlimited extent."

Ronalds zweiter Vorschlag betrifft den (elektrischen) Aufbau seiner unterirdischen Leitung:

> "Let the glass tubes, inclosing the wire, be very thick; for an electric charge is retained with a force increasing or decreasing as the squares of the distances of the two opposed surfaces. Let them be covered with wax, or varnish, or any non-conducting substance, which attracts moisture but slightly. Let them be raised from the bottom of the trough by supports of wood, or (better) glass (see Fig. 1, Plate 2); and let moisture be excluded from the through as effectually as possible; for then both the moisture and the bottom of the trough will furnish a much less effective exterior coating to the tubes, and consequently there will be less compensation."

Wie immer die physikalischen Vorstellungen von Ronalds gewesen sein mögen, die ihn in diesem Zusammenhang das Coulombsche Gesetz ins Feld führen ließen, auch hier war seine Schlußfolgerung intuitiv richtig, denn tatsächlich wird die Signallaufzeit auf einem Kabel um so kürzer, je kleiner der Kapazitätsbelag ist.

Ronalds fährt dann fort:

> "It seems probable enough, that an instantaneous discharge might be obtained from a wire of any required length by the above-mentioned adoption of means, which seem capable (as has been said) of almost unlimited application. But if upon trial (the only fair test of such like contrivances) it should be found otherwise, or the expenditure disproportionate to the value of the object proposed, viz. a saving of time, then intermediate stations might be employed, as is the case with telegraphs now in use."

Auch hier hat Ronalds also die künftige Entwicklung richtig vorausgesehen, auch wenn die spätere Einführung von Relaisstationen in lange Telegraphenleitungen primär wegen der Dämpfung und nicht wegen Laufzeitproblemen erfolgte.

Zum Abschluß dieses Problemkreises weist Ronalds dann noch darauf hin, daß bei Laufzeiten bis zur Länge einer Minute dies bei der Phasenkorrektur der beiden Uhren berücksichtigt werden könnte. Alles in allem sieht er also hier keine unüberwindlichen Schwierigkeiten für die Einführung seines Telegraphen im großen Maßstab voraus.

Als nächstes beschäftigt sich Ronalds mit der technischen Ausführung der unterirdischen Leitungen. Im Gegensatz zu Einwänden,
die gegen die Art seiner Leitungsverlegung erhoben worden waren,
hält er aufgrund seiner Erfahrungen in Hammersmith die Verwendung
von Glasröhren zur Leitungsisolation für sehr zuverlässig; wolle man
darüber hinaus die ‚Verfügbarkeit' erhöhen, könne man ja zwischen
den Stationen zwei oder drei Leitungen auf verschiedenen Wegen ver-
legen;

> "Here a double advantage would be gained, since two or more communications
> might occasionally be going on at the same time, upon the same clocks and
> batteries."

Ronalds geht dann auf einen Einwand ein, der ihm offenbar besonders häufig entgegengehalten worden war: die Gefahr, daß die
unterirdischen Leitungen böswillig zerstört werden könnten. Ronalds
räumt diese Gefahr ein, vor allem für den Fall einer Invasion, eines
Bürgerkrieges oder einer Sabotage. Für solche Fälle schlägt er eine
‚politische Lösung' vor: vorsorgliche Rüstung, um Invasionen abweh-
ren zu können, gute Könige, um Bürgerkriege gar nicht erst ausbre-
chen zu lassen, und drakonische Strafen für Saboteure. Dann fährt
Ronalds fort:

> "If, after all the preventive measures above mentioned have been adopted
> (and all those additional ones, which in practice would undoubtedly suggest
> themselves to an intelligent engineer), accidents or injuries of any kind should
> still occur, how to discover the seat of the disorder, the exact point or points
> which have sustained injury, and when it had taken place?"

Auch hier sieht Ronalds also das Problem der Fehlerortsbestim-
mung auf unterirdischen Leitungen richtig voraus. Als eine mögliche
Lösung schlägt er vor (vgl. Bild II. 3)

> "Instead of placing only one such prover as K, Plate 3, at mid-distance between
> the two extreme stations, let a certain number of provers be placed at about
> equal distance from each other, accordingly as suitable situations for them
> may be found (such as post-offices in towns and villages, turnpike-gates, &c.
> &c.): and let a constant supply of electricity be furnished to the wire."

Solange die Leitung in Ordnung ist, zeigen alle Elektrometer ihren
gewöhnlichen Ausschlag, wenn ein Fehler auftritt, fallen sie zusammen
(eine frühe Vorwegnahme der Ruhestromüberwachung wichtiger Tele-
graphen- oder Signalleitungen in späterer Zeit).

Wie der Ort des Fehlers gefunden werden könne, erläutert Ronalds
dann an dem Beispiel einer fiktiven Leitung von 50 Meilen Länge
zwischen London und Brighton. Er sieht für diese Strecke 20 Prüfstationen in einem mittleren Abstand von 2,8 Meilen vor. Je 5 Stationen unterstehen einem Wächter, der bei der in der Mitte dieses Abschnittes liegenden Station seinen ständigen Aufenthalt hat. Beobachtet er das Abfallen der Elektrometers, prüft er in seiner Station, ob der

Fehler rechts oder links zu suchen ist. Dann schickt er einen berittenen Boten in die so ermittelte Richtung und läßt die Prüfung an den beiden folgenden Stationen wiederholen. Ist so der Abschnitt ermittelt, in dem der Fehler aufgetreten ist, wird der Betriebsingenieur der Anlage unterrichtet. Er gräbt die Leitung in der Mitte zwischen beiden zugehörigen Prüfstationen auf und wiederholt die Prüfung mit einem tragbaren Elektrometer, um festzustellen, in welcher Hälfte dieses Abschnittes der Fehler liegt, wiederholt diese Prüfung in der Mitte dieser Hälfte und:

"Thus proceeding continually, he must arrive, after ten bisections, within about three yards of the defect. Would two days be a shorter space of time than would be required to discover and repair the injury completely?"

Für die Speisung seiner Telegraphen und die ständige Leitungsüberwachung schlägt Ronalds schließlich vor:

"let us have a small steam engine, to work a sufficient number of plates to charge batteries or reservoirs of such capacity as will charge the wire as suddenly as it may be discharged when the telegraph is at work; and when it is not at work, let the machine be still kept in gentle motion, to supply the loss of electricity by default of insulation."

Nach einer ergänzenden Erläuterung zu den Freileitungsversuchen in Hammersmith im Sommer 1816 schließt Ronalds seine Broschüre mit den Worten:

"May I presume to hope, that the most material obstacles have been fairly stated and discussed? The advantages proposed are, in the first place, Constancy: it is easily perceptible, that neither climate, season, time of day, or any of the circumstances which most impede the utility of telegraphs now in use, could have any influence upon this. Secrecy is a second proposed advantage; and Dispatch a third.
    Although "volenti nihil difficile" has been chosen as an appropriate motto for a humble projector, is it not equally applicable to a George the Fourth?"[6]

Aus heutiger Sicht vermißt man in seiner Schrift eigentlich nur eine Erklärung dafür, warum er sich für die Reibungselektrizität entschieden hatte, und wie er eine zuverlässige Arbeitsweise der Reibungselektrisiermaschinen sicherstellen wollte. So sehr er im Zusammenhang mit seinen unterirdischen Leitungen auf die Notwendigkeit hinweist, alle Feuchtigkeit fern zu halten, so wenig geht er auf dies Problem bei seinen Ladungsquellen ein, obwohl gerade ihre Funktionsfähigkeit entscheidend davon abhängt, daß sie möglichst trocken gehalten wer-

---

[6] Das Titelblatt der „Description of an Electrical Telegraph ..." trägt das Motto „Volenti nihil difficile", im Deutschen meist in der Form „Wo ein Wille ist, da ist auch ein Weg" gebräuchlich.

den können[7]. Vielleicht hatte Ronalds das Glück gehabt, daß im Sommer 1816 ein besonders trockenes Klima vorherrschte, oder er hat dies Problem — bewußt oder unbewußt — ‚verdrängt'.

Sieht man davon ab, daß diese Frage offengeblieben ist, wird man Ronalds zubilligen können, daß er mit dem von ihm entwickelten Synchron-Telegraphen einen Weg beschritten hatte, der später von größter praktischer Bedeutung werden sollte (z. B. Hughes, Baudot, Siemens, Kleinschmidt, Krum und Morton u. a.), und daß er einen großen Teil der bei einer künftigen praktischen Einführung der elektrischen Telegraphie zu erwartenden Probleme nicht nur erkannt, sondern auch mögliche Wege zu ihrer Behebung angegeben hat.

Im übrigen war aber auch er, wie so viele andere Erfinder, zu früh gekommen. Weder gab es zu der Zeit seiner Experimente in Hammersmith einen wirklichen Bedarf für ein so schnelles Kommunikationsmittel, noch war die ‚Elektrotechnik' weit genug entwickelt, um ein solches Projekt mit einem vertretbaren wirtschaftlichen Aufwand realisieren zu können.

C   Ronalds und die Admiralität

Auf eine technikgeschichtlich nicht ganz uninteressante Episode weißt Ronalds in einer längeren Fußnote hin. Nach den erfolgreichen Versuchen in Hammersmith hatte er am 11. Juli 1816 an den Chef der Admiralität Lord Melville geschrieben:

"Mr. Ronalds presents his respectful compliments to Lord Melville, and takes the liberty of soliciting his lordship's attention to a mode of conveying telegraphic intelligence with great rapidity, accuracy, and certainty, in all states of the atmosphere, either at night or in the day, and at small expense, which has occurred to him whilst pursuing some electrical experiments. Having been at some pains to ascertain the practicability of the scheme, it appears to Mr. Ronalds, and to a few gentlement by whom it has been examined, to posses several important advantages over any species of telegraph hitherto invented, and he would be much gratified by an opportunity of demonstrating those

---

[7] An sich mußte dies Problem damals jedem experimentell arbeitenden ‚Elektriker' bekannt sein. So schreibt z. B. Cavallo schon am Ende des 18. Jh. in seiner Complete Treatise on Electricity [31], von der Ronalds mehrere Ausgaben in seiner Bibliothek besaß: „When the weather is clear, and the air dry, especially in seren and frosty weather, the electrical machine will always work well. But when the weather is very hot, the electrical machine is not so powerfull: nor in damp weather, except it be brought into a warm room; and the cylinder, the stands, the jars & c. be made thoroughly dry." Weder der Raum über dem Stall noch der Geräteschuppen in Ronalds Garten hätten wohl diese Möglichkeit geboten, und auch der Antrieb durch eine Dampfmaschine wäre wohl für die Forderung nach möglichst vollkommener Trockenheit der Elektrisiermaschine nicht sehr förderlich gewesen.

advantages to Lord Melville by an experiment which he has no doubt would
be deemed decisive, if it should be perfectly agreeable and consistent with
his lordship's engagements to honour Mr. Ronalds with a call; or he would be
very happy to explain more particularly the nature of the contrivance if Lord
Melville could conveniently oblige him by appointing an interview."[8]

Aber noch bevor ein Gesprächstermin vereinbart werden konnte,
erhielt Ronalds einen vom 5. August datierten Brief des Sekretärs der
Admiralität Mr. Barrow:

"Mr. Barrow presents his complimente to Mr. Ronalds, and acquaints him,
with reference to his note of the 3rd inst., that telegraphs of any kind are
now wholly unnecessary, and that no other than the one now in use will be
adopted."

Diese Antwort ist in der Literatur zur Geschichte der elektrischen
Telegraphie immer wieder veröffentlicht worden, meist allerdings ohne
jeden Hinweis auf die in der Vorbemerkung zu diesem Beitrag geschil-
derte zeitgenössische Situation. So kann leicht der Eindruck einer besonders fortschrittfeindlichen Einstellung der Admiralität entstehen.
Bedenkt man aber, daß die Admiralität kurz zuvor die Einführung des
Popham-Telegraphen beschlossen und wahrscheinlich auch schon er-
hebliche Mittel in den Bau der neuen Linien investiert hatte, wird man
diesen Eindruck etwas relativieren müssen. Dazu kommt, daß ja das
eigentliche Anliegen von Ronalds ein umfassendes, auch der Öffentlichkeit zugängliches Telegraphennetz gewesen war; für einen solchen Plan
aber war der Erste Lord der Admiralität wohl kaum ein geeigneter
Adressat.

Ronalds selbst beschreibt seine Reaktion auf den Empfang der ab-
schlägigen Antwort am Ende der Fußnote mit folgenden Worten:

"If felt very little disappointment, and not a shadow of resentment, on the
occasion, because every one knows that telegraphs have long been great bores at
the Admiralty. Should they again become necessary, however, perhaps electricity
and electricians may be indulged by his lordship and Mr. Barrow with an
opportunity of proving what they are capable of in this way. I claim no indulgence
for mere chimeras and chimera framers, and I hope to escape the fate of being
ranked in that unenviable class."

D Ronalds Bibliothek

Nach der Veröffentlichung der „Description of an Electrical Telegraph ..." im Jahre 1823 hat sich Ronalds nicht mehr aktiv an der
weiteren Entwicklung der elektrischen Telegraphie beteiligt, er hat

---

[8] Hier zitiert nach Fahie [42]. Der Originalschriftwechsel befindet sich in Ronalds
Bibliothek (siehe Abschnitt D).

jedenfalls (außer einer zweiten Auflage seiner „Description . . ." im Jahre 1871) keine Arbeiten aus diesem Gebiet mehr veröffentlicht. Trotzdem hat er sich aber offenbar bis an sein Lebensende sehr für die Elektrizität, den Magnetismus und deren Anwendung in der Telegraphie interessiert: er sammelte eine umfangreiche Bibliothek einschlägiger Bücher und Schriften und legte ein ebenso umfangreiches Literaturverzeichnis zu diesem Thema an. Er vermachte diesen wertvollen Nachlaß seinem Schwager Samuel Carter mit der Weisung, ihn zu erhalten „so as to be as of much use as possible to persons engaged in the pursuit of electricity" [24]. Carter übergab die Bibliothek und das Literaturverzeichnis zu treuen Händen an die Society of Telegraph Engineers, deren Bibliothekar Alfred J. Frost im Jahre 1880 einen „Catalogue of Books and Papers relating to Electricity, Magnetism, the Electric Telegraph & c, including the Ronalds Library, compiled by Sir Francis Ronalds" herausgab [104]. Dieser Katalog enthält auf 564 Seiten in alphabetischer Reihenfolge mehr als 10 000 Titel, von denen gut die Hälfte den Bibliothekbestand betreffen[9], während die knappe andere Hälfte Hinweise auf Quellen enthält, die Ronalds entweder auf seinen Reisen selbst hatte einsehen können oder auf die er von dritter Seite aufmerksam gemacht worden war. Ronalds „Katalog" stellt also nach unserem heutigen Sprachgebrauch eine für die damalige Zeit umfassende Bibliographie der frühen Entwicklung der Elektrizität, des Magnetismus und der Telegraphie dar. Sie zeugt nicht nur von dem großen Fleiß, mit dem sich Ronalds vor allem in den letzten 2 Jahrzehnten seines Lebens mit diesem Thema beschäftigt hat, sie zeigt Ronalds auch als Bibliophilen, der im Laufe seines Lebens eine private Fachbibliothek von über 5000 Bänden gesammelt und katalogisiert hat.

Wie gut Ronalds die Entstehung des Fachgebietes kannte, über das er seine Bücher sammelte, zeigen z. B. die Originalschriften aus der Frühzeit einer wissenschaftlichen Beschäftigung mit der Elektrizität (Band 1, Kap. VIII A): man findet in seiner Bibliothek von *Gilbert* das Buch „De Magnete . . ." aus dem Jahr 1600 mit dem Kapitel über die „Vis electrica", von *Hawksbee* 4 Schriften aus dem Jahr 1706, von *Gray* 8 Schriften aus der Zeit von 1732 ... 38, von *Dufay* eine Schrift von 1735, von *Bose* 6 Schriften von 1744 ... 50, von *Winkler* 7 Schriften von 1744 ... 50, von *Franklin* 17 Schriften von 1752 ... 1806. Zur Frühgeschichte der Elektrizität enthält die Bibliothek von *Gralath* 7 Schriften von 1747 ... 56 und von *Pristley* 10 Schriften von 1767 ... 94.

In manchen Fällen ging es Ronalds offenbar auch um eine möglichst umfassende Vollständigkeit: so findet man unter den 16 Schriften von

---

[9] Diese Titel sind in dem Katalog durch ein Kreuz gekennzeichnet.

Cavallo dessen „Complete Treatise on Electricity . . ." in der 1. Auflage von 1777, der 4. Auflage von 1795 und der 5. Auflage von 1802, außerdem in drei deutschen, einer italienischen und einer niederländischen Übersetzung. Ronalds hat sich bis zu seinem Lebensende auch mit der zeitgenössischen Literatur befaßt. Dabei beschränkte er sich keineswegs auf die Arbeiten seiner britischen Landsleute, er berücksichtigte auch gleichermaßen die Publikationen aus dem übrigen Europa und aus Nordamerika. So spiegelt seine Bibliographie die Entwicklung des Galvanismus und der Elektrochemie, die stufenweise Entdeckung der Wechselwirkungen zwischen Elektrizität und Magnetismus und schließlich die praktische Einführung der elektrischen Telegraphen im Zuge des fortschreitenden Ausbaus der Eisenbahnen. Fahie [42] hat daher zu Recht schon vor 100 Jahren Ronalds Bibliothek und Katalog mit den Worten gewürdigt:

> "A magnificent collection of books on electricity, magnetism, and their applications. The catalogue compiled by Sir Francis is a monument of the concentrated and welldirected labour of its indefatigable author."

Daß Ronalds Bibliographie auch heute noch eine fruchtbare Quelle für die Geschichte der Nachrichtentechnik sein kann, hat der Verfasser des vorliegenden Beitrages selbst erfahren. Nach jahrelangen vergeblichen Bemühungen, Einzelheiten über die elektrischen Versuche von Josephus Bozolus (Band 1, Kap. VIII C) in Erfahrung zu bringen, fand er schließlich in Ronalds Katalog unter dem Stichwort „Bozolus" eine Verweisung auf die „Electricorum libri VI" des Josephi Mariani Parthenii (zu der Ronalds vermerkt: „from a Memorandum, given to me by Cavaliere Zantedeschie"). Tatsächlich fand sich dann bei Marianus Parthenius in einer Fußnote, was Bozolus selbst (in der Mitte des 18. Jh.) über seinen Plan vorgetragen hat, ein „Gespräch zu dem Freund in der Ferne" mit Hilfe elektrischer Funken zu führen.

Nicht zuletzt die Freude über diesen Fund gab die Veranlassung, in diesem Beitrag über Ronalds Telegraphenversuche auch so ausführlich auf dessen Bibliothek und Bibliographie einzugehen.

III   Von Oersted bis Faraday

A   Vorbemerkung

Nach der staatlichen Neuordnung Mitteleuropas durch den Wiener Kongreß 1814/15 trat für die folgenden anderthalb Jahrzehnte zum mindestens außenpolitisch eine gewisse Beruhigung ein, die zu keinem vordringlichen Bedarf an nachrichtentechnischen Einrichtungen führte. Erst im Zusammenhang mit anderen technischen Fortschritten, vor allem der Einführung der Eisenbahnen ab 1830, sollte sich dieser Zustand ändern. Aus der Sicht der Technikgeschichte ist nun interessant, daß gerade in den 20er Jahren des 19. Jahrhunderts eine entscheidende Voraussetzung für den späteren Einsatz einer elektrischen Nachrichtenübertragung geschaffen wurde: die Entdeckung und Erforschung der Wechselwirkungen zwischen elektrischen und magnetischen Erscheinungen. In den folgenden Abschnitten soll daher die Geschichte des „Elektromagnetismus" wenigstens soweit behandelt werden, als sie für die künftige Entwicklung der elektrischen Telegraphie (und später auch Telephonie) von Bedeutung werden sollte.

B   Oersted

Anläßlich einer Experimentalvorlesung über Elektrizität, Galvanismus und Magnetismus an der Universität Kopenhagen beobachtete im Winter 1819/20 der dänische Naturforscher Hans Christian Oersted (1777 ... 1851),

> „daß sich die Magnetnadel mittels des galvanischen Apparates aus ihrer Lage bewegen lasse, und zwar bei geschlossenem galvanischen Kreis, und nicht bei offenem, wie es vor mehreren Jahren einige berühmte Physiker umsonst versucht haben."[1]

Um dies überraschende Phänomen genauer untersuchen zu können, führte Oersted in den folgenden Monaten zusammen mit einigen Freunden systematische Versuche in größerem Maßstab durch und

---

[1] „... acum magneticam ope apparatus galvanici e sito moveri: idque circulo galvanico clauso, non aperto, ut frustra tentaverunt aliquod abhinc annis physici quidam celeberrimi."

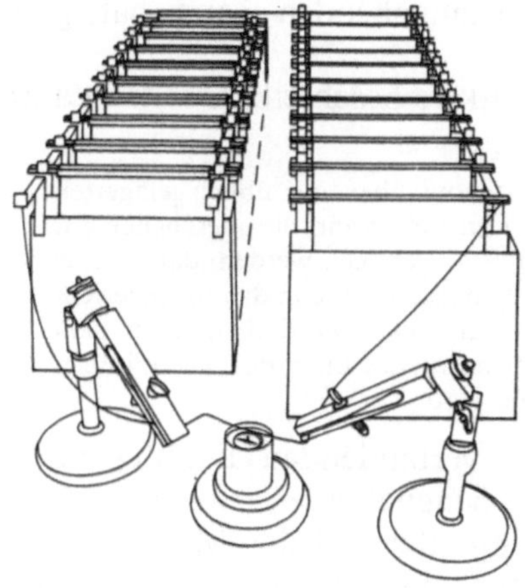

Bild III.1. Oersteds Versuchsanordnung
im Sommer 1820

berichtete über die Ergebnisse in einer Schrift: „Experimenta circa
effectum Conflictus electrici in Acum magneticam" (Versuche über
die Wirkung des elektrischen Konfliktes auf die Magnetnadel), die
er Ende Juli 1820 an alle ihm bekannten gelehrten Gesellschaften,
naturwissenschaftlichen Zeitschriften und Fachkollegen verschickte[2].

Oersted beschreibt hier nach einem einleitenden Hinweis auf seine
Beobachtungen im vorangegangenen Wintersemester zuerst den aus
20 Kupfer-Zink-Elementen bestehenden „Galvanischen Apparat", der
für die gemeinsamen Versuche gebaut worden war (Bild III. 1). Er
bemerkt dazu, daß

> „auch kleinere Apparate benutzt werden könnten, wenn sie nur einen metallischen
> Draht zum Glühen bringen könnten".[3]

Aus dieser Bemerkung kann man schließen, daß in der damaligen
Zeit das Glühen des Drahtes der einzige Nachweis dafür war, daß der
galvanische Kreis wirklich geschlossen und die Stromstärke ausreichend
war.

Oersted nennt diesen metallischen Draht im folgenden „verbindenden Konduktor" oder „verbindenden Draht", und der Wirkung, die

---

[2] In Deutschland erschien diese Arbeit noch im gleichen Jahr in lateinischer Sprache
in Schweiggers Journal [87] und in deutscher Übersetzung in Gilberts Annalen [88].

[3] „Etiam apparatus minores adhiberi possunt, si modo filum metallicum candefacere
valeant."

ihren Sitz in diesem Leiter und dem ihn umgebenden Raum hat, gibt er den Namen „elektrischer Konflikt".[4]

Die Wirkung dieses elektrischen Konfliktes beschreibt Oersted dann mit folgenden Worten:

> „Ein geradliniger Teil dieses Drahtes werde horizontal über einer üblich gelagerten Magnetnadel angebracht {und zwar} parallel zu ihr. Wenn dies geschehen ist, kann der übrige Teil des verbindenden Drahtes so gebogen werden, daß er eine für das notwendige Experiment passende Lage einnimmt. Wenn das so eingerichtet ist, wird die Magnetnadel bewegt werden, und zwar so, daß sie unter dem Teil des verbindenden Drahtes, der von dem negativen Ende des galvanischen Apparates herkommt, nach Westen abweichen wird".[5]

Befindet sich das gerade Stück des verbindenden Drahtes nicht parallel über, sondern parallel unter der Magnetnadel, tritt der gleiche Effekt ein, nur in umgekehrter Richtung: der Pol der Magnetnadel, der in dem ersten Versuch nach Westen auswich, weicht jetzt nach Osten aus. Die Größe der Abweichung hängt von dem Abstand zwischen Draht und Magnetnadel ab, der Abweichungswinkel wird kleiner, wenn der Abstand zunimmt. Außerdem hängt die Größe der Abweichung von der Stärke des galvanischen Apparates ab.

> „Die Wirkung des verbindenden Drahtes auf die Magnetnadel geht durch Glas, durch Metalle, durch Holz, durch Wasser, durch Harz, durch töpferne Gefäße und durch Steine hindurch ... Die Wirkungen, welche in dem Konflikt stattfinden, sind also von den Wirkungen der einen oder der anderen elektrischen Kraft gänzlich verschieden".[6]

Aus diesen und einigen anderen Beobachtungen schließt Oersted:

> „Der elektrische Konflikt vermag nur auf die magnetischen Teile der Materie zu wirken ... Aus den angegebenen Beobachtungen zeigt sich mit genügender Sicherheit, daß der elektrische Konflikt nicht in dem Konduktor eingeschlossen, sondern, wie wir gesagt haben, zugleich in dem umgebenden Raum ziemlich weit verbreitet ist. Zugleich läßt sich aus den Beobachtungen schließen, daß sich dieser Konflikt in Kreisen bewegt".[7]

---

[4] „Conjugantur termini oppositi apparatus galvanici per filum metallicum, quod brevitatis causa in posterum conductorem conjugentem vel etiam filum conjugens appelabimus. Effectui autem, qui in hoc conductore et in spatio circumjacente locum habet, conflictus electrici nomen tribemus."

[5] „Ponatur pars rectilinea hujus fili in situ horizontali super acum magneticam rite suspensam, eique parallela. Si opus fuerit, filum conjungens ita flecti potest, ut pars ejus idonea situm ad experimentum necessarium obtineat. His ito comparatis, acus magnetica movebitur, et quidem sub ea fili conjungentis parte, quae electricitatem proxime a termino negativo apparatus galvanici accipit, occidemtem versus declinabit."

[6] „Effectus fili conjungentis in acum magneticam per vitrum, per metalla, per lignum, per aquam, per resinam, per vasa figlina, per lapides transeunt ... Effectus igitur, qui locum habent in conflictu electrico, ab effectibus unius vel alterius vis electricae quam maxime sunt diversi."

[7] „Conflictum electricum in conductore non includi, sed, ut jam diximus, simil in spatio circumjacente idque satis late dispergi, ex observationibus jam propositis satis patet. Similiter ex observatis colligere licet, hunc conflictum gyros peragere ..."

Oersted hatte also als erster erkannt, daß „in einem geschlossenen galvanischen Kreis" der „verbindende Draht" von einem „elektrischen Konflikt" umgeben ist, durch den eine „Magnetnadel bewegt" werden kann. Da es sich hier um ein bis dahin völlig unbekanntes physikalisches Phänomen handelte, konnte er zur Beschreibung seiner Beobachtungen keine schon allgemein eingeführten Fachausdrücke benutzen. Trotz dieser sprachlichen Schwierigkeit[8] regte aber seine Schrift sofort nach ihrem Erscheinen viele zeitgenössische Naturforscher an, sich mit diesem neuentdeckten Phänomen zu beschäftigen.

Obwohl Oersteds Entdeckung für die spätere Entwicklung der elektrischen Nachrichtentechnik von entscheidender Bedeutung werden sollte, hat er selbst nach allem, was man seinen Schriften entnehmen kann, an eine praktische Anwendung des „elektrischen Konfliktes" noch nicht gedacht. Für ihn stand in diesem Zusammenhang — in unserer heutigen Ausdrucksweise — die Grundlagenforschung ganz im Vordergrund seiner Interessen.

C Ampère

Unter den zeitgenössischen Naturforschern griff Ampère[9] mit besonderem Erfolg die experimentellen und theoretischen Untersuchungen der von Oersted entdeckten neuen Phänomene auf.

Schon am 18. September 1820 berichtete er vor der Pariser Akademie der Wissenschaften, daß er nicht nur die von Oersted beobachteten Wechselwirkungen zwischen elektrischen und magnetischen Erscheinungen habe bestätigen können, sondern darüber hinaus gefunden habe, daß zusätzlich auch zwischen elektrischen Leitern Kräfte auftreten können, die von den bisher bekannten anziehenden oder abstoßenden Kräften zwischen ruhenden Elektrizitäten ganz verschieden seien. Nach seinen Beobachtungen ziehen sich in zwei parallelen Leitern gleichgerichtete elektrische Ströme an, während sich entgegengesetzt gerichtete Ströme abstoßen, im Gegensatz zu ruhenden Elektrizitäten, die sich bei gleichem Vorzeichen abstoßen und bei entgegengesetztem Vorzeichen anziehen.

---

[8] Erst in einer weiteren Arbeit über die von ihm inzwischen ebenfalls beobachtete umgekehrte Wirkung eines Magneten auf den galvanischen Bogen, die noch im gleichen Jahr in Schweiggers Journal erschien [89], spricht Oersted von „electro-magnetischen Wirkungen."

[9] André Marie Ampère (1775 ... 1836), französischer Mathematiker und Physiker, seit 1805 Professor an der Ecole Polytechnique und seit 1814 Mitglied der (seit der Restauration wieder „Königlichen") Akademie der Wissenschaften zu Paris.

Für dies von ihm neu entdeckte Phänomen führte Ampère die Bezeichnung „elektrodynamische Wirkung" ein und entwickelte später auch als erster eine mathematische Theorie für die hier auftretenden Kräfte. Damit hatte er den ersten Grundstein für die klassische Elektrodynamik gelegt. [105]

Im Zusammenhang mit der Geschichte der Nachrichtentechnik ist nun interessant, daß Ampère schon in seinem ersten Akademie-Vortrag am 18. September 1820 auf eine mögliche Anwendung der neu erkannten Wechselwirkungen zwischen elektrischen und magnetischen Erscheinungen hingewiesen hat:

> „Nach dem Erfolg des Versuches, den mir Herr Marquis von Laplace mitgeteilt hat, könnte man vermittels ebensovieler Leitungsdrähte und Magnetnadeln, als es Buchstaben gibt, eine Art Telegraphen errichten, indem man jeden Buchstaben auf einer verschiedenen Nadel anbringt, mit Hilfe einer {galvanischen} Säule, die von den Nadeln entfernt aufgestellt ist und deren beiden Enden man alternativ mit den jeweiligen Leitern verbinden kann. {Dieser Telegraph} wäre geeignet, alle Einzelheiten, die man übertragen will, quer durch alle Hindernisse hindurch an denjenigen zu schreiben, der beauftragt ist, die auf den Nadeln angebrachten Buchstaben zu beobachten. Wenn man über der Säule einer Klaviatur anbringt, deren Tasten die gleichen Buchstaben tragen und durch Niederdrücken die Verbindung {zwischen der Säule und dem jeweiligen Leiter} herstellen, könnte diese Korrespondenz mit genügender Leichtigkeit vonstatten gehen, und sie würde nicht mehr Zeit in Anspruch nehmen als notwendig ist, um auf der einen Seite jeden Buchstaben niederzudrücken und ihn auf der anderen Seite abzulesen".[10]

Ampère hat offenbar die früheren Vorschläge für eine buchstabenweise elektrische Nachrichtenübertragung über individuelle Leitungen nicht gekannt. Bei der Veröffentlichung seines Akademievortrages in den Annales de chemie et de physique [4] (aus dem das obenstehende Zitat entnommen wurde) schreibt er in einer Fußnote zu dieser Stelle:

> „Bei der Redaktion dieser Arbeit habe ich von Herrn Arago erfahren, daß dieser Telegraph schon von Herrn Soemmerring vorgeschlagen wurde; da dies kurz vor der Beobachtung der bis dahin unbekannten Ablenkung der Magnetnadel ge-

---

[10] „D'après le succès de l'expérience que m'a indiquée M. le marquis de Laplace, on pourrait, au moyen d'autant de fils conducteurs et d'aiguilles aimantées qu'il y a de lettres, et en plaçant chaque lettre sur une aiguille différente, établir à l'aide d'une pile placée loin de ces aiguilles, et qu'on ferait communiquer alternativement par ses deux extrémités à celles de chaque conducteur, former une sorte de télégraphe propre à écrire tous les détails qu'on voudrait transmettre, à travers quelques obstacles que ce soit, à la personne chargée d'observer les lettres placées sur les aiguilles. En établissant sur la pile un clavier dont les touches porteraient les mèmes lettres et établiraient la communication par leur abaissement, ce moyen de correspondance pourrait avoir lieu avec assez de facilité, et n'exigerait que le temps nécessaire pour toucher d'un coté et lire de l'autre chaque lettre."

schah, schlug der Verfasser vor, die Zersetzung des Wassers in ebensoviel Gefäßen zu beobachten, wie es Buchstaben gibt".[11]

Wenn Ampère schon Soemmerrings Vorschlag nicht gekannt hat, obwohl dessen Telegraph ja 1809 in Paris vorgeführt worden war (Seite 21), dann kann man wohl davon ausgehen, daß ihm auch die noch älteren Vorschläge von C. M. und Lesage bis Reußer und Salvá aus der zweiten Hälfte des 18. Jh. unbekannt geblieben waren. Auch Ampères Vorschlag einer buchstabenweisen elektrischen Nachrichtenübertragung über individuelle Leitungen spricht also dafür, daß es sich hier um einen Archetypes der erfinderischen Phantasie handelt (Band 1, Kap. VIII. D).

Neu war Ampères Vorschlag, die Buchstaben durch das Ablenken von Magnetnadeln anzuzeigen. In dem Zeitpunkt, in dem er diesen Vorschlag machte, konnte man allerdings noch nicht übersehen, wie der elektrische Strom und damit auch seine ablenkende Kraft geschwächt werden würde, wenn man den stromführenden Leiter ganz wesentlich verlängerte. Wie sich später herausstellen sollte, konnte die Ablenkung der Magnetnadel als Empfangssignal erst dann über größere Entfernungen praktisch eingesetzt werden, wenn man sich dabei eines besonderen Hilfsmittel bediente, über dessen Erfindung der nächste Abschnitt berichtet.

D Multiplicator

Am 16. September 1820 (also zwei Tage früher als Ampères erstem Vortrag vor der Pariser Akademie) berichtete I. S. C. Schweigger[12] vor der naturforschenden Gesellschaft zu Halle über Oersteds „elektromagnetische Versuche" [113]. Schweigger hält diese Versuche „für die interessantesten, welche seit mehr als einem Jahrtausend hinsichtlich auf Magnetismus angestellt wurden". Er habe sie infolgedessen sofort in seinen physikalischen Vorlesungen wiederholt.

Bei dieser Gelegenheit gewann Schweigger alsbald die Überzeugung, „daß jene elektromagnetischen Wirkungen nicht der Säule, sondern der einfachen Kette angehören". Er suchte daher nach einer Möglichkeit, „diese elektromagnetischen Erscheinungen der einfachen Kette zu verstärken" und kam zu folgender Überlegung:

---

[11] „Depuis la rédaction de ce Mémoire, je su de M. Arago que ce Télégraphe avait déja été proposé par M. Soemmerring; à cela près qu'au lieu d'observer le changement de direction des aiguilles aimantées, qui n'était point connue alors, l'auteur proposait d'observer la décomposition de l'eau dans autant de vases qu'il y a de lettres."
[12] Siehe Fußnoten 30 auf Seite 24.

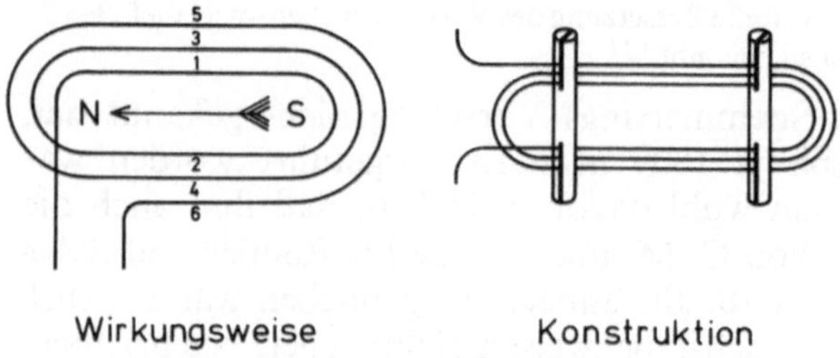

Bild III.2. Multiplicator von Schweigger 1820

„Daraus, daß eine Umkehrung der Wirkung erfolgt, je nachdem der Polardraht
unter der Nadel oder über der Nadel hing, und ebenso je nachdem vom positiven
oder negativen Pol her der Draht geleitet wird, daraus, sage ich, läßt sich, durch
eine leichte Schlußfolgerung, eine Verdoppelung der Wirkung ableiten, die sich in
der Erfahrung bewährt. Ich lege zunächst den einfachen Verdoppelungs-Apparat,
wo die Boussole sich zwischen zwei umschlungenen Drähten befindet, der Gesellschaft vor. Leicht wird eine Vervielfachung der Wirkung sich erhalten lassen, wenn
man den Draht nicht nur einmal sondern mehrmals umschlingt".

Bild III. 2 zeigt links eine schematische Darstellung des von Schweigger etwas umständlich formulierten Gedankenganges. Da schon Oersted gezeigt hatte, daß die Wirkung des „elektrischen Konfliktes" mit
zunehmendem Abstand von der Magnetnadel abnimmt, mußte Schweigger versuchen, bei einer „mehrfachen Umschlingung" die einzelnen Windungen möglichst nahe an die Magnetnadel heranzubringen. Dazu
mußte der Draht isoliert werden (Schweigger schlug zuerst einen Überzug aus Wachs, später eine Umspinnung mit Seide vor), und es mußte
dafür Sorge getragen werden, „daß die mit Seide umsponnenen dünnen
Silberdrähte regelmäßig aneinanderliegen". Dazu schlägt Schweigger
in einem Nachtrag zu seiner Veröffentlichung vor, „die Schleifen um
zwei eingeschnittene kleine Hölzchen zu schlingen", wie dies in Bild III. 2
rechts angedeutet ist.

Schweigger nennt seine Anordnung mit einer einzigen Schleife „Ver-
doppelungsapparat", mit mehreren Schleifen „elektromagnetische Batterie" oder „verstärkende elektromagnetische Vorrichtung".

Wie so häufig in Naturwissenschaft und Technik war Schweigger
im übrigen nicht der einzige, der auf den Einfall kam, die magnetische
Wirkung eines — wie wir heute sagen würden — stromdurchflossenen
Leiters dadurch zu vervielfachen, daß dieser Leiter zu einer Wicklung
geformt wird. In Besprechungen einer Arbeit von P. Ermann sowohl in
Schweiggers Journal [114] als auch in Gilberts Annalen [56] wird auf
einen „electrisch-magnetischen Condensator" hingewiesen, der „einem
in Berlin studierenden jungen Physiker, Herrn Poggendorff, zugeschrieben wird":

> „Ein kupferner, ungefähr 1/10 Linie dicker, mit Seide umsponnener Draht wird
> 40 bis 50mal dicht neben- und übereinander in Kreisen von einer solchen
> Größe umhergeführt, daß sich die Magnetnadel, für welche er bestimmt ist, in
> den inneren, freien Raum dieses Kreises stellen läßt; diese Drahtgewinde werden
> dann einer fest an den anderen geschnürt, so daß sie einen einzigen Ring
> bilden, und dieser wird durch Zusammendrücken elliptisch gestaltet".

In der Folgezeit sollte sich für die von Schweigger und von Poggendorff offensichtlich unabhängig voneinander gefundene Anordnung einer im Inneren einer Drahtspule drehbar angebrachten Magnetnadel die Bezeichnung „Multiplicator" einbürgern, mit der entweder nur die vervielfachende Wirkung der Spule zum Ausdruck gebracht werden sollte oder aber auch die ganze Anordnung gemeint war.

Der „Multiplicator"[13] bewährte sich schnell als Hilfsmittel sowohl zum qualitativen Nachweis als auch zur quantitativen Messung elektrischer Erscheinungen und verdrängte mehr und mehr die Froschschenkel, die bis dahin als Indicatoren für ‚Electrizität' gedient hatten. Im Rahmen eines Beitrages zur Geschichte der Nachrichtentechnik kann nicht im einzelnen auf die Weiterentwicklung zum hochempfindlichen Meßgerät (für das dann auch die Bezeichnung „Galvanometer" benutzt wurde) eingegangen werden. Wegen seiner späteren Bedeutung für die Anfänge einer elektromagnetischen Telegraphie muß aber hier wenigstens darauf hingewiesen werden, daß im Jahre 1825 der italienische Physiker Leopoldo Nobili (1784 ... 1835) die Empfindlichkeit des Multiplicators durch die Einführung astatischer Magnetnadeln ganz wesentlich zu steigern vermochte. Er berichtete darüber der Akademie der Wissenschaften und Künste zu Modena:

> „Das Instrument, welches ich der Akademie vorzulegen die Ehre habe, weicht
> nur in einem Punkte wesentlich von dem Galvanometer oder Multiplicator
> Schweiggers ab: statt *einer* Magnetnadel innerhalb des Gestelles, um welches der
> Leitungsdraht geschlungen ist, habe ich mein Galvanometer mit *zwei* Nadeln
> versehen, die, von gleicher Dimension, in paralleler Richtung an einem Strohhalm
> dermaßen befestigt sind, daß dieser durch den Mittelpunkt beider hindurchgeht,
> und die zugleich einander entgegengesetzt magnetisiert sind, so daß der
> Nordpol der einen dem Südpol der anderen entspricht. Ihre Entfernung voneinander
> und die Länge des Strohhalmes, an welchem sie aufgehängt sind, ist auf
> eine Weise eingerichtet, welche die freie Drehung der Nadel möglich macht;
> der einen innerhalb des Gestells und der anderen unmittelbar über demselben".[14]

Der als gemeinsame Achse für beide Magnetnadeln dienende Strohhalm wurde an einem dünnen Seiden- oder Cocon-Faden aufgehängt. Bild III. 3 zeigt eine schematische Darstellung der gesamten Anordnung.

---

[13] Eine zeitgenössische Darstellung gibt der Beitrag „Multiplicator" in Gehlers Physikalischem Wörterbuch [84].

[14] Hier zitiert nach der deutschen Übersetzung von Schweigger-Seidel [86].

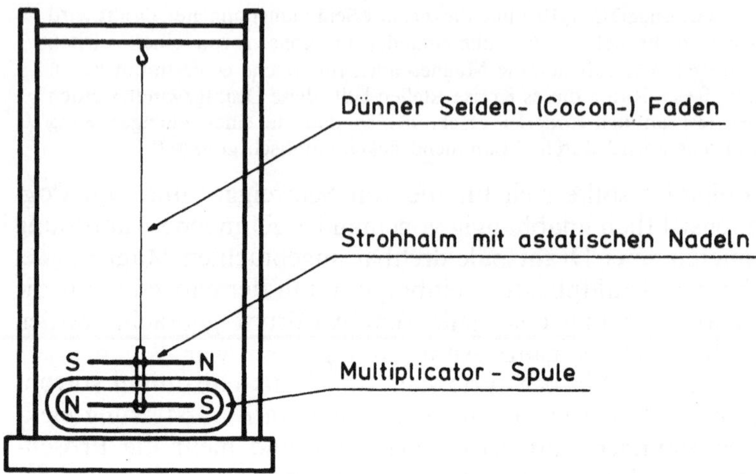

Bild III.3. Galvanometer mit astatischem Nadelpaar, Nobili, 1825

Nobili demonstrierte die außerordentliche „Empfindlichkeit dieses Instrumentes" durch folgendes Beispiel: um die Enden eines 5 bis 6 Zoll langen Eisendrahtes wurden die Enden des kupfernen Multiplicatordrahtes gewickelt; es genügte dann, eines der beiden so gebildeten Thermoelemente mit der Hand zu erwärmen, um das Nadelpaar um 90° auszulenken.

Den Grund für diese hohe Empfindlichkeit erklärt Nobili einmal dadurch, daß an Stelle der großen Rückstellkraft des Erdmagnetismus nur noch das ganz geringe Torsionsmoment des Seidenfadens wirksam bleibt, zum anderen damit, daß auch die äußere Nadel von der Multiplicatorspule gleichsinnig ausgelenkt wird. Als zusätzlichen Vorteil seiner Anordnung führt Nobili noch an, daß die äußere Nadel zugleich als leicht zu beobachtender Zeiger benutzt werden könne.

Wie wir später sehen werden, hat Schilling von Canstatt zu Beginn seiner Entwicklung eines elektromagnetischen Telegraphen offenbar davon Gebrauch gemacht, daß ein Multiplicator mit astatischem Nadelpaar unabhängig von der Richtung des Erdmagnetfeldes aufgestellt werden kann, und Wheatstone nutzte zusätzlich die Möglichkeit, die „äußere Nadel" als Zeiger zu benutzen.

E Barlow

Zu Beginn des Jahres 1825 veröffentlichte Barlow[15] in dem Edinburgh Philosophical Journal einen Aufsatz über die Abhängigkeit der Elektro-

---

[15] Peter Barlow (1776 ... 1862), englischer Physiker und Mathematiker.

Magnetischen Wirkung von Länge und Querschnitt des leitenden Drahtes [15]. Im Zusammenhang mit der Geschichte der elektrischen Telegraphie interessiert hier vor allem die folgende einleitende Bemerkung Barlows:

"In a very early stage of electro-magnetic experiments it has been suggested {von Ampère, siehe Seite 48} that an instantaneous telegraph might be constructed by means of conducting wires and compasses. The details of this contrivance are so obvious, and the principles on which it is founded so well understood, that there was only one question which could render the result doubtful, and this was, is there any diminution of effect by lengthening the conducting wire? It had been said that the electric fluid from a common electrical battery had been transmitted through a wire four miles in length without any sensible diminution of effect, and to every appearance instantaneously, and if this should be found to be the case with the galvanic circuit then no question could be entertained of the practicability and utility of the suggestion above adverted to. I was, therefore, induced to make the trial, but I found such a sensible diminution with only 200 feet of wire as at once to convince me of the impracticability of the scheme".

Schweigger hat noch im gleichen Jahr zu diesen Ausführungen Stellung genommen und an seine früheren Arbeiten über den Multiplicator erinnert [115].

„Was also Barlow beobachtet hat, unterliegt großen Modificationen, und etwas übereilt ist daher der Schluß, den er daraus in Beziehung auf den elektrischen Telegraph zieht".

Wie wir in Abschnitt J sehen werden, hat sich später auch Henry noch einmal zu Barlows pessimistischen Voraussagen geäußert und auf eine mögliche Lösung für einen elektrischen Telegraphen hingewiesen.

Daß es überhaupt zu solchen Kontroversen kommen konnte, lag vor allem daran, daß man sich — in der Mitte der 20er Jahre — über die quantitativen Gesetzmäßigkeiten einer „galvanischen Kette" noch nicht im klaren war, und daß sich noch keinerlei einheitliche Bezeichnungen für die interessierenden Größen eingebürgert hatten, die wir heute so selbstverständlich Spannung, Strom und Widerstand nennen. Auf diese Problematik wird der nächste Abschnitt eingehen.

F   Ohm

In den 20er Jahren des 19. Jh. dienten als Quelle der ‚galvanischen Elektrizität' meist Elemente aus Kupfer- und Zinkplatten in verdünnter Säure. Ein solcher — wie wir heute sagen würden — aktiver Zweipol ist nun weder linear noch zeitinvariant[16]. Soweit die damaligen Experimentatoren überhaupt in der Lage waren, quantitative Messungen durchzuführen, mußten sie daher wegen dieser Eigenschaft der von ihnen

––––––––––––––

[16] Siehe S. 54

benutzten Stromquellen zu recht unterschiedlichen und schwer interpretierbaren Ergebnissen kommen.

Der erste, der diese Schwierigkeit in vollem Umfang erkannte, war
Georg Simon Ohm[17]. In seinem Buch „Die galvanische Kette, mathematisch behandelt" [91] beschrieb er später das Problem, vor dem er zu
Beginn seiner Untersuchungen gestanden hatte mit folgenden Worten:

> „Die chemischen Veränderungen, welche so häufig in einzelnen, meistentheils
> flüssigen, Theilen einer galvanischen Kette vor sich gehen, benehmen der Wirkung
> ihre natürliche Reinheit und verbergen durch die Verwickelungen, welche sie
> herbeiführen, den eigentlichen Hergang der Sache ungemein; in ihnen liegt der
> Grund eines beispiellosen Wechsels der Erscheinungen, der zu so vielen schein
> baren Ausnahmen von der Regel, manchmal wohl gar zu Widersprüchen, inso
> weit der Sinn dieses Wortes nicht selbst mit der Natur in Widerspruch steht,
> Anlaß giebt".

Ohm hatte Mitte der 20er Jahre begonnen, durch eigene Experimente
das Gesetz zu bestimmen, „nach welchem Metalle die Kontakt-Elektrizität leiten." Solange er chemische Stromquellen benutzte, blieben die
Ergebnisse allerdings unbefriedigend:

> „Das beständige Wogen der Kraft, welches beim Öffnen und Schließen der Kette,
> oder beim Vertauschen solcher Leiter, die als Schließungsglied ungleichen Lei
> tungswerth haben, statt findet, erschwert die Versuche ungemein."

Wie er diese Schwierigkeiten schließlich umgehen konnte, beschreibt
Ohm in einer 1826 in Schweiggers Journal erschienenen Arbeit [90].
Auf Anregung von Poggendorff war er dazu übergegangen, als Stromquelle zwei Thermoelemente aus Wismuth und Kupfer zu benutzen,
deren eines ständig auf der Temperatur schmelzendes Eises, das andere
auf der Temperatur kochenden Wassers gehalten wurde. Bild III. 4
zeigt links die von Ohm benutzte Meßanordnung mit den beiden Thermoelementen $a\,b$ und $a'b'$, ein von Ohm konstruiertes Torsionsgalvanometer und zwei mit Quecksilber gefüllte Näpfchen m und m', über die
die verschiedenen zu messenden metallischen Leiter in die galvanische
Kette eingefügt werden können. Rechts im Bild ist der Aufbau der

---

[16] Orientierende Messungen an einem von Schilling von Canstatt angegebenen Kupfer-
Zink-Element (siehe Kap. IV) zeigten, daß die elektrischen Eigenschaften dieser Stromquelle je nach der Vorgeschichte und der jeweiligen Größe und Dauer der Belastung
in weiten Grenzen schwankten. Legt man ein einfaches Spannungsquellenersatzbild zugrunde, schwankte bei der Annahme einer konstanten Quellenspannung der Innenwiderstand zwischen 20 und 65 Ohm oder bei Annahme eines konstanten Innenwiderstandes
die Quellenspannung zwischen 0,9 und 0,45 Volt.

[17] Georg Simon Ohm (1789 ... 1854), Mathematiker und Physiker, 1810 Privatdozent in
Erlangen, 1813 Realschullehrer in Bamberg, 1817 Gymnasiallehrer in Köln, 1826
Privatlehrer in Berlin, 1833 Dozent und später Direktor der Polytechnischen Lehranstalt
Nürnberg, 1849 Konservator der Akademie der Wissenschaften zu München, 1852
Ordinarius für Physik der Universität München [23].

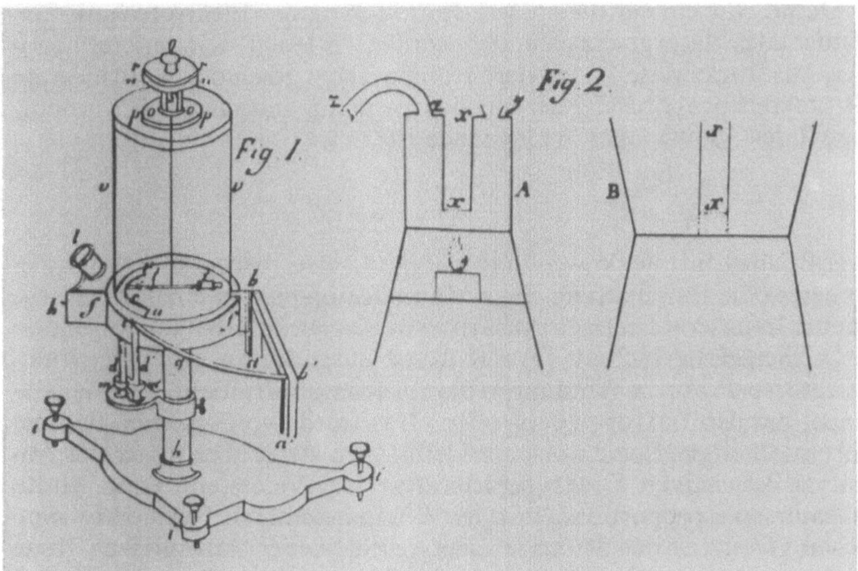

Bild III.4. Ohms Versuchsanordnung 1826

beiden Gefäße für kochendes Wasser und schmelzenden Eises angedeutet.[18] Mit dieser Anordnung hatte Ohm

> „die Betrachtung solcher galvanischen Ketten, in welcher kein Theil eine chemi-
> sche Veränderung erleidet, von jenen, deren Thätigkeit durch eine chemische
> Wirkung getrübt wird, streng geschieden."

Mit dieser Anordnung maß Ohm die magnetische Kraft auf die Nadel
seines Galvanometers, wenn die galvanische Kette über die Quecksilbernäpfchen m und m' durch Kupferdrähte gleichen Querschnittes, aber
verschiedener Länge geschlossen wurden. Über die für damalige Verhältnisse gut übereinstimmenden Ergebnisse von fünf an drei verschiedenen Tagen durchgeführten Meßreihen schreibt Ohm:

> „Obige Zahlen lassen sich sehr genügend durch die Gleichung
>
> $$X = \frac{a}{b + x}$$
>
> darstellen, wobei X die Stärke der magnetischen Wirkung auf den Leiter, dessen
> Länge x ist, a und b aber constante, von der erregenden Kraft und dem Leitungs-
> widerstand der übrigen Theile der Kette abhängige Größen bezeichnen."

---

[18] **Ohms** ausführliche Beschreibungen der von ihm benutzten Anordnung zeigt, daß
er offenbar nicht nur ein guter Mathematiker, sondern auch ein begabter Experimentator
war.

Damit war ein für die spätere Entwicklung der Elektrotechnik fundamentales Naturgesetz gefunden worden. Es lautet — in unserer heutigen Ausdrucksweise — daß der Strom in einem geschlossenen (linearen) Stromkreis proportional der Quellenspannung und umgekehrt proportional der Summe aller Widerstände ist:

$$I = \frac{U_q}{R_i + R_a} \, .$$

Als Beispiel für die Anwendung seines Gesetzes behandelt Ohm unter anderem die Einschaltung einer Multiplicatorspule in eine galvanische Kette. In unserer heutigen Ausdrucksweise geht es dabei um folgendes:

Schweigger (Abschnitt D) war davon ausgegangen, daß eine Multiplicatorspule von m Windungen die ablenkende Kraft auf eine Magnetnadel um den Faktor m vergrößert. Das würde voraussetzen, daß der Strom durch die Spule konstant bleibt. Nun steigt aber (unter der Annahme konstanten Drahtquerschnittes) der Widerstand einer Multiplicatorspule proportional mit der Windungszahl an. Nach dem Ohmschen Gesetz ist der Strom in einer geschlossenen galvanischen Kette proportional der Spannung und umgekehrt proportional der Summe aller in der Kette liegenden Widerstände. Schaltet man in eine galvanische Kette zusätzlich eine Multiplicatorspule, erhöht sich also der Gesamtwiderstand, der Strom wird kleiner, der „Multiplicatoreffect" wird geringer. Ohm konnte nun aus seinem Gesetz ableiten, daß eine „Verstärkung der Wirkung durch den Multiplicator" nur dann möglich ist, wenn der Widerstand einer einzelnen Windung der Multiplicatorspule kleiner ist, als die Summe aller übrigen Widerstände der Kette.

Für die spätere Entwicklung der elektrischen Telegraphie hatte Ohm damit zwei wichtige Hinweise gegeben: sein Gesetz erlaubte es, den Einfluß langer Leitungen auf den elektrischen Strom (unter Vernachlässigung der Ableitung) vorauszuberechnen, und es lieferte die ersten Grundlagen für eine quantitative Dimensionierung von Magnetspulen.

Obwohl Ohm 1827 auch noch eine der Fourierschen Wärmeleitungstheorie analoge phänomenologische Theorie der elektrischen Leitung folgen ließ [91], mußte er viele Jahre um eine allgemeine Anerkennung seines Gesetzes kämpfen. Das mag unter anderem daran gelegen haben, daß er sich noch einer recht unterschiedlichen Terminologie bedient. Er spricht zwar an einigen Stellen schon von dem elektrischen Strom, aber er benutzt auch Ausdrücke wie magnetische Wirkung, erregte Elektrizität, Elektrizitätsbewegung in Körpern oder Mitteilung der Elektrizität, er benutzt außer dem Begriff der elektrischen Spannung auch den einer elektrischen Kraft, Ungleichheit in dem elektrischen Zustand oder Gefälle, und in seiner theoretischen Arbeit nennt er den Nenner seiner Gleichung nicht Widerstand, sondern reduzierte Länge der galvanischen Kette. Auch weist er in seiner theoretischen Arbeit nur durch eine ganz unauffällige Fußnote auf seine Veröffentlichung in Schweiggers Journal hin, so daß leicht der Eindruck entstehen konnte, daß es sich bei seinem Gesetz nur um eine Hypothese handele.

Ohm selbst war allerdings überzeugt davon, daß das von ihm gefundene Gesetz gerade wegen seiner Einfachheit „das reine Gesetz der Natur verkündigt."[19] Damit sollte er schließlich auch Recht behalten. Seit anderthalb Jahrhunderten benutzen die Elektrotechniker erfolgreich das Ohmsche Gesetz und als Dank für dies Fundament ihrer Tätigkeit gaben sie später der Einheit des elektrischen Widerstandes den Namen „Ohm."

G Fechner

Zu den wenigen zeitgenössischen Physikern, die sich — wenigstens im deutschsprachigen Raum — schon sehr bald für das Ohmsche Gesetz interessierten und es durch eigene Versuche bestätigten, gehörte G. Th. Fechner[20]. Im Zusammenhang mit der Geschichte der elektrischen Telegraphie ist interessant, daß er 1829 in seinem Lehrbuch des Galvanismus und der Elektrochemie [47] an einem konkreten Beispiel auf die Möglichkeit hinwies, einen elektrischen Telegraphen über eine größere Entfernung zu realisieren:

> „Schon Soemmerring machte Vorschläge in diesem Bezuge, indem er einen Wasserzersetzungsapparat dazu einzurichten empfahl. Gegenwärtig würde man unstreitig weit mehr sein Augenmerk auf die elektromagnetischen Wirkungen zu richten haben; und es ist kein Zweifel, daß, wenn von 24 den verschiedenen Buchstaben entsprechenden Multiplicatoren, die sich z. B. in Leipzig befänden, die übersponnenen Drähte[21] unter der Erde nach Dresden, wo sich die Säule befände, fortgeleitet würden, man hierdurch ein, wahrscheinlich nicht einmal sehr kostbares Mittel erhalten würde, mittels gehörig festgestellter Zeichen Nachrichten von dem einen zum anderen Ort augenblicklich fortzupflanzen ...."

Drei Jahre später griff Fechner dies Thema noch einmal in seinem Repertorium der Experimentalphysik [48] auf. Nach einem Hinweis auf Ritchie (Abschnitt H) schreibt er:

---

[19] Als Ohm die experimentellen und theoretischen Grundlagen seines Gesetzes schuf, hatte er wohl nicht an eine praktische Anwendung in der elektrischen Telegraphie gedacht. Als er 1849 (als Nachfolger von Steinheil) an die Münchener Akademie berufen wurde (siehe Fußnote 17), wurde er zugleich „Referent für die Telegraphenverwaltung in deren physikalischen Beziehungen" [23], so daß er die ersten praktischen Auswirkungen seines Gesetzes später ‚vor Ort' miterleben konnte.

[20] Gustav Theodor Fechner (1801 ... 1887), seit 1834 Prof. der Physik in Leipzig, später (nach einem mehrjährigen schweren Augenleiden) Prof. der Psychophysik und Naturphilosophie in Leipzig.

[21] Fechner denkt hier offenbar an das „Communications-Seil" von Soemmerring (Kap. I. D.)

„Ich selbst habe in meinem Lehrbuch des Galvanismus Seite 268 schon die Anwendung von Multiplicatoren zu Telegraphen in Vorschlag gebracht. Hinsichtlich der Anwendbarkeit will ich bemerken, daß nach der Theorie {von Ohm} und meinen Versuchen bei so langen Leitungsdrähten, als zum Telegraphen anzuwenden wären, auf die Größe der Plattenpaare und die Stärke der Leitungsflüssigkeit wenig ankommen würde, dagegen die Wirkung nach der geraden Zahl der Plattenpaare der Säule, so wie auch im geraden Verhältnis der Dicke des Drahtes wachsen würde. Nun habe ich mit einem einzigen Plattenpaare Zink-Kupfer in schwach saurem Wasser, bei Anwendung eines sehr dünnen, übersponnenen, übersilberten Kupferdrahtes (von welchem 1 Fuß mit unbekleideten Zustand 1,95 Gran wog[22]), noch hinreichende Ablenkung einer Nobilischen Doppelnadel erhalten, wenn die Länge des Drahtes 1384 Meter betrug. Rechnen wir die geographische Meile zu 7407 Meter und berücksichtigen, daß, um die Wirkung auf eine gewisse Strecke fortzupflanzen, der Draht hin- und zurückgeleitet werden muß, so erhellt, daß eine Säule von 107 kleinen Plattenpaaren hinreichend sein würde, eine telegraphische Communication auf eine Strecke von 10 geographischen Meilen zu vermitteln.“[23]

Fechner hatte also das elektrotechnische Problem schon richtig erkannt: um große Entfernungen überbrücken zu können, muß man — in unserer heutigen Ausdrucksweise — nicht den Innenwiderstand der Stromquelle durch Vergrößerung der Plattenflächen verringern, sondern (konstanten Drahtquerschnitt vorausgesetzt) die ‚Sendespannung‘ durch Vergrößerung der Zahl der Plattenpaare erhöhen, und zwar proportional zur Gesamtlänge des Leitungsdrahtes.

Daß sich diese aus dem Ohmschen Gesetz abzuleitende Erkenntnis allerdings noch keineswegs allgemein durchgesetzt hatte, wird der folgende Abschnitt über Ritchie zeigen.

H Ritchie

Am 12. Februar 1830 führte William Ritchie[24] vor der Royal Institution in London[25] das Modell eines Multiplicatortelegraphen vor. Das Philosophical Magazine berichtete darüber . . .: [92]

---

[22] Falls französische Gran gemeint sind: etwa 0,22 mm Durchmesser.

[23] Mit der nachrichtentechnischen Seite seines Multiplicator-Telegraphen hat sich Fechner offenbar nicht näher beschäftigt. Er weist nicht auf die Möglichkeit hin, durch Wechsel der Stromrichtung jedem Multiplicator zwei verschiedene Buchstaben zuordnen zu können; und obwohl er in seinem Lehrbuch des Galvanismus und der Elektrochemie die Arbeiten von Basse [16] und Ermann [40] über die große Leitfähigkeit von Flußläufen und feuchtem Erdreich mit Hilfe des Ohm'schen Gesetzes schon richtig gedeutet hatte, geht er bei seinem Telegraphenvorschlag nicht auf die Möglichkeit ein, dies Phänomen praktisch (etwa für eine gemeinsame Rückleitung) zu nutzen.

[24] William Ritchie (um 1790 ... 1837), ursprünglich Geistlicher, dann nach einem Physikstudium in Paris seit 1829 als Naturforscher in London lebend [94].

[25] Royal Institution of Great Britain, eine 1799 von Rumford gegründete naturwissenschaftliche Gesellschaft, die in London eigene Forschungslaboratorien unterhält.

"This evening Mr. Ritchie briefly developed the first principles of electromagnetism, with the view of setting forth, in a distinct and practical manner,
M. Ampere's proposal of carrying on telegraphic communication by means of this
extraordinary power. Of course the principle consists in laying down wires, which
at their extremities shall have coats of wire and magnetic needles so arranged,
that when voltaic connections are made at one end of the system, magnetic
needles shall move at the other. This was done by a small telegraph constructed
for the purpose, where, however, the communication was made only through a
small distance, the principle being all that could be shown in a lecture-
room."

Über die Möglichkeit einer praktischen Anwendung im großen
äußerte sich Ritchie im Journal of the Royal Institution [102]:

"We need scarcely despair of seeing the electro-magnetic telegraph established for
regular communication from one town to another, at a great distance. With
a small battery, consisting of two plates an inch square, we can deflect finely-
suspended needles at the distance of several hundred feet, and consequently a
battery of moderate power would act on needles at the distance of a mile, and a
battery of ten times the power would deflect needles with the same force, at the
distance of a hundred miles, and one of twenty times the force, at the distance of
four hundred miles, provided the law we have established for distance of
seventy or eighty feet hold equally with all distance whatever."

Während Barlow (Abschnitt E) noch von der Unausführbarkeit
eines Magnetnadeltelegraphen über große Entfernungen überzeugt
gewesen war, schätzte Ritchie aufgrund seiner Versuche an Leitern
von 20 bis 30 Meter Länge die Realisierbarkeit selbst über sehr große
Entfernungen allzu optimistisch ein, ein Zeichen dafür, daß ihm —
im Gegensatz zu Fechner (Abschnitt G) — das Ohmsche Gesetz offenbar noch nicht bekannt war (oder von ihm noch nicht akzeptiert
wurde).

J Henry

1822 hatte Ampère gezeigt, daß ein stromdurchflossenes „Solenoid"[26]
(ein rohrartig aufgewickelter Draht, Bild III. 5 links) wie ein Stabmagnet wirkt. Diese Wirkung konnte erhöht werden, wenn man in das
Innere des Solenoids einen Stab aus weichem Eisen einfügte (Bild III. 5
Mitte).
1825 bog der englische Physiker William Sturgeon (1783 ... 1850)
einen runden mit einem Solenoid umgebenen Eisenstab in die Form
eines Hufeisens (Bild III. 5 rechts).

---

[26] Vom Griechischen σωληνοειδής = röhrenförmig

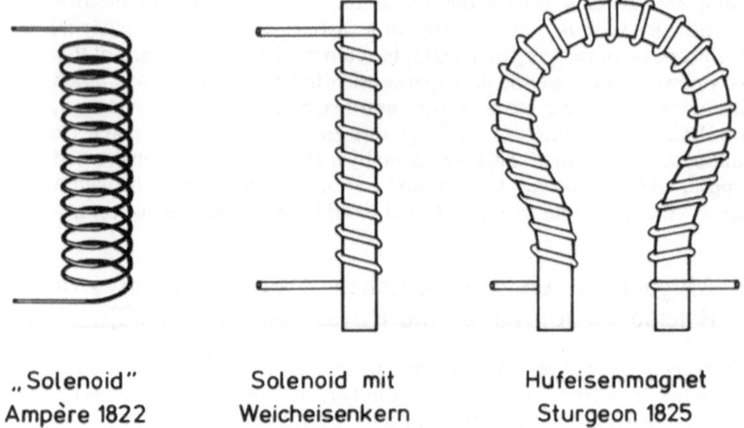

Bild III.5. Zur Geschichte des Elektromagneten

"On making the galvanic connection through te copper wire, the iron wire becomes a strong horse-shoe magnet, and will support a heavy bar of iron . . .; but on lifting the connection wire . . . the weight immediately drops" [128].

Sturgeons „Elektromagnet" zeigte also die Möglichkeit auf, mit Hilfe des galvanischen Stromes beträchtliche mechanische Kräfte wirksam werden zu lassen, die durch Unterbrechung des Stromes auch wieder ‚abgeschaltet' werden konnten.

Die praktische Ausführung dieser für die spätere Entwicklung der elektromagnetischen Telegraphie so bedeutungsvollen Anordnung war allerdings noch recht unvollkommen. Das Solenoid bestand aus wenigen Windungen dicken blanken Kupferdrahtes, der direkt auf den Eisenstab aufgewickelt war. Es bedurfte daher sehr ergiebiger Stromquellen, um den erwünschten Effekt zu erzielen.

Der erste, der diese Mängel klar erkannte, war der amerikanische Physiker J. Henry[27]. Im Juni 1828 veröffentlichte er in den Transaction of the Albany Institute Vorschläge, das Solenoid durch Schweiggersche Multiplicatorspulen mit vielen Windungen dünnen isolierten Drahtes zu ersetzen, und 1831 veröffentlichte er in Silliman's Journal [63] die Ergebnisse umfangreicher Versuche, die er unternommen hatte

---

[27] Joseph Henry (1797 ... 1878), 1826 Prof. d. Mathematik und Physik an der Albany Academy, 1832 Prof. d. Physik am College von New Jersey (der heutigen Princeton University), 1846 Secretär der Smithonian Institution in Washington. Henry entdeckte als erster die Selbstinduktivität einer Spule, deren Einheit später nach ihm benannt wurde.

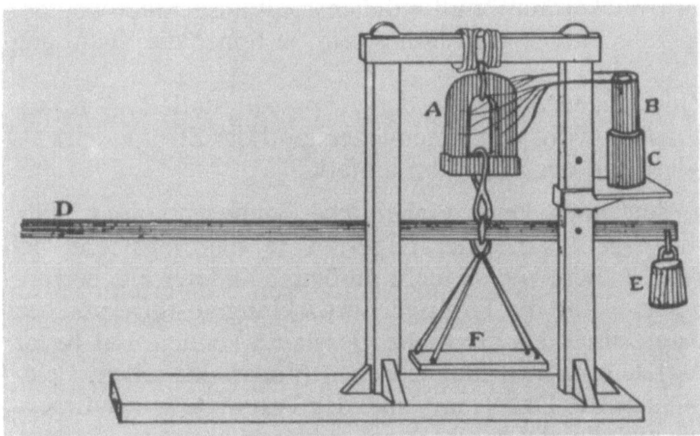

Bild III.6. Experimentiermagnet von Henry um 1830

"to a development of magnetism in soft iron, much more extensively, than to my knowledge had been previously effected by a small galvanic element."

In dieser Arbeit berichtet Henry über 31 Experimente, die er zwischen 1828 und 1831 zusammen mit Dr. Philip Ten-Eyck durchgeführt hatte. Ein Teil dieser sehr systematisch angelegten Versuche wurde an einem Hufeisenmagnet von etwa 25 cm Schenkellänge mit neun Spulen von je 90 Windungen isolierten Drahtes[28] durchgeführt (Bild III. 6). Die Spulen konnten einzeln, in Reihe oder gruppenweise parallel zusammengeschaltet und aus einfachen galvanischen Elementen oder zusammengesetzten Batterien gespeist werden. Die günstigste Kombination ergab eine Tragkraft des Magneten, die dem 35fachen seines Eigengewichtes entsprach.

Henry kannte zu diesem Zeitpunkt das Ohmsche Gesetz noch nicht. So konnte er noch keine quantitativen Gesetze zur Optimierung der Magnetspule angeben; aber er und Ten-Eyck fanden qualitativ schon alle Tendenzen, die zu Elektromagneten großer Hubkraft führen. In unserer heutigen Ausdrucksweise sind dies folgende Regeln:

1. Joch, Schenkel und Anker müssen einen geschlossenen magnetischen Kreis bilden.
2. Die Wicklung muß so angeordnet werden, daß der Streufluß möglichst gering bleibt.

---

[28] Wie kostenaufwendig in der damaligen Zeit die Drahtisolierung durch Seide war, geht aus folgender Bemerkung Henrys über die Mitarbeit von Dr. L. Beck hervor: ... „to this gentleman we are indepted for several suggestions, and particularly that of substituting cotton well waxed for silk thread, which in these investigations, became a very considerable emit of expense ...".

3. Der verfügbare Wickelraum muß möglichst gut ausgenutzt werden.
4. Die Windungszahl muß um so höher sein, je höher die Spannung ist.
5. Bei langen Zuleitungen muß man den Anpassungsfall $R_i = R_a$ anstreben, wobei R_i sowohl den Innenwiderstand der Stromquelle als auch den Widerstand der Zuleitung umfaßt.

Da es zu jener Zeit noch keine einheitliche Fachterminologie gab, mußte Henry die Ergebnisse seiner Experimente allerdings sehr viel umständlicher beschreiben. Um so mehr muß man andererseits bewundern, daß er zu seinen für die künftige Entwicklung so folgenreichen Erkenntnissen kam, ohne das Ohmsche Gesetz zu kennen und bevor Faraday seine Vorstellung von magnetischen (und elektrischen) Feldlinien veröffentlicht hatte. Daß Henry sich der Tragweite seiner Ergebnisse gerade auch für die elektrische Nachrichtentechnik bewußt war, geht aus folgendem hervor: im Rahmen des Experimentes Nr. 7 wurde ein Elektromagnet erfolgreich über eine Zuleitung von mehr als 300 m Länge gespeist. In diesem Zusammenhang schreibt Henry:

> "... the fact, that the magnetic action of a current from a through is, at least, not sensibly diminished by passing through a long wire, is directly applicable to Mr. Barlow's project of forming a electro-magnetic telegraph {Abschnitt E}, and also of material consequence in the construction of the galvanic coil."

Henry hatte also richtig erkannt, daß es bei der praktischen Anwendung von Elektromagneten in der Telegraphie entscheidend auf die richtige Dimensionierung der Magnetspule ankommt. Durch seine Hinweise, welche Gesichtspunkte dabei zu berücksichtigen waren, hat er eine wesentliche Voraussetzung für die spätere erfolgreiche Entwicklung der elektrischen Telegraphie geschaffen.

K Faraday

Nach Oersteds Entdeckung der Magnetnadelablenkung durch den „elektrischen Konflikt" (Abschnitt B) hatte sich in den 20er Jahren des 19. Jh. bei den zeitgenössischen Naturforschern mehr und mehr die Überzeugung durchgesetzt, daß jeder elektrische Strom in seiner Umgebung mit einer magnetischen Wirkung verknüpft sei. Diese Erkenntnis führte zu der Frage, ob auch umgekehrt der Magnetismus elektrische Erscheinungen bewirken könne. Der erste, der auf diese Frage eine Antwort zu geben vermochte, war der englische Chemiker und Physiker Faraday[29].

Am 24. November 1831 berichtete er vor der Royal Society über systematische experimentelle Untersuchungen, die er in diesem Zu-

---

[29] Siehe S. 63

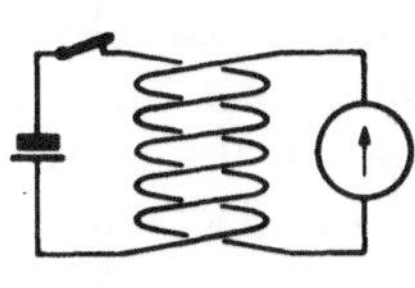
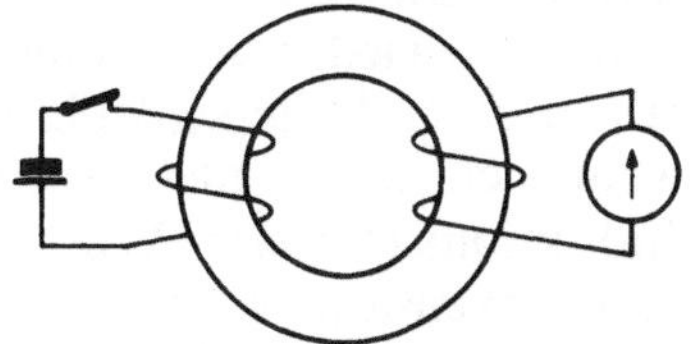
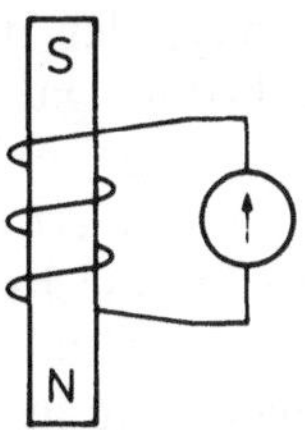

2 eng gekoppelte
Spulen in Luft

2 Spulen auf gemein-
samen Weicheisenkern

1 Spule und
Stabmagnet

Bild III.7. Faraday's Versuche zum Nachweis der „magnetoelektrischen Induktion"
1831

sammenhang durchgeführt hatte [43]. Die für die weitere Entwicklung
der elektrischen Nachrichtentechnik entscheidenden Versuche kann
man — in unserer heutigen Ausdrucksweise — wie folgt kurz zusammen-
fassen (siehe dazu Bild III.7):

1. Auf einem gemeinsamen Wickelkörper waren zwei Drahtspulen so
   angeordnet, daß sie zwar eng miteinander gekoppelt, elektrisch
   aber voneinander isoliert waren (Bild III. 7 links). Wurde die Primärspule mit Gleichstrom gespeist, zeigte ein an der Sekundärspule
   angeschlossenes Galvanometer im stationären Betriebszustand keinen Ausschlag. Nur jeweils in dem Augenblick, in dem der Strom
   durch die Primärspule ein- oder ausgeschaltet wurde, schlug das
   Galvanometer kurzzeitig aus, und zwar beim Einschalten in der entgegengesetzten Richtung wie beim Ausschalten.
2. Wurden die beiden Spulen auf einem gemeinsamen Weicheisenkern angeordnet (Bild III. 7 Mitte), waren die Ergebnisse die gleichen
   wie bei dem ersten Versuch, nur waren die kurzzeitigen Galvano-
   meterausschläge beim Ein- und Ausschalten des Stromes sehr viel
   größer.
3. Wenn in eine mit einem Galvanometer verbundene Spule ein Stabmagnet eingeführt wurde (Bild III. 7 rechts), schlug das Galvanometer bei einer Bewegung des Magneten aus (und zwar beim Einführen in der umgekehrten Richtung wie beim Herausziehen).
   War der Magnet in Ruhe, zeigte das Galvanometer keinen Ausschlag.

---

[29] Michael Faraday (1791 ... 1867), Sohn eines Hufschmieds, bildete sich während
einer Buchbinderlehre durch Selbststudium zum Chemiker und Physiker aus, wurde
1813 Assistent am chemischen Institut der Royal Institution (siehe Fußnote 25), dessen
Leitung ihm 1827 übertragen wurde. Schon 1824 wurde er Mitglied der Royal Society.
Von 1831 an arbeitete er vor allem an der Weiterbildung der Elektrizitätslehre. Nach
ihm wurde später die Einheit der elektrischen Kapazität benannt.

Faraday, der diesen Phänomenen den Namen „magneto-elektrische Induktion" gab, hatte also — wieder in unserer heutigen Ausdrucksweise — gefunden, daß in einer Leiterschleife eine elektrische Spannung induziert wird, wenn sich der magnetische Fluß ändert, der diese Schleife durchsetzt (Induktionsgesetz).[30] Wie wir in Kap. IV sehen werden, sollte diese neue Erkenntnis schon bald zu einer praktischen Anwendung in der elektrischen Telegraphie führen.

L Schlußbemerkung

In dem Zeitraum von 1820 bis 1831 hatten sich die Erkenntnisse über Elektrizität, Magnetismus und ihre wechselseitigen Beziehungen so entscheidend erweitert, daß man mit einer praktischen Anwendung nicht nur in den Forschungslaboratorien (z. B. Multiplicator als Meßgerät), sondern auch in dem weiteren Rahmen einer technischen Nutzung rechnen konnte. Die nächsten Kapitel werden dies für den Bereich der elektrischen Telegraphie aufzeigen.

Für die Historiographie dieser Entwicklung muß allerdings auf eine damals bestehende terminologische Schwierigkeit hingewiesen werden: die Begriffe „Elektromagnetismus" und „elektromagnetisch" wurden noch während einer langen Zeit sehr unterschiedlich interpretiert. Im weitesten Sinn verstand man unter diesen Bezeichnungen das gesamte Gebiet der — wie wir heute sagen würden — klassischen Elektrodynamik, also alle Wechselbeziehungen zwischen elektrischen und magnetischen Erscheinungen und umgekehrt. Am engsten wurden diese Begriffe von denen ausgelegt, die darunter allein die Ausübung mechanischer Kräfte durch Elektromagnete nach Sturgeon und Henry verstanden.

Manche Mißverständnisse wären wohl vermeidbar gewesen, wenn hier schon zu einem früheren Zeitpunkt eine Einigung über die Fachterminologie hätte erreicht werden können.

---

[30] Faradays Vorstellungen von elektrischen und magnetischen Kraftlinien, die schließlich in der mathematischen Formulierung durch Maxwell die endgültige Grundlage für die klassische Elektrodynamik schufen, fallen in eine spätere Zeit und werden daher in diesem Kapitel nicht behandelt.

IV Wer erfand den elektromagnetischen Telegraphen?

A Erfindungspriorität und Historiographie

Die Geschichte der Erfindung und praktischen Einführung der elektromagnetischen Telegraphen kann unter den verschiedensten Aspekten geschrieben werden. Man kann sie nach den beteiligten Personen, nach den angewandten physikalischen Prinzipien oder auch nach Erfindungsprioritäten ordnen. Um zu verdeutlichen, welcher Weg in den vorliegenden Beiträgen zur Geschichte der Nachrichtentechnik gewählt wurde, sei eine kurze Vorbemerkung speziell zur Frage der Erfindungsprioritäten vorangestellt.

Zu Beginn der 30er Jahre des 19. Jh. waren die wechselseitigen Beziehungen zwischen Elektrizität und Magnetismus und die Grundgesetze des elektrischen Stromkreises so weit erforscht, daß man nunmehr ernsthaft an eine praktische Anwendung des ‚Elektromagnetismus‘ in der Telegraphie denken konnte. Anregungen, die Ablenkung der Magnetnadel für diesen Zweck zu nutzen, waren schon in den 20er Jahren von Ampère, Schweigger, Fechner und Ritchie ausgegangen, auf die Möglichkeit einer Anwendung des Elektromagneten hatte 1831 Henry hingewiesen (Kap. III und Bild IV. 1).

Erste praktische Versuche in größerem Maßstab folgten ab 1832. Die schnelle Entwicklung der Eisenbahnen in England zu Beginn der 30er Jahre und auf dem europäischen Kontinent seit der Mitte der 30er Jahre öffneten den ersten großen Markt für ein extrem schnelles und zugleich Wetter- und Tageszeitunabhängiges Kommunikationsmittel und regten zu weiteren erfinderischen Aktivitäten auf dem Gebiet der elektromagnetischen Telegrahie an.

Die praktische Bewährung der elektromagnetischen Telegraphen im Eisenbahnbetrieb führte dazu, daß diese neue Technik bald auch für den Bau und Betrieb staatlicher Telegraphenlinien übernommen wurde. Als diese Einrichtungen für die private Nutzung freigegeben wurde, wuchs die Bedeutung dieses neuen Kommunikationsmittels schnell an. Das führte in der zweiten Hälfte des 19. Jh. auch zu der Frage, wer denn nun eigentlich der Erfinder dieser neuen Nachrichtentechnik gewesen sei.

Dabei stand — bedingt durch die politische Denkweise der damaligen Zeit — die Frage im Vordergrund, welche Nation die Ehre dieser

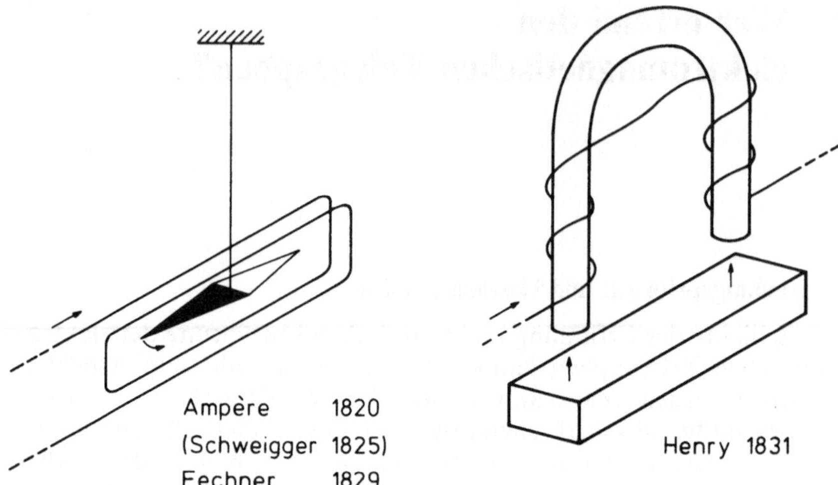

Bild IV.1. Zwei Anwendungsmöglichkeiten des Elektromagnetismus in der Telegraphie:
Ablenkung einer Magnetnadel (links) und Elektromagnet (rechts)

Erfindung für sich in Anspruch nehmen könne. Diese nationalistisch
bedingte Fragestellung hat in der Historiographie zu vielen Fehlinter-
pretationen und zum Teil sogar zu direkten Fälschungen (siehe Seite 92)
geführt. Sie nachträglich korrigieren zu wollen, wäre schon deshalb
eine fast unlösbare Aufgabe, weil man sich zuvor darüber verständigen
müßte, was man als die ‚Geburtsstunde' einer neuen Erfindung de-
finieren will: das erste Erkennen einer neuen technischen Aufgabenstellung, die erste geistige Konzeption für eine mögliche Lösung,
die erste Formulierung einer Lehre zum technischen Handeln, den Bau
eines ersten funktionsfähigen Prototyps, die Entwicklung eines ferti-
gungsreifen Produkts oder schließlich die erste erfolgreiche Einführung
in die Praxis. Solange es dem Historiker freigestellt blieb, unter diesen
möglichen Definitionen gerade diejenige auszuwählen, die in seinem
Sinn die richtige Antwort auf die Prioritätsfrage lieferte, war es nicht
allzuschwer, dem jeweiligen Nationalbewußtsein Rechnung zu tragen.

   Die folgenden Ausführungen bemühen sich darum, diese Schwierigkeit wenigstens in soweit zu umgehen, als die Fragen nach den
Prioritäten gar nicht erst gestellt werden. Für die Geschichte der elektromagnetischen Telegraphie erscheint es aus heutiger Sicht interessanter,
die Frage zu untersuchen, nicht wann, sondern wie es zu diesem
neuen Kommunikationsmittel gekommen ist und welche physikalischen
und technischen Probleme dabei gelöst werden mußten.

   Um diese Entwicklung trotz des Verzichtes auf die Behandlung
der Prioritätsfrage wenigstens in großen Zügen in den Zeitrahmen der

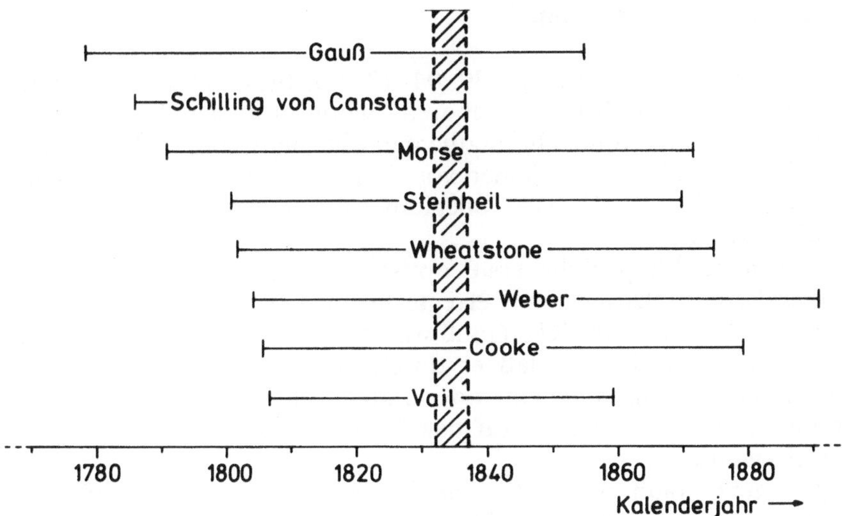

Bild IV.2. Die wichtigsten „Erfinder" elektromagnetischer Telegraphen nach Geburtsjahren geordnet.

30er und 40er Jahre des 19. Jh. einordnen zu können, wird in diesem Kapitel wenigstens in soweit auf den Lebenslauf der hauptsächlich Beteiligten eingegangen werden, daß gezeigt werden kann, wie und wann sie mit der elektromagnetischen Telegraphie in Berührung kamen. In den folgenden Kapiteln werden dann die technischen Einzelheiten der verschiedenen, zeitlich nahezu parallel verlaufenden Entwicklungslinien behandelt werden. Um einen ersten Überblick über die altersmäßige Zuordnung der verschiedenen „Erfinder" zu erleichtern, sind in Bild IV. 2 die in den folgenden Abschnitten behandelten Personen nach ihren Geburtsjahren geordnet über einer Zeitskala von 1770 ... 1890 aufgetragen. Der Zeitraum der wichtigsten Erfindungsaktivitäten zwischen 1832 und 1837 ist durch Schraffur hervorgehoben.

Unabhängig von der durch die Geburtsjahre gegebenen Reihenfolge und ohne Rücksicht auf Prioritätsfragen werden in den folgenden Abschnitten die drei Gruppen Gauß, Weber und Steinheil, dann Schilling, Cooke und Wheatstone und schließlich Morse und Vail jeweils zusammengefaßt behandelt. Das entspricht dann auch der Reihenfolge, in der in den folgenden Kapiteln die technischen Einzelheiten der vier großen Entwicklungslinien behandelt werden sollen.

Dabei wird sich zeigen, daß es nicht *einen* Erfinder des elektromagnetischen Telegraphen gibt, sondern daß nahezu zur gleichen Zeit ganz unabhängig voneinander an verschiedenen Orten an dieser Erfindung gearbeitet wurde, und daß dabei jeder der Beteiligten seinen Anteil zum endlichen Erfolg beitrug.

B Gauß, Weber und Steinheil

Carl Friedrich Gauß wurde am 30. 04. 1777 in Braunschweig als Sohn eines einfachen Handwerkers geboren. Schon in jungen Jahren zeigte er eine so außergewöhnliche mathematische Begabung, daß er Dank der Hilfe einflußreicher Gönner von 1788 bis 1791 das Gymnasium und von 1792 bis 1795 das Collegium Carolinum[1] in Braunschweig besuchen konnte.

Als Claude Chappe die erste optische Telegraphenlinie zwischen Paris und Lille in Betrieb nahm, erregte dies auch in Deutschland größtes Interesse (Band 1, Kap. XI). Gauß war damals 17 Jahre alt, und man kann nicht ausschließen, daß er durch Diskussionen im Collegium Carolinum oder durch die eine oder andere zeitgenössische Veröffentlichung schon in jener Zeit auf das Thema ‚Telegraph‘ aufmerksam gemacht wurde.

1795 ging Gauß nicht etwa an die an sich für ihn zuständige Landesuniversität Helmstedt [7], sondern wegen ihrer schon damals berühmten Bibliothek an die Hannoversche Universität in Göttingen, promovierte dann aber 1799 in Helmstedt. Sowohl durch seine Dissertation als auch durch andere grundlegende Arbeiten zur Algebra, Arithmetik und Bahnberechnung von Planeten erwarb er sich schnell den Ruf eines wissenschaftlich hervorragend ausgewiesenen Mathematikers und Astronomen. So wurde er 1807 im Alter von 30 Jahren als Direktor der Universitäts-Sternwarte und Professor für Mathematik nach Göttingen berufen.

Dort bemühte er sich unter anderem darum, die bis dahin wissenschaftlich wenig entwickelte Geodäsie mit der Astronomie in engere Berührung zu bringen. Das führte dazu, daß ihm die Leitung der großen Hannoverschen Gradmessung (1821 bis 1824) übertragen wurde. In diesem Zusammenhang entwickelte Gauß als Zielpunkt für die Triangulation sehr großer Dreiecke eine Spiegelanordnung, die es erlaubte, das Sonnenlicht auf einen weit entfernten Beobachter zu reflektieren. In Kombination mit einem Sextanten oder Theodoliten als Visiereinrichtung lieferten die von Gauß „Heliotrop“ (Sonnenwender) genannten Geräte Zielpunkte, die aus Entfernungen bis zu 100 km exakt beobachtet werden konnten.

Im Zusammenhang mit dem Stichwort ‚Telegraph‘ ist nun interessant, daß Gauß sofort erkannte, sein „durch die Bedürfnisse der höheren Geodäsie veranlaßter“ Heliotrop werde „künftig vielleicht noch wich-

---

[1] Das Collegium Carolinum war eine 1745 von Karl Herzog von Braunschweig-Bevern gegründete Lehranstalt, die den Einfluß der exakten Naturwissenschaften auf die Gewerbetätigkeit fördern sollte [7].

tigeren Gebrauch zu telegraphischen Signalisierungen in Krieg und Frieden" finden[2] [57a].

In einem Brief an Olbers vom 1. Juli 1821 [110] berichtete Gauß über erste Reichweitenversuche mit dem Heliotrop und schreibt dann:

> „Vielleicht können diese Ideen auch in anderer Beziehung noch wichtige Anwendungen finden, . . . da man dies Licht immer ganz augenblicklich bedecken und wieder erscheinen lassen kann. Vielleicht selbst zu anderen telegraphischen Signalisierungen, wenigstens zu Zeiten, wo die Sonne etwas anhaltend scheint, wenn den sehr genau zu messenden Intervallen des Erscheinens und Verschwindens verabredete Bedeutungen beigelegt werden."

Und am 8. November 1821 schreibt Gauß an Schumacher [29]:

> „Das Telegraphieren habe ich ziemlich ausgebildet, ich kann allenfalls einige Tausend verschiedene Zeichen geben."

Die selbstverständliche Art und Weise, mit der Gauß (in einer Zeit, in der es in Deutschland solche Einrichtungen noch nicht gab) im Zusammenhang mit Lichtsignalen den terminus technicus „Telegraph" benutzt, spricht dafür, daß ihm die 1794 begonnene Entwicklung der optischen Telegraphie in Frankreich nicht unbekannt geblieben war.

Ob Gauß bei den telegraphischen Versuchen mit dem Heliotrop im Jahre 1821 auch schon an eine elektrische Signalübertragung gedacht haben könnte, ist schwerer zu beurteilen. Im Sommer 1816 hatte er Soemmerring in München besucht. In dessen Tagebuch[3] ist dazu vermerkt:

    27. April {1816} „. . . H. Prof. Gauß aus Göttingen."
    28. April {1816} „Zambonica Hn. Gauß gezeigt."

Offenbar wurde also bei diesem Besuch über die Zambonische Säule gesprochen, eine 1812 von Zamboni entwickelte Sonderform einer Voltaschen Säule. Ob Soemmerring im Rahmen einer Unterhaltung über ein Thema aus dem Gebiet des Galvanismus auch seinen Telegraphen erwähnt (oder vielleicht sogar gezeigt) hat, geht aus dem Tagebuch nicht hervor. Aber irgendwann hat Gauß von der elektrolytischen Lösung Soemmerrings Kenntnis erhalten, denn 1838 beginnt er seine Ausführungen über die Anwendung des Bifilargalvanometers für die Telegraphie mit folgendem historischen Rückblick [52]:

---

[2] Tatsächlich wurde der Heliotrop in einer für die spezielle Aufgabe der Telegraphie modifizierten Ausführung unter der Bezeichnung Heliograph in der 2. Hälfte des 19. und der 1. Hälfte des 20. Jahrhunderts während der Kolonialkriege in Indien und Afrika zur Nachrichtenübertragung über große Entfernungen praktisch eingesetzt. Technische Einzelheiten findet man z. B. bei Karras [74].

[3] Siehe Fußnote 16 (Kap. I) auf Seite 13.

„Sobald man wußte, daß die Wirkungen einer Voltaischen Säule sich durch eine sehr lange Kette fortpflanzen, lag der Gedanke sehr nahe, diese Naturkräfte zu telegraphischen Zwecken zu benutzen, und schon vor fast 30 Jahren, also zu einer Zeit, wo man erst einen kleinen Theil der galvanischen Wirkungen kannte, schlug Soemmerring die Gasentbindung dazu vor: bei weitem mehr geeignet für zusammengesetzte Signalisierungen sind aber die erst später bekannt gewordenen magnetischen Wirkungen galvanischer Ströme; indessen ist auffallend, daß seit Oersteds Entdeckung eine ziemliche Anzahl von Jahren verstrichen ist, ehe jemand an diesen Gebrauch gedacht zu haben scheint. Freilich ist ein gründliches Urteil über die Anwendbarkeit im Großen nicht möglich ohne eine genaue quantitative Kenntnis der Schwächung galvanischer Ströme in Folge der Länge und Beschaffenheit der Leitungsdrähte, wovon man vor Ohm und Fechner, sehr unvollkommene und unrichtige Vorstellungen hatte. Nachdem im Jahre 1833, hauptsächlich um ähnliche Untersuchungen über das Gesetz der Stärke galvanischer Ströme nach Verschiedenheit der Umstände in großem Maßstab anstellen zu können, zwischen der hiesigen Sternwarte und dem physikalischen Cabinet eine Drahtverbindung gemacht war, von welcher großartigen Anlage das Verdienst der sehr schwierigen Ausführung allein dem Prof. Weber gehört, wurde die Kette gleich von Anfang an oft zu telegraphischen Zwecken benutzt, nicht bloß zu einfachen, um täglich die Uhren zu vergleichen, sondern versuchsweise auch zu zusammengesetzten; und die Möglichkeit, Buchstaben, Wörter und ganze Phrasen zu signalisieren, wurde dadurch schon damals zu einer evidenten Thatsache."

Danach war der „Göttinger Telegraph" keine von langer Hand geplante Entwicklung; er entstand aus dem spontanen Erkennen der zusätzlichen Anwendungsmöglichkeit einer für andere Zwecke vorgesehenen Einrichtung, ganz ähnlich, wie dies 12 Jahre zuvor schon einmal bei dem ursprünglich für geodätische Zwecke bestimmten Heliotrop geschehen war.

Ehe wir uns dem eigentlichen Anlaß für den Bau der großen „galvanischen Kette" in Göttingen zuwenden, sei an dieser Stelle kurz auf den Lebenslauf des von Gauß so rühmend erwähnten Prof. Weber eingegangen.

Wilhelm Eduard Weber wurde am 24. Oktober 1804 in Wittenberg als Sohn des Theologie-Professors Michael Weber geboren. Schon während seiner Schulzeit und dem Studium der Mathematik in Halle beteiligte er sich an den Untersuchungen seines 10 Jahre älteren Bruders Ernst Heinrich Weber über Wellenbewegungen, die 1825 zu der gemeinsamen Veröffentlichung des grundlegenden Werkes über „Wellenlehre auf Experimente gegründet . . ." führten [136]. Seine Dissertation (1826) und Habilitationsschrift (1827) behandelten akustische Probleme, deren Erforschung in jener Zeit ganz im Vordergrund der wissenschaftlichen Interessen Webers stand. Als er 1831 als Nachfolger von Tobias Mayer auf den Lehrstuhl für Physik an die Universität Göttingen berufen wurde, begann er sich für die Elektrodynamik zu interessieren, die später zu seinen grundlegenden Arbeiten über „Elektrodynamische Maßbestimmungen" führen sollten.

Einen entscheidenden Anstoß zu dieser neuen Forschungsrichtung erhielt Weber durch die Zusammenarbeit mit Gauß. Zur Messung der Richtung und der Intensität des örtlichen Erdmagnetfeldes hatte Gauß ein „Magnetometer" entwickelt, das aus einem langen, in seinem Schwerpunkt an einem dünnen Stahldraht drehbar aufgehängten magnetisiertem Stahlstab bestand. Weber war bei seiner Berufung nach Göttingen 27 Jahre alt, Gauß zu dieser Zeit gerade doppelt so alt. Trotz dieses großen Altersunterschieds entwickelte sich aber von Anfang an eine enge freundschaftliche Zusammenarbeit. Weber stellte in seinem physikalischen Kabinett ebenfalls ein Magnometer auf und beteiligte sich an den magnetischen Messungen. Gemeinsam mit Gauß organisierte er den „Magnetischen Verein", der die Ergebnisse erdmagnetischer Messungen an über die ganze Erde verteilten Beobachtungsorten sammelte und jährlich in den „Resultaten der Beobachtungen des magnetischen Vereins" veröffentlichte [52].

Im Rahmen dieser Zusammenarbeit wird wohl von Weber die Anregung ausgegangen sein, die Magnetometer in der Sternwarte und in dem physikalischen Kabinett durch Multiplikatorspulen zu Galvanometern zu erweitern und diese durch eine Drahtleitung miteinander zu verbinden, um so das Ohmsche Gesetz „in großem Maßstab" nachprüfen zu können.

Bis zu diesem Zeitpunkt gibt es keinen Hinweis dafür, daß Weber irgendwann mit der „Telegraphie" in Berührung gekommen sein könnte[4]. Das plötzliche Interesse an diesem Thema im Jahre 1833 war wohl vor allem durch Gauß geweckt worden. Es ist aber nicht auszuschließen, daß auch ein äußerer Anlaß mitgewirkt haben könnte. Preußen hatte im Wiener Kongreß 1814/15 unter anderem die Rheinprovinz (Kurtrier, Kurköln, Aachen, Jülich und Berg) sowie eine Vergrößerung Westfalens erhalten. Diese Landesteile waren durch das Herzogtum Braunschweig und das Königreich Hannover von dem Stammland getrennt (Bild IV. 3). Sowohl um eine engere nachrichtentechnische Verbindung zwischen den beiden Landesteilen herzustellen als auch aus strategischen Gründen wurde Anfang der 30er Jahre in Berlin beschlossen, eine optische Telegraphenlinie von Berlin über Köln nach Koblenz einzurichten.

---

[4] Weber wurde 1837 als einer der 7 Göttinger Professoren seines Amtes enthoben, die sich geweigert hatten, einen Eid auf die von König August von Hannover eigenmächtig wieder eingeführte ständische Verfassung zu leisten. Er wurde 1843 als Nachfolger von Fechner an die Universität Leipzig berufen, kehrte nach seiner politischen Rehabilitierung 1849 nach Göttingen zurück und übernahm dort nach dem Tode von Gauß auch die Leitung der Sternwarte und des magnetischen Laboratoriums. In dieser späteren Lebenshälfte galt sein wissenschaftliches Interesse bis zu seinem Tode 1891 wieder ganz den Grundlagen der Elektrodynamik.

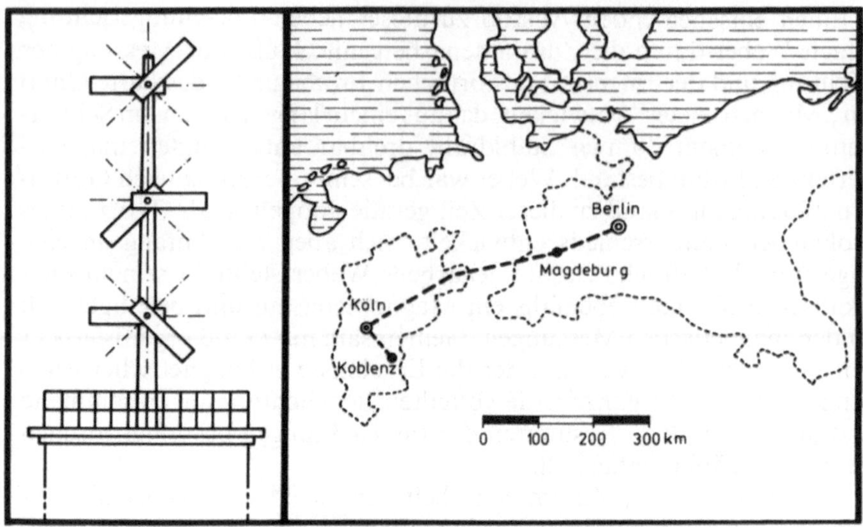

Bild IV.3. Optische Telegraphie in Preußen 1832 bis 1849

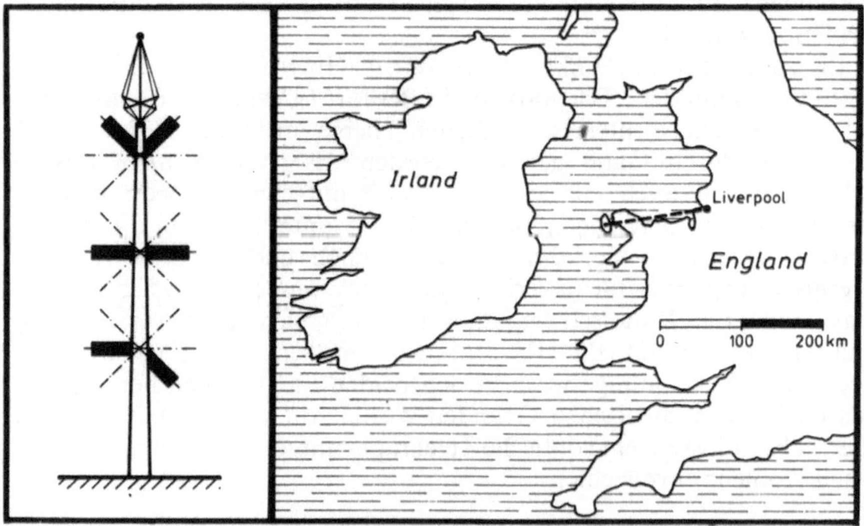

Bild IV.4. Optischer Telegraph von Watson zwischen Holyhead und Liverpool 1827

Optische Telegraphen gab es seit 1784 vor allem in Frankreich und England (Band 1, Kap. X). An sich war also dies Vorhaben nichts grundsätzlich Neues. Auch die für die preußische Linie gewählte Ausführungsform war nicht neu; sie wurde (von technischen Einzelheiten abgesehen) von dem 1827 durch Watson eingerichteten Schiffsmeldedienst zwischen Holyhead und Liverpool (Bild IV. 4) übernommen. Aber jetzt wurde zum ersten Mal in Deutschland eine ständige optische Telegraphenlinie eingeführt, und es war neu, daß eine solche Linie nicht nur auf dem Territorium des Betreibers verlaufen sollte, sondern daß 5 Stationen auf braunschweigischem und 2 Stationen auf hannoverschem Gebiet errichtet und dort von preußischen Telegraphisten bedient werden mußten. Trotz des „Deutschen Bundes" war dies ein sicher nicht einfach zu lösendes Politikum. So wird man annehmen dürfen, daß die Planung und der Bau dieser Telegraphenlinie auch außerhalb Preußens das Interesse der Öffentlichkeit fand.

Eine Bestätigung findet man in einer 1833 erschienenen zeitgenössischen „Beschreibung der vorhandenen Telegraphen mit besonderer Berücksichtigung der preußischen nebst Vorschläge zur Verbesserung derselben" [5][5]. Dort schreibt der anonyme Verfasser nach einleitenden Bemerkungen über den Zusammenhang zwischen der Zunahme der Bevölkerung Europas und der Entwicklung der technischen Hilfsmittel zur Befriedigung ihrer Lebensbedürfnisse:

> „Der löblichen Sitte gemäß, das Gute aufzunehmen, woher es auch komme, wird jetzt eine Telegraphenlinie von Berlin nach den Rheingegenden angelegt, welche die Verbindung der Hauptstadt mit jenen entfernten Theilen der Monarchie außerordentlich zu befördern geeignet seyn wird. Die große Theilnahme, welches dies Unternehmen bei dem gebildeten Theil des Volkes findet, veranlaßt uns, hier einiges über die Einrichtung der Telegraphen zu sagen, welche bis jetzt nur wenigen bekannt geworden ist."

Es folgten dann historische Bemerkungen (Cleoxenus und Demokritus, Polybius, Marquis von Worcester, Dr. Hooke und Amonton), Beschreibungen der Telegraphen in Frankreich und England und schließlich eine (recht knappe) Erläuterung der preußischen Telegraphen, die zu jener Zeit gerade zwischen Berlin und Magdeburg aufgestellt worden waren. Technikgeschichtlich interessant ist der „Vorschlag zur Verbesserung"; hier schreibt der Anonymus (siehe dazu Bild IV. 5):

> „Man hänge 4 vergoldete Kugeln in einer horizontalen Reihe nebeneinander auf, bringe in den unbewegten Fernröhren der Observatorien ein Glas an, durch dessen Mitte ein horizontaler Strich geht, welcher, wenn man hindurchschaut, gerade mitten vor den vier Kugeln hinläuft und dieselben in obere und untere Halbkugeln theilt. Durch Hebung oder Senkung einer oder mehrerer Kugeln über oder unter jene Linien werden dann die nötigen Zeichen gegeben: {hier folgt der in Bild IV. 5 rechts wiedergegebene ‚Code'}[6]. In der Nacht bediene man sich anstatt der Kugeln heller Lampen oder Laternen."

---

[5] Der Verfasser dankt H. Drubba (Hannover) für den Hinweis auf diese ihm bis dahin nicht bekannte Publikation.

[6] Dem Anonymus ist entgangen, daß sein Code-Wort für A keinen Informationsgehalt hat, weil alle 4 Kugeln in Ruhestellung sind.

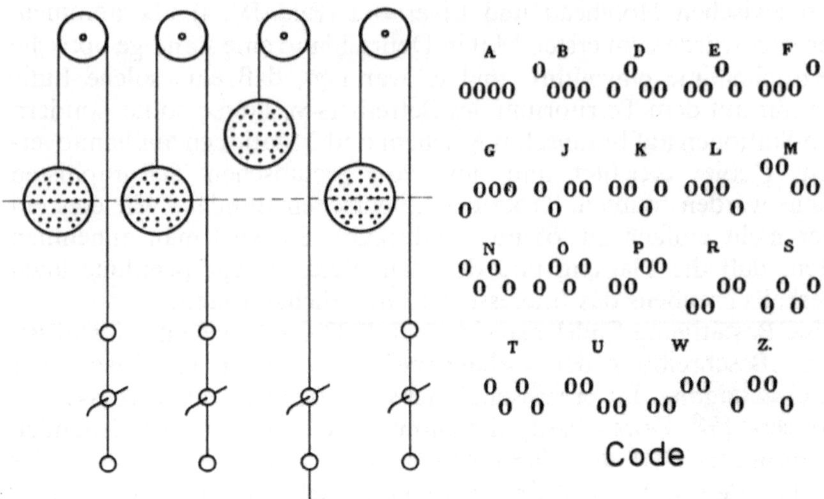

Bild IV.5. Anonymer Vorschlag für einen optischen Telegraphen, Quedlinburg 1833

Nach einem Hinweis, daß man mit 5 Kugeln die Anzahl der Zeichen bedeutend vermehren könne, um ihre Bedeutung zur Geheimhaltung der Nachrichten wechseln zu können, führt der Anonymus fort:

> „Wie leicht wäre ein solcher Telegraph einzurichten, wie leicht zu erhalten und mit welcher Schnelligkeit könnten Nachrichten viele Meilen weit weggeführt werden. Man dürfte nämlich nur jede Kugel oder Lampe mit einer Schnur verbinden, diese über eine Rolle leiten, welche einige Fuß über der Kugel befestigt wäre, jede Schnur am anderen Ende, wo sie an einem Nagel festgehängt werden soll, mit 3 etwa 2 Fuß voneinander entfernten Schleifen versehen, und zwar der Ordnung nach in gleicher Entfernung von den Kugeln, so wäre die ganze Maschine fertig, und der Beobachter brauchte für das zu gebende Zeichen bloß eine andere Schleife von einer Schnur oder von zwei Schnüren an den Nagel zu hängen" (Bild IV. 4 links)[7]

Diese anonyme Veröffentlichung aus dem Jahr 1833 zeigt, welche Aktualität das Thema ‚Telegraphie' durch den Bau der optischen Telegraphenlinie Berlin—Koblenz Anfang der 30er Jahre gewonnen hatte. So ist wohl nicht auszuschließen, daß hierdurch ein zusätzlicher Anstoß

---

[7] Technikgeschichtlich interessant ist folgende Ähnlichkeit in der Zeichenbildung: der Anonymus schlägt für seinen optischen Telegraphen einen Parallel-Code vor, dessen Elemente aus dem „Heben" oder „Senken" einer oder mehrerer Kugeln bestehen; wie wir in Kap. V sehen werden, benutzten Gauß und Weber einen Serien-Code, dessen Elemente aus rechten oder linken Ausschlägen der Magnetometerstäbe bestanden. In beiden Fällen wurden also zwei unterschiedliche Abweichungen aus einer Ruhestellung als Signalelemente zur Bildung eines Codes benutzt. Das spricht dafür, daß eine solche Lösung damals „in der Luft lag", daß es sich also auch hier um einen Archetypus der erfinderischen Phantasie handeln könnte (Band 1, Kap. VIII. D).

zu den telegraphischen Versuchen von Gauß und Weber ausgegangen sein könnte. Jedenfalls paßt zu dieser Annahme eine Bemerkung von Gauß in einem Brief an Olbers vom 20. Nov. 1833, in dem er im Zusammenhang mit einem Bericht über die ersten telegraphischen Versuche mit der galvanischen Kette zwischen der Sternwarte und dem physikalischen Kabinett schreibt [110]:

> „Diese Art zu telegraphieren hat das Angenehme, dass sie von Wetter und Tageszeit ganz unabhängig ist."

Diese aus heutiger Sicht trivial erscheinende Bemerkung wird erst verständlich, wenn man sie gedanklich der Problematik einer optischen Telegraphie unter den klimatischen Bedingungen Mitteleuropas gegenüberstellt[8].

Soviel zur Vorgeschichte der Göttinger Telegraphenversuche. Wie Kap. V zeigen wird, erbrachten sie den Nachweis, daß eine elektromagnetische Signalübertragung über größere Entfernungen grundsätzlich möglich war; die verwendeten Geräte waren aber bedingt durch ihre ursprünglich ganz andere Zweckbestimmung für eine praktische Anwendung in der Telegraphie wenig geeignet. Die Aufgabe, auf der Grundlage des in Göttingen erprobten Verfahrens ein für den praktischen Betrieb geeignetes Gerät zu entwickeln, übernahm Steinheil, auf dessen Lebenslauf wir jetzt kurz eingehen werden.

Karl August Steinheil wurde am 12. Okt. 1801 in Rappoltsweiler im Elsaß geboren. Sein Vater war dort Generalrentmeister des Pfalzgrafen Maximilian (IV) Joseph, seit 1799 Kurfürst und ab 1806 König von Bayern. Er übersiedelte 1807 als Rat der General-Zoll- und Mautdirektion nach München. Sein Sohn Karl August sollte ursprünglich wohl auch für den Staatsdienst erzogen werden, er ging jedenfalls 1821 nach Erlangen, um Jura zu studieren. Bald aber bildete sich bei ihm eine solche Vorliebe für Mathematik und Physik aus, daß er 1823 an die Universität Göttingen und von dort, da Gauß damals keine Vorlesungen hielt, an die Universität Königsberg wechselte. Er wurde Schüler von Bessel, bei dem er 1825 mit einer astronomischen Arbeit promovierte.

Sein Vater, der inzwischen ein beträchtliches Vermögen geerbt und sich in Perlach bei München angesiedelt hatte, ermöglichte seinem Sohn, dort eine eigene Sternwarte zu bauen und sich als Privatgelehrter ganz der astronomischen Forschung zu widmen. Dabei zeigte Steinheil auch eine besondere Begabung für die Lösung mechanischer Probleme, die es ihm ermöglichte, seine Sternwarte mit Instrumenten eigener Konstruktion auszurüsten.

---

[8] Tatsächlich sollte sich bei der preußischen optischen Telegraphenlinie im Lauf der Zeit herausstellen, daß sie im Jahresdurchschnitt nur 6 Stunden je Tag benutzt werden konnte [74].

Nach dem Tode seines Vaters im Jahre 1830 übersiedelte Steinheil nach München. 1835 wurde er Mitglied der Bayerischen Akademie der Wissenschaften, Konservator der mathematisch-physikalischen Sammlung und Professor für Mathematik und Physik an der 1826 von Landshut nach München verlegten Universität.

Anläßlich eines Besuches bei Gauß und Weber in Göttingen im Herbst 1835 erhielt Steinheil die erste Anregung zum Bau eines für den praktischen Gebrauch geeigneten Telegraphen. Er entwickelte in den folgenden beiden Jahren in Anlehnung an das Göttinger Vorbild einen induktiven Spannungsgenerator als Sendegerät und einen Empfänger, der die ankommenden Signale hörbar wiedergab.

Zur praktischen Erprobung errichtete er 1837 in München eine rund 5 km lange Freileitung zwischen dem Akademiegebäude in der Neuhauser Straße und der Kgl. Sternwarte in Bogenhausen und führte seinen Telegraphen öffentlich vor. Anfang 1838 hatte Steinheil seinen Empfänger um eine Einrichtung zur schriftlichen Aufzeichnung der Empfangssignale erweitert. Im gleichen Jahr versuchte er vergeblich, die Schienen eines Eisenbahngleises als Hin- und Rückleitung einer Telegraphenlinie zu benutzen; bei dieser Gelegenheit erkannte er die Möglichkeit, die Erde als Rückleitung zu benutzen und so den Aufwand für die Errichtung von Telegraphenleitungen nahezu zu halbieren. Dieser Hinweis sollte wenig später ganz wesentlich zu der schnellen weltweiten Einführung der elektrischen Telegraphie beitragen.

Am 25. August 1838 hielt Steinheil in der Akademie einen zusammenfassenden Vortrag „Über Telegraphie, insbesondere durch galvanische Kräfte" [123]. Der Veröffentlichung dieses Vortrages ist eine „Beschreibung und Abbildung des galvano-magnetischen Telegraphen zwischen München und Bogenhausen, errichtet im Jahre 1837" beigeheftet, auf die in Kap. V eingegangen wird.

Steinheils Telegraph fand keine dauernde Anwendung in der Praxis. Steinheil sollte aber — im Gegensatz zu Gauß und Weber — später noch einmal in enge Berührung mit der Weiterentwicklung und praktischen Einführung der Telegraphie kommen. Als Anfang 1849 die Bayerische Regierung von der Akademie der Wissenschaften ein Gutachten über die künftige Einrichtung von Staatstelegraphen anforderte, besichtigte Steinheil die wichtigsten damals in anderen Teilen Deutschlands schon in Betrieb genommenen Telegraphenlinien und erstattete der Akademie hierüber einen Bericht (siehe Kap. IX. D, Fußnote 15 auf Seite 238). Da Steinheil an der folgenden Organisation des bayerischen Telegraphenwesens nicht beteiligt wurde, ging er Ende 1849 nach Wien und übernahm dort die Organisation des österreichischen Telegraphenwesens, 1852 eine entsprechende Aufgabe in der Schweiz.

Ende 1852 kehrte Steinheil nach München zurück. Auf besonderen Wunsch des Königs gründete er 1854 eine eigene Werkstatt für optische und astronomische Präzisionsinstrumente, deren Entwicklung von da an wieder das Hauptinteresse Steinheils bis zu seinem Tode im Jahre 1870 galt.

C   Schilling, Cooke und Wheatstone

Am 23. Dezember 1859 hielt Joseph Hamel[9] vor der Kaiserlichen Akademie der Wissenschaften zu St. Petersburg einen Vortrag über „Die Entstehung der galvanischen und elektromagnetischen Telegraphie." Der Vortrag erschien (in deutscher Sprache) in dem „Bulletin de l'Academie impérial des Sciences de St. Petersburg" [59] und beginnt mit dem Satz:

> „Auf meiner letzten Reise habe ich mich eifrig bemüht, die Entstehung der jetzt schon so weit verbreiteten electrischen Telegraphen richtig kennen zu lernen."

Nach einem Hinweis darauf, daß frühere Vorschläge zur Nutzung der Reibungselektrizität (z. B. Winkler, C. M., Band 1, Kap. VIII) zu keinen praktischen Erfolgen geführt hätten, fährt Hamel fort, daß vor knapp einem halben Jahrhundert

> „ein Landsmann von uns in München Experimente mit dem ein Jahr zuvor dort gemachten ersten galvanischen Telegraphen in der Welt zu sehen bekam und von dieser Erfindung so eingenommen ward, daß er von der Zeit an dem Gegenstand eine dauernde Aufmerksamkeit widmete, ja er ward später, wie ich zu zeigen vorhabe, der Mittelsmann zur praktischen Einführung der electromagnetischen Telegraphie."
>
> Dies war der 25. Juli (6. August) 1837 hier zu St. Petersburg verstorbene wirkliche Staatsrat Baron Pawel Lwowitsch Schilling. Da er, und zwar seit 1828, correspondierendes Mitglied unserer Akademie war, so ist es um so passender, dass in derselben eine Art „Eloge" über seine nützliche Tätigkeit gesprochen werde.
>
> Er war geboren am 5. (16.) April 1786 zu Reval. Sein Vater war Ludwig Ferdinand Schilling aus der Thalheimer Linie der alten Familie dieses Namens von Canstadt, damals im russischen Militärdienste Lieutenant. Am 6. (17.) Juli 1785 war er in Reval mit Katharina Charlotte von Schilling, geboren daselbst am 25. November (6. December) 1767, vermählt worden. Er starb als Oberster, Georgenkreuzritter und Chef des Nisowschen Musketier-Regiments am 3. (14.) Februar 1797 zu Kasan."

Ehe wir auf den in Hamels Eloge folgenden Lebenslauf von Pawel Lwowitsch Schilling eingehen, soll hier kurz etwas über dessen Abstammung ausgesagt werden.

---

[9] Dr. phil. Joseph Hamel (1788 ... 1862), Wirkl. Staatsrat und Mitglied der Akademie der Wissenschaften in St. Petersburg, unternahm viele wissenschaftliche Reisen im Auftrag der russischen Regierung [94 b].

Bild IV.6. Grabstein der Vorfahren von Paul Schilling von Canstatt in der Talheimer Kirche

Sein Vater, Ludwig Ferdinand Schilling von Canstatt, wurde in Thalheim, einem Rittergut am Fuß der schwäbischen Alb in der Nähe von Hechingen, geboren. In der außerhalb des heutigen Dorfes Talheim gelegenen Pfarrkirche ist eine Steintafel angebracht, nach deren Inschrift seine Eltern und Großeltern unter dem Altar dieser Kirche beigesetzt wurden (Bild IV. 6). Er wanderte nach Reval aus und trat als Offizier in den Dienst des Russischen Zaren.

Die Mutter, Catharina Charlotte von Schilling stammte aus einem schon mehrere Generationen früher nach Norddeutschland verzogenen Zweiges der Familie von Schilling. Ihr Großvater kam als See-Cadett mit Peter dem Großen nach Rußland und ließ sich in Reval nieder [112].

Paul Lwowitsch wurde also als Nachkomme schwäbischer Vorfahren in der alten Hansestadt Reval geboren, die 1561 an Schweden gefallen war und seit 1710 zu Rußland gehörte. Im deutschen Schrifttum hat sich eingebürgert, seinen Namen der Abstammung entsprechend als Paul Schilling von Canstatt anzuführen. Neben der Schreibweise Canstatt findet man gelegentlich auch Cannstatt und Canstadt. Hier wird die Schreibweise von der Steintafel in der Kirche von Talheim übernommen [8].

Paul Schilling von Canstatt — wie er auch in diesen Beiträgen genannt wird — trat im Alter von 9 Jahren als Fähnrich in das Regiment seines Vaters ein. Nach dessen Tod wurde er in das Erste Cadetten-Corps aufgenommen und kam mit 16 Jahren als Secondlieutnant zum Generalstab.

Seine Mutter hatte nach dem Tode ihres ersten Gatten den Baron Karl von Bühler (geb. 1749 in Stuttgart, in russischen Diensten seit 1774) geheiratet. Als dieser 1803 russischer Gesandter in München geworden war, wurde Paul als Dolmetscher in das Collegium der auswärtigen Angelegenheiten übernommen und der Gesandtschaft in München zugeteilt. Dort lernte er 1805 Soemmerring (Kap. I. D) kennen, der die Familie Bühler als Hausarzt behandelte.

Soemmerrings Telegraphen sah Schilling zum ersten Mal im Sommer 1810. Von da an nahm er häufig an Soemmerrings Versuchen teil. Er selbst interessierte sich dabei vor allem für die Frage, ob man durch ein „Communications-Seil" auch eine elektrische Fernzündung von Pulvermienen bewirken könne und beschäftigte sich in der Folgezeit mit der Entwicklung eines — wie wir heute sagen würden — Kabels, das hierfür geeignet und auch bei Verlegung in feuchter Erde oder sogar unter Wasser betriebsfähig bleiben sollte. Offenbar gelang ihm dies recht gut, denn Soemmerring vermerkte am 13. Mai 1812 in seinem Tagebuch:

„Schilling ist ganz kindisch vor Freude über sein electrisches Leitseil."

Als wenige Wochen später Napoleon seinen Feldzug gegen Rußland begann, wurde die russische Botschaft in München aufgelöst und Schilling mußte nach St. Petersburg zurückkehren. Dort gelang ihm im Herbst 1812 zum ersten Mal die elektrische Fernzündung einer Pulvermiene über ein quer durch die Neva verlegtes „Leitseil".

1813 stellte Schilling den Antrag, als Offizier reaktiviert zu werden. Als Stabsrittmeister im Ssum'schen Husarenregiment nahm er am Befreiungskrieg teil und erlebte als Augenzeuge den Einzug der verbündeten Truppen in Paris am 31. März 1814.

Während dieses Feldzuges war Schilling in Karlsruhe und Mannheim erneut mit der Lithographie in Berührung gekommen, die er schon während seines Münchener Aufenthaltes bei Senefelder kennen gelernt hatte. Er erkannte die große Bedeutung dieser neuen Reproduktionstechnik für die Herstellung von Landkarten, an denen in Rußland vor allem im Generalstab und bei der Truppe großer Mangel herrschte. Als er nach Abschluß der Kampfhandlungen wieder in das Collegium der auswärtigen Angelegenheiten zurückversetzt wurde, erhielt er den Auftrag, die Einführung der Lithographie in Rußland zu organisieren. Diese Aufgabe führte ihn schon 1815 wieder nach München, um Solnhofener Platten einzukaufen. Bei dieser Gelegenheit traf er erneut mit Soemmerring zusammen, der damals gerade gemeinsam mit Schweigger

Versuche mit der Zambonischen Säule durchführte (siehe auch Seite 69).
Hamel vermerkt an dieser Stelle:

> „Schilling konnte damals nicht ahnen, dass in der Folge eine Erfindung
> Schweiggers {der Multiplikator} ihn in den Stand setzen würde, in St. Petersburg
> den ersten electromagnetischen Telegraphen herzustellen."

Von München aus reiste Schilling nach Paris, wo er mit Ampère
und Arago zusammentraf, aber auch erste Kontakte zu westeuropä-
ischen Orientalisten knüpfte. Das führte zu einem weiteren Interessen-
gebiet Schillings, dem Studium der chinesischen Sprache. Wie sehr
ihn dies in den folgenden Jahren beschäftigte, geht aus einer Bemerkung
von Wilhelm Soemmerring [120] über Schilling hervor:

> „Als er sich zu seiner großen Reise in die Mongolei {1830 ... 32} vorbereitete,
> von der er mit wissenschaftlichen Schätzen reich beladen nach 2 Jahren zurück-
> kehrte, sah ich ihn bei meinem Vater hier in Frankfurt wieder, ohne daß vom
> Telegraphen viel die Rede gewesen wäre, da er ganz mit dem Studium der
> chinesischen Sprache beschäftigt . . . war."[10]

Ebenfalls in den 20er Jahren kam Schilling durch seine Tätigkeit
in dem Collegium der auswärtigen Angelegenheiten mit der Kryptographie in Verbindung. Diese verschiedenartigen Interessen befruch-
teten sich gegenseitig; so benutzte Schilling die von ihm in Rußland
eingeführte Lithographie zur Reproduktion von chinesischen Schriften,
und die Beschäftigung mit der Kryptographie war später wohl auch
nützlich, als er vor der Aufgabe stand, für seine Telegraphen geeignete
Codes zu entwickeln [71].

In den Jahren 1830 bis 1832 leitete Schilling eine Expedition in die
Mongolei, die ihn bis an die Grenzen Chinas führte. Hamel schreibt
darüber:

> „. . . es ist bewundernswert, was er auf dieser seiner Reise für eine Menge
> chinesischer, tibetanischer und mongolischer Schriften gesammelt hat. Sie be-
> finden sich bekanntlich jetzt im Asiatischen Museum unserer Akademie."

Seit der Zusammenarbeit mit Soemmerring in den Jahren 1810 bis
1812 finden sich bis zu Schillings Rückkehr aus der Mongolei im
Sommer 1832 keine Zeugnisse dafür, daß er sich in dieser Zeit konkret
mit der elektrischen Telegraphie beschäftigt hätte[11]. Was war geschehen,
das ihn nach der Ankunft in St. Petersburg veranlaßte, ein Thema wieder

---

[10] S. Th. Soemmerring war 1820 in den Ruhestand getreten und lebte von da an bis zu
seinem Tode im Jahre 1830 in Frankfurt.

[11] Ob er sich — wie gelegentlich in der Literatur behauptet wird — während seiner
Expedition durch die Mongolei experimentell mit dem Elektromagnetismus beschäftigt
hat, ist heute wohl kaum noch nachprüfbar. Unmöglich wäre es nicht gewesen, denn für
einfache Versuche hätten eine Kupfer- und eine Silbermünze, ein Taschenkompaß
und einige Meter Draht genügt.

aufzugreifen, das mehr als 20 Jahre zuvor schon einmal sein Interesse erweckt hatte?

Das eine waren zweifellos die großen Fortschritte, die die Erforschung der Zusammenhänge zwischen Elektrizität und Magnetismus seit Oersteds Entdeckung gemacht hatten (Kap. III). Schilling hatte bei seinen vielen internationalen Beziehungen sicher Gelegenheit gehabt, diese Entwicklung der — wie wir heute sagen würden — Grundlagenforschung auf diesem Gebiet zu verfolgen; auch konnte er in St. Petersburg leicht Kontakt zu Wissenschaftlern aufnehmen, die selbst auf diesem Gebiet tätig waren, so z. B. H. F. E. Lenz[12]. Es war also naheliegend, daß Schilling sich eines Tages Gedanken darüber machen würde, ob der Elektromagnetismus zu einer Weiterentwicklung des Soemmerringschen Telegraphen führen könne.

Einen äußeren Anstoß zu solchen Überlegungen gab wahrscheinlich die Einführung optischer Telegraphenlinien in der weiteren Umgebung von St. Petersburg (Bild IV. 7). Nach Wilson [138] war 1824 eine solche Verbindung zwischen St. Petersburg und der Festung Schlüsselburg am Südwestende des Ladoga-Sees eingerichtet worden. 1834 folgte eine weitere Linie zur Marine-Basis in Kronstadt, 1835 zur

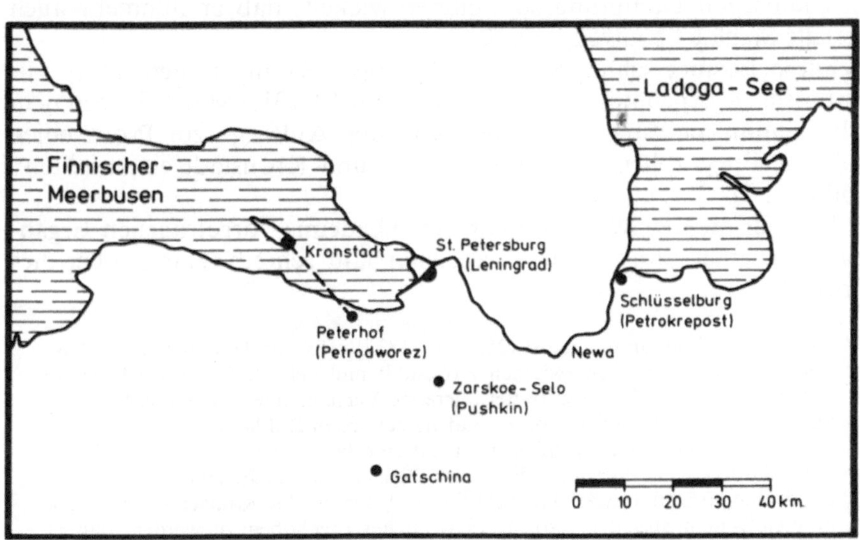

Bild IV.7. Lageskizze der weiteren Umgebung von St. Petersburg in der 1. Hälfte des 19. Jh.

---

[12] Heinrich Friedrich Emil Lenz (1804 ... 1865), Prof. der Physik der Universität und Mitglied der Akademie der Wissenschaften zu St. Petersburg, bekannt geworden durch die nach ihm benannte „Lenzsche Regel".

Sommerresidenz des Zaren in Zarskoe-Selo und nach Gatschina. Das Thema ‚Telegraph' war also zu jener Zeit durchaus aktuell und Schilling hat in seiner Denkschrift von 1837 (siehe Kap. VI.) ausdrücklich die Vorteile seiner elektrischen Lösung gegenüber „den heute gebräuchlichen Telegraphen" aufgezählt.

Nach den spärlichen und zum Teil widersprüchlichen zeitgenössischen Quellen wählte Schilling als Ausgangsbasis seiner Telegraphenentwicklung eine Schweiggersche Multiplikatorspule mit astatischen Nadeln nach Nobili, deren Ausschläge nach der einen oder anderen Seite durch eine an der senkrechten Achse angebrachten Zeichenscheibe leicht beobachtet werden konnten.

Wie Kap. VI zeigen wird, begann Schilling wahrscheinlich mit 6 nebeneinander angebrachten Multiplikatoren und einem Parallel-Code. Später reduzierte er die Zahl der Multiplikatoren auf 5 und benutzte einen Ziffern-Code in Verbindung mit einem telegraphischen Wörterbuch. Über diese Lösung berichtete er im Sept. 1835 auf der Versammlung Deutscher Naturforscher und Ärzte in Bonn. 1836 führte Schilling in Wien zusammen mit Jacquin und von Ettinghaus Versuche über die optimale Isolation von Telegraphenleitungen durch. Zu dieser Zeit hatte er sein Empfangsgerät durch die Einführung einer mechanischen Dämpfung so weiterentwickelt, daß er nunmehr auch serielle Signale benutzen konnte.

Diese Lösung schlug Schilling Anfang 1837 in St. Petersburg zur praktischen Erprobung vor und erhielt am 19. (31.) Mai 1837 von dem Marineminister Fürst A. Menschikoff den Auftrag „zur Probe einen solchen Telegraphen zwischen Peterhof und Kronstadt einzurichten" (Bild IV. 7).

In einer am 18. Mai 1860 vor der Akademie vorgetragenen Ergänzung zu seiner Eloge vom vergangenen Jahr schreibt Hamel über dies Projekt:

> „Schillings schon am 6. August (25. Juli) {1837} erfolgter Tod machte die Ausführung des Telegraphen zwischen Kronstadt und Petershof unmöglich. Hätte er etwas länger gelebt, so wäre der allererste Versuch einer unterseeischen Verbindung zu telegraphischer Correspondenz bei uns in Rußland gemacht worden, obschon dieselbe wahrscheinlich nicht auf eine lange Dauer nutzbar geblieben sein würde, da zu jener Zeit die Gutta Percha noch nicht zum Isolieren der Leitdrähte eingeführt war und Schilling sich hierzu des Kautschuks bedienen mußte. Dem ungeachtet verdient es wohl hervorgehoben zu werden, daß in unserem Vaterland die erste Anregung auch zur unterseeischen Telegraphie Statt gefunden hat."

Wenn es durch Schillings Tod auch nicht zur praktischen Erprobung seines Telegraphen in Rußland gekommen war, so sollte doch seine Idee des Multiplikator-Empfängers mit Zeichenscheibe an anderen Stellen noch zum Erfolg führen. Ehe wir auf die an dieser Weiterentwicklung beteiligten Personen eingehen, muß hier eine kurze Zwischenbemerkung eingeschoben werden.

Schilling war 1835 erneut mit Soemmerrings Sohn Wilhelm zusammengetroffen. Dieser erinnerte sich später [120]:

> „Erst 1835, nach meines Vaters Tod, traf ich wieder in Bonn bei der dortigen Versammlung deutscher Naturforscher und Ärzte mit ihm zusammen und sah ihn seinen neuen elektromagnetischen Telegraphen, den ersten der Art, bei Schlegel vorzeigen. Er hatte ihn früher schon in der physikalischen Section unter Prof. Munckes Vorsitz demonstriert. Von Bonn kam Schilling hierher nach Frankfurt und zeigte seinen Telegraphen in unserem noch nicht lange bestehenden physikalischem Verein bei Herrn Valentin Albert ebenfalls vor.
>
> Dies gab aller Wahrscheinlichkeit nach Veranlassung, daß Herr Prof. Muncke, der auch hier war, für Heidelberg diesen Apparat bei Herrn Albert nachmachen ließ, um ihn dort bei seinen Vorlesungen zu benutzen."[13]

Anläßlich einer solchen Vorlesung Anfang März 1836 befand sich unter den Hörern ein Engländer namens *William Fothergill Cooke*, auf dessen Biographie wir jetzt kurz einzugehen haben. Er wurde am 4. Mai 1806 als Sohn eines Arztes in Ealing (9 km westlich von London) geboren. Er war also fast 30 Jahre alt, als er Munckes Vorlesung besuchte. Was hatte er bis dahin getan? Die biographischen Auskünfte in der einschlägigen Literatur sind nicht sehr informativ und aus Gründen, auf die wir im Zusammenhang mit Wheatstone zurückkommen werden, zum Teil etwas widersprüchlich. Cooke trat nach einer Schul- und Hochschulausbildung in Durham und Edinburgh im Alter von 20 Jahren in die Indische Armee ein, kehrte aber nach 5jähriger Dienstzeit (aus gesundheitlichen Gründen?) nach England zurück. Dort hatte sein Vater eine Professur für Anatomie in Durham übernommen und Cooke begann, sich ebenfalls für Anatomie zu interessieren. Er studierte zuerst in Paris, dann in Heidelberg [24]. Für sein manuelles Geschick spricht, daß er sich in dieser Zeit sehr eifrig mit der Herstellung anatomischer Wachsmodelle beschäftigte, die vor allem für die Sammlung seines Vaters bestimmt waren [59]. Von irgendeinem Kontakt zur Telegraphie oder zur Elektrizität ist in dieser ganzen Zeit keine Rede. Den Besuch in Munckes Vorlesung und die dadurch ausgelöste Reaktion hat Cooke später wie folgt beschrieben [35]:

> "In the month of March, 1836, I was engaged at Heidelberg in the study of anatomy, in connexion with the interesting and by no means unprofitable profession of anatomical modelling; a self-taught pursuit, to which I had been devoting myself with incessant and unabated ardour, working frequently fourteen or fifteen hours a day, for about eighteen months previous. About the 6th of March, 1836,

---

[13] Georg Wilhelm Muncke (1772 ... 1847), war seit 1817 Prof. der Physik an der Universität Heidelberg. Valentin Albert war Feinmechaniker in Frankfurt. Rund 30 Jahre später fertigte sein Sohn Friedrich Thomas Albert die endgültige Form des Telephons von Philipp Reis.

a circumstance occurred which gave an entirely new bent to my thoughts.
Having witnessed an electro-telegraphic experiment, exhibited about that day by
Professor Moncke, of Heidelberg, who had I believe taken his ideas from
Gaüss, I was so much struck with the wonderful power of electricity, and so
strongly impressed with its applicability to the practical transmission of telegraphic
intelligence, that from that very day I entirely abandoned my former pursuits,
and devoted myself thenceforth with equal ardour, as all who know me can
testify, to the practical realization of the Electric Telegraph; an object which has
occupied my undivided energies ever since.''

Cooke war aber nicht nur fasziniert von dieser ihm bisher unbekannten Möglichkeit einer elektrischen Signalübertragung, sondern erkannte
auch intuitiv, welche wichtigen Anwendungen dies neue Kommunikationsmittel bei den Eisenbahnen finden könnte, die sich seit 10 Jahren
in seiner Heimat so schnell ausbreiteten (Bild IV. 8). Welche Konsequenzen er aus diesem Erlebnis zog, hat er später wie folgt beschrieben
[35]:

"Within three weeks after the day on which I saw the experiment, I had made,
partly at Heidelberg and partly at Frankfort, my first Electric Telegraph, of the
galvanometer form, . . . I used six wires, forming three metallic circuits, and
influencing three needles. I worked out every possible permutation and practical
combination of the signals given by the three needles, and I thus obtained an
alphabet of twenty-six signals . . . But my principal improvement was, that my
Telegraph did not merely send signals from onc place to another, but that it was,
even at that early period, a reciprocal telegraphic system, by which a mutual
communication could be practically and conveniently carried on between two
distant places; . . .''

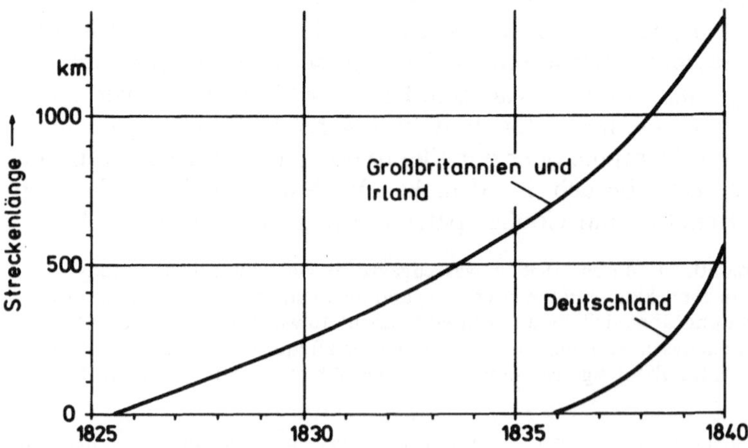

Bild IV.8. Entwicklung der Eisenbahnen in Großbritannien und Deutschland 1825 bis
1840

Beide Zitate stammen aus einem Gedächtnisprotokoll, das Cooke 1840 im Rahmen eines Prioritätsstreites mit Wheatstone vorlegte [35]. Man wird sie also nicht allzuwörtlich nehmen dürfen. Aber sie zeigen doch mit genügender Glaubwürdigkeit, daß Cooke im Frühjahr 1836 in einer Vorlesung von Prof. Muncke (nicht „Moncke") ein einfaches Telegraphenexperiment sah (das allerdings auf Schilling und nicht auf „Gaüss" zurückging), und daß Cooke anschließend einen Drei-Nadel-Telegraphen mit einem systematischen ternären Parallel-Code baute, mit dem er (im Sommer 1836?) nach England zurückkehrte.

Cooke führt in seinem Protokoll noch zwei weitere Erfindungen an, die er im Zusammenhang mit dem Telegraphen gemacht habe: einen „Detector", ein Gerät, das wir heute einen Leitungsprüfer nennen würden, und ein „Alarium", das aus einem mechanisch angetriebenen Wecker bestand, dessen Arretierung durch einen Elektro-Magneten ausgelöst werden konnte.

Cooke nahm in England Kontakte zu verschiedenen Eisenbahn-Gesellschaften auf, um auf deren Gelände „Feld"-Versuche durchführen zu können. Dabei zeigte es sich, daß der Elektromagnet des Alarmus nur ansprach, wenn er direkt an die Stromquelle angeschlossen wurde. Da Cooke mit diesem Problem allein nicht fertig wurde, wandte er sich an Faraday, der ihn an Wheatstone weiterempfahl.

Charles Wheatstone war am 2. Februar 1802 in Gloucester geboren worden. Seine Eltern übersiedelten 1806 nach London, wo sein Vater sich als Musiklehrer und Musikinstrumentenbauer niederließ. Auch Charles wurde zuerst für den Beruf eines „musical instrument maker" ausgebildet, zeigte aber daneben schon in jungen Jahren eine große Begabung für wissenschaftliche Untersuchungen, die sich zuerst auf das Gebiet der Akustik konzentrierten. Er veröffentlichte unter anderem Arbeiten über das von ihm entwickelte „Harmonic Diagramm", über die Schall-Leitung in festen Körpern und über die Versuche, die menschliche Sprache mit mechanischen Mitteln nachzubilden (siehe Band 1, Kap. XII.). Später interessierte er sich auch für elektrische Probleme; 1834 gelang es ihm, erstmals mit Hilfe eines rotierenden Spiegels die Fortpflanzungsgeschwindigkeit der Elektrizität quantitativ zu messen. Im Zusammenhang mit Arbeiten zur elektrischen Meßtechnik setzte er sich nachdrücklich für die Anerkennung und Anwendung des Ohmschen Gesetzes (Kap. III. F.) ein. Experimentelles Geschick und wissenschaftliche Denkungsweise waren bei ihm in fruchtbarere Weise gepaart. 1835 wurde er Professor für Experimentalphysik im King's College in London, 1836 Mitglied der Royal Society.

Als Cooke ihn am 27. Februar 1837 zum erstenmal aufsuchte, um ihm seine Probleme bei der Entwicklung eines elektrischen Telegraphen vorzutragen, war Wheatstones erste Reaktion wohl nicht sehr positiv.

Seine Bemühungen galten vor allem der wissenschaftlichen Forschung, Cookes Interesse zielte auf die Vermarktung seines Telegraphen. Daß es dann doch zu einer Zusammenarbeit kam, mag unter anderem daran gelegen haben, daß Wheatstone gerade zu jener Zeit mit Joseph Henry (Kap. III. J.) zusammentraf; vielleicht erfuhr er bei dieser Gelegenheit, daß in der richtigen Dimensionierung eines Elektromagneten durchaus wissenschaftliche Probleme liegen könnten.

Welche Beweggründe auch immer den Ausschlag gegeben haben mögen, Wheatstone willigte schließlich in eine Zusammenarbeit mit Cooke ein. Schon am 12. Juni 1837 meldeten beide gemeinsam ein Patent „Improvements in giving signals and sounding alarums in distant places by means of electric currents transmitted through metallic circuits" an, und am 18. November 1837 gingen sie eine formelle Partnerschaft ein [28].

Die Zusammenarbeit zwischen Cooke und Wheatstone sollte sich als außerordentlich fruchtbar für die Weiterentwicklung der elektromagnetischen Telegraphie erweisen. Sie führte schon gleich zu Beginn zu dem Übergang auf astatische Nadelpaare mit horizontal gelagerter Achse (Bild IV. 9), durch den der „Nadel"-Telegraph überhaupt erst für den praktischen Einsatz brauchbar wurde (siehe Kap. VI). Ein so konstruierter „Fünf-Nadel-Telegraph" war der erste elektromagnetische Telegraph, der im Winter 1838/39 an der Great Western Bahn zwischen Paddington und West Dreyton für den praktischen Eisenbahnbetrieb eingesetzt wurde. Auch ein zweites Konzept wurde bald in Angriff genommen, nämlich die Benutzung von Elektromagneten zur schrittweisen Bewegung eines Zeigers vor einer Zeichenscheibe (oder umgekehrt). So entstanden die „Zeiger-Telegraphen", die in den 40er und 50er Jahren (vor allem auch in Deutschland) weiterentwickelt

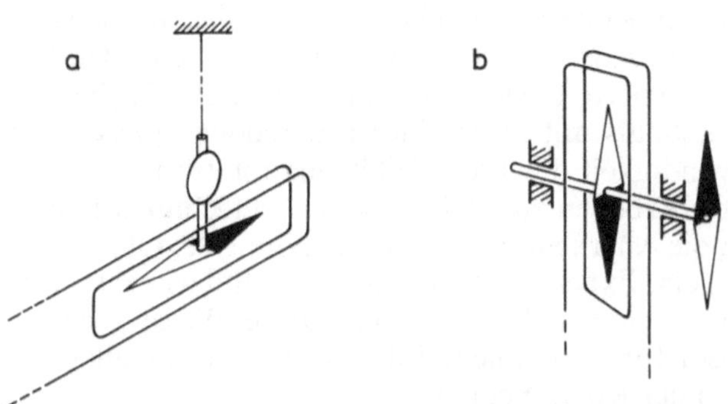

Bild IV.9. Munckes Experiment in Heidelberg 1836 **(a)** und das astatische Nadelpaar mit horizontaler Achse von Cooke und Wheatstone 1837 **(b)**

wurden und bei vielen Eisenbahnlinien eine praktische Anwendung fanden (Kap. VII).

Diese unstreitbar großartigen Erfolge der Zusammenarbeit zwischen Cooke und Wheatstone führten leider (vielleicht bedingt durch die unterschiedlichen Charaktere der Beteiligten) zu langanhaltenden Prioritäts-Streitigkeiten, bei denen es zum Teil auch um sehr handfeste materielle Fragen ging [35]. Neben der aus nationaler Eitelkeit gespeisten Streitfrage, in welchem Land der elektromagnetische Telegraph erfunden wurde, trat also jetzt zusätzlich die Frage auf, welchen Anteil Cooke einerseits und Wheatstone andererseits an der „Erfindung" (und der ersten erfolgreichen Einführung in die Praxis) des elektromagnetischen Telegraphen hatte. Dieser Streit hat in der Literatur zur Geschichte der elektrischen Telegraphie einen breiten und nicht immer ganz objektiven Niederschlag gefunden, auf den im Rahmen dieser Beiträge nicht näher eingegangen werden soll. Wie bei der Frage nach der nationalen Priorität erscheint es aus heutiger Sicht auch hier interessanter, vor allen den physikalisch-technischen Problemen und ihren Lösungen nachzugehen, wie dies in den folgenden Kapiteln versucht werden soll.

Eine — wie der Verfasser glaubt — einigermaßen zutreffende Antwort auf den Prioritätsstreit zwischen Cooke und Wheatstone findet man in der Encyclopedia Britannica, Ausgabe 1963:

> "While Wheatstone is considered the more important of the two in the history of the telegraph, Cooke at least contributed his superior business skill to the partnership."

An öffentlichen Ehrungen hat es beiden nicht gefehlt. Wheatstone wurde 1868 geadelt, Cooke ein Jahr später. 1871 wurde diese Ehrung dann auch ihrem ‚Vorgänger' Ronalds zu teil (Kap. II).

D Morse und Vail

Im Jahre 1849 veröffentlichte J. F. Cooper[14] den Roman „The Sea Lions". Er handelt von dem Schicksal zweier konkurrierender Robbenfangschiffe und ihrer Besatzungen in den Jahren 1819/21. Schon auf der Hinreise von Long Island in die Antarktis (in der dann beide Schiffe überwintern müssen) erleidet das eine der beiden einen Sturmschaden,

---

[14] James Fenimore Cooper (1789 ... 1851), der erste große Romanschriftsteller der USA. Seine Werke behandeln das Leben der Kolonisten und Indianer in Nordamerika, historische Themen aus Europa, Seeabenteuer und sozialkritische Themen seiner Zeit In Deutschland wurde Cooper vor allem durch seine Lederstrumpf-Erzählungen bekannt.

der dazu zwingt, zur Reparatur den Hafen von Beauford (in South-Carolina) anzulaufen. In diesem Zusammenhang weist Cooper darauf hin, daß in jenen Tagen der elektro-magnetische Telegraph noch nicht bestand:

> "Had Morse set his great invention on foot thirty years earlier, Roswin Gardiner {der Kapitän des Havaristen} might have communicated with his owner {auf Long Island} and got a reply, ere he again sailed, considerable as was the distance between them."

Cooper unterbricht an dieser Stelle den Gang der Handlung seines Romanes und fügt neben einigen allgemeinen Bemerkungen über Erfindungen eine persönliche Erinnerung an Morse ein:

> "We pretend to no knowledge on the subject of the dates of discoveries in the arts an sciences, but well do we remember the earnestness and single-mindet devotion to a laudable purpose, with which our worthy friend first communicated to us his ideas on the subject of using the electric spark by way of a telegraph. It was in Paris, and during the Winter of 1831—2, and the succeeding spring, a time when we were dayly together; and we have a satisfaction in recording this date, that others may prove better claims if they can."
> (zitiert nach [37]).

Ob Coopers Erinnerungen in allen Einzelheiten zutreffend sind oder nicht, soll hier nicht zur Diskussion gestellt werden[15]. Für die Geschichte der Nachrichtentechnik verdient Coopers Bemerkung vor allem deswegen Interesse, weil sie zeigt, daß in den USA im Jahre 1849 der Begriff „elektro-magnetischer Telegraph" und der Name „Morse" schon so allgemein bekannt waren, daß ein Romanautor bei der Niederschrift eines für das breite Publikum bestimmten Werkes davon ausgehen konnte, daß seine Leser die oben zitierten Stellen auch ohne nähere Erläuterung verstehen würden[16]. Wer war — so müssen wir jetzt fragen — Herr Morse und wie kam es zur Entwicklung des amerikanischen elektro-magnetischen Telegraphen?

Samuel Finley Breese Morse wurde am 27. April 1791 als ältester Sohn des Reverend Jedidiah Morse[17] in Charlestown (Massachusetts)

---

[15] Morse selbst schrieb nach Erscheinen der „Sea-Lions" an Cooper, er könne sich zwar an solche Gespräche nicht mehr erinnern, aber er halte es für durchaus denkbar, daß er sich damals in Paris in einem ganz allgemeinen Sinn über die Möglichkeiten einer elektrischen Telegraphie geäußert habe [83].

[16] Dieser offenbar hohe Bekanntschaftsgrad dürfte damit zusammenhängen, daß in den USA die elektrische Telegraphie nicht wie in Europa zuerst als Hilfsmittel des Eisenbahnbetriebes eingeführt wurde, sondern von Anfang an für die öffentliche Benutzung bestimmt war. So konnte sie sich schnell zu einem autonomen, privatwirtschaftlich betriebenen Nachrichtentransportunternehmen entwickeln (siehe Kap. VIII).

[17] Jedidiah Morse (1761 ... 1826) war nicht nur Geistlicher, er hatte sich auch als Geograph einen Namen gemacht. Er veröffentlichte u. a. 1789 „The American Geography" [3].

geboren. Sein Vater ermöglichte ihm eine für die damalige Zeit breite und anspruchsvolle Ausbildung am Yale-College (der späteren Yale-University) in New Haven, das Morse von 1805 bis 1810 besuchte[18]. Morse war aber an wissenschaftlichen Studien nicht sehr interessiert, seine ganze Neigung gehörte der Kunst und er wünschte, Maler zu werden. Er ging 1811 zur Ausbildung nach London[19], von wo er 1815 in die USA zurückkehrte, um sich dort mit wechselndem Erfolg als Porträt- und Historienmaler zu betätigen.

1829, drei Jahre nach dem Tode seines Vaters, brach er zu einer Kunst- und Bildungsreise nach dem europäischen Kontinent auf, um weitere Anregungen für seinen Beruf als Maler zu suchen. Er ging zuerst nach Italien und hielt sich dann 1831/32 in Paris auf (wo er mit seinem Freund Cooper zusammentraf). Dort hatte Morse sicher Gelegenheit, den optischen Telegraphen von Claude Chappe (Band 1, Bild XI. 3) in Betrieb zu sehen[20].

Am 1. Oktober 1832 schiffte sich Morse an Bord der Sully zur Heimreise nach New York ein. Unter den Mitpassagieren befand sich Dr. Charles T. Jackson aus Boston, der während seines vorangegangenen Aufenthaltes in Paris bei Pouillet Vorlesungen über Elektromagnetismus gehört hatte. Während der gemeinsamen Überfahrt erläuterte Jackson die Eigenschaften eines Elektro-Magneten und dies führte bei Morse zu dem spontanen Einfall, daß man mit Hilfe von Elektromagneten einen schreibenden Telegraphen entwickeln könne. Morse hat deshalb später den Oktober 1832 als Prioritätsdatum seiner Erfindung des elektromagnetischen Telegraphen in Anspruch genommen. Morse hat dabei offenbar den Satz „Invention of the electromagnetic Telegraph" wie folgt interpretiert:

---

[18] Am Yale-College unterrichtete damals Benjamin Silliman (1779 ... 1864) in Chemie und Physik. Ob Morse dessen Vorlesungen über Elektrizitätslehre besucht hat, ist nicht überliefert; wenn ja, dann kann er allerdings damals noch nichts über Elektromagnetismus erfahren haben, da Oersteds Entdeckung erst 1820 bekannt wurde (Kap. III).

[19] Offenbar galt Anfang des 19. Jh. das Mutterland der ehemaligen britischen Kolonien in kultureller und künstlicher Hinsicht noch als Vorbild.

[20] Der Schriftsteller und Publizist Ludwig Börne (1786 ... 1837) hat zwar in seinen „Briefen aus Paris" [27] am 4. Januar 1831 (also ein halbes Jahr nach der Julirevolution von 1830) geschrieben: „Was glauben Sie wohl, was mich hier täglich am meisten daran erinnert, daß jetzt Frankreich mehr Freiheit hat als sonst? Der Telegraph. Er berichtet dann, daß unter der vorigen Regierung der Telegraph täglich in Bewegung gewesen sei, jetzt aber habe er ihn noch keinmal arbeiten gesehen. „Die Herrschaft der Gesetze bedarf keiner solchen Eile und duldet keine solche Kürze." Rund ein Jahr später dürfte Morse aber den Telegraph wohl wieder oft genug in Betrieb gesehen haben, um davon ausgehen zu können, daß ihm das Stichwort „Telegraph" nicht mehr unbekannt war.

1. „Invention" ist gleichbedeutend mit dem ersten gedanklichen Konzept einer neuartigen technischen Lösung,
2. „electro-magnetic" bedeutet „unter Verwendung eines Elektromagneten",
3. dieser Elektromagnet soll dazu dienen, im eigentlichen Sinn des Wortes zu „schreiben" und zwar
4. am Empfangsort, weil nach Morses Verständnis der griechischen Sprache „telegraphieren" mit „in *der* Ferne schreiben" zu übersetzen sei und nicht wie bei den optischen Telegraphen (durch Zeigen geometrischer Figuren am Sendeort) mit „in *die* Ferne schreiben".

Wenn man diese Interpretation akzeptiert, war Morses Einfall an Bord der Sully im Oktober 1832 etwas Neues. Aber bis zum Bau eines ersten funktionsfähigen Versuchsmodelles sollten noch fünf, bis zur ersten praktischen Erprobung im Großen sogar noch elf Jahre vergehen. Nach New York zurückgekehrt, mußte sich Morse erst einmal wiederum darum bekümmern, als Maler seinen Lebensunterhalt zu verdienen.

Erst nachdem er 1835 als „professor of the literatur of the arts of designe" an die New York City-University berufen worden war und dort neben einer Wohnung auch eigene Atelier-Räume zugewiesen erhielt, konnte er sich mit der Realisierung seiner „invention" beschäftigen. Seine am Anfang noch recht primitiven Versuche scheiterten an der Dimensionierung des Elektromagneten, der einen Schreibarm bewegen sollte. Erst nachdem ein Universitätskollege, der Chemiker Prof. Dr. Leonhard Gale, Morse auf die Arbeit von Henry (Kap. III. J) hingewiesen hatte, gelang der Bau eines funktionierenden Gerätes,

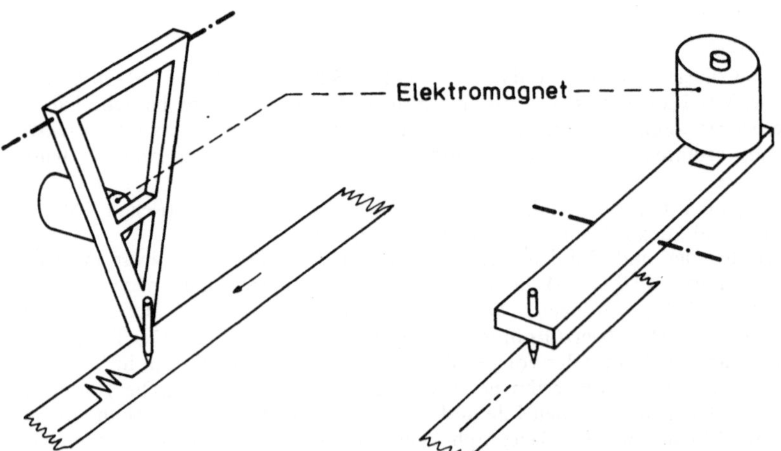

Bild IV. 10. Prinzip des Morse-Schreibers 1837 (links) und um 1840 (rechts)

das wir heute allenfalls als „Labormuster" kennzeichnen würden. Bild IV. 10 zeigt links das Prinzip dieser Anordnung: ein pendelnd aufgehängter Schreibarm wird von einem Elektromagneten so ausgelenkt, daß auf einem kontinuierlich bewegten Papierband eine Zackenschrift aufgezeichnet wird.

Anfang 1837 fand im Repräsentantenhaus in Washington eine Debatte über die Einführung von Telegraphen in den USA statt. In einer öffentlichen Ausschreibung wurden daraufhin Vorschläge für ein geeignetes System angefordert, wobei wohl nur an optische Lösungen gedacht war. Morse wurde aber dadurch veranlaßt, sich noch intensiver mit seinem Projekt eines elektromagnetischen Telegraphen zu befassen. Zusammen mit Gale wurden die Arbeiten so gefördert, daß am 4. September 1837 in den Räumen der Universität eine öffentliche Vorführung stattfinden konnte. Dabei dienten die aufgezeichneten Zacken zur Darstellung dekadischer Zahlen, die mit einem telegraphischen Wörterbuch korrespondierten. Das bei dieser Gelegenheit übertragene Telegramm wurde anschließend in der Presse, im Journal of the Franklin Institut und in Silliman's American Journal veröffentlicht[21] [2] (Bild IV. 11).

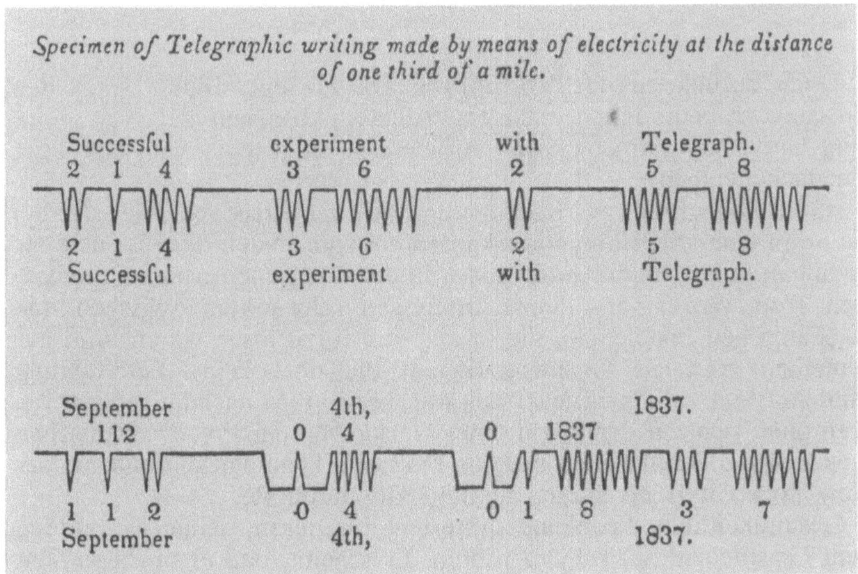

Bild IV.11. Erstes Morsetelegramm vom 4. Sept. 1837 [2]

---

[21] Im deutschsprachigen Schrifttum wurde Morses erstes Telegramm (auf dem Umweg über eine Mitteilung in Mechanic's Magazine 28 (1838) S. 332) im Juni 1838 von J. Hülsse im Polytechnischen Zentralblatt veröffentlicht [66].

An dieser Stelle sei eine kurze Bemerkung zur Historiographie gestattet. Unter dem Einfluß der späteren Prioritätsstreitigkeiten veröffentlichte Shaffner in seinem „Telegraph Manual" [117] dies Telegramm mit einer kleinen Änderung (Bild IV. 12). Er ließ die letzten beiden Zacken weg und änderte so das Datum der ersten öffentlichen Vorführung von 1837 in 1835!

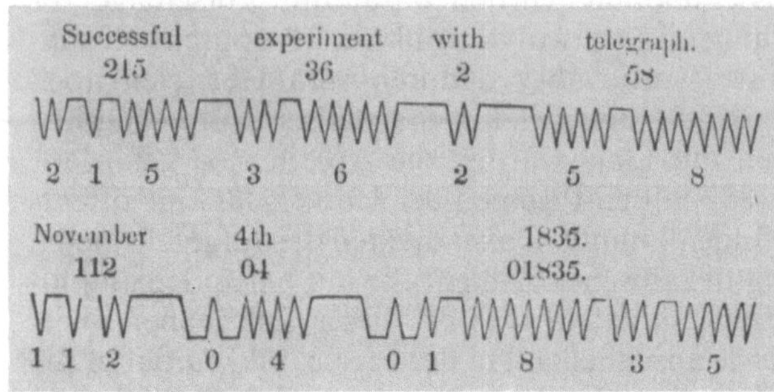

Bild IV.12. Gefälschtes Morsetelegramm bei Shaffner [117]

Doch zurück zu der Vorführung am 4. Sept. 1837. Unter den Zuschauern befand sich auch ein früherer Absolvent der New York City-University namens Vail, auf dessen Biographie wir jetzt kurz einzugehen haben.

Alfred Vail wurde am 25. September 1807 in Morristown (New Jersey) als Sohn eines Maschinenfabrikanten geboren. Nach dem Besuch der Schule in seiner Heimatstadt trat er in die väterliche Firma, die Speedwell Iron Works, ein. Seine Interessen schwankten zwischen den mechanischen Problemen, die in der Fabrik zu lösen waren, und allgemeinen geistigen Grundsatzfragen, die dort keine Befriedigung fanden. Als er volljährig geworden war, beschloß er nach langen inneren Kämpfen, sich auf den Beruf eines Geistlichen der Presbyterianischen Kirche vorzubereiten. Er begann 1832 ein Theologiestudium an der New York City-Universität, die ihn 1836 graduierte.

Gesundheitliche Probleme hinterten ihn daran, seine Ausbildung zum Geistlichen zu Ende zu führen. Es scheint, daß er in dieser Zeit überhaupt wieder unsicher über seinen künftigen Berufsweg geworden sei. Die Teilnahme an Morses Vorführung im September 1837 brachte die Entscheidung. Vail erkannte sofort, daß dem von Morse in einer noch sehr unbeholfenen Form vorgeführten Telegraphen eine genial einfache Idee zugrunde lag, daß die Realisierung eines für die Praxis brauchbaren Gerätes aber noch sehr viel Entwicklungsarbeit erfordern würde. Spontan setzte sich Vail zum Ziel, diese Aufgabe zu übernehmen[22] [97].

Zwischen Morse, Gale und Vail wurde ein Partnerschaftsvertrag geschlossen. Morse, unter dessen Namen auch alle weiteren Aktivitäten liefen, übernahm — in unserer heutigen Ausdrucksweise — die Rolle des System-Führers, Vail wurde Entwicklungsleiter und Gale wissenschaftlicher Berater. Vails Vater gab finanzielle und materielle Unterstützung und so entstand in den Speedwell Iron Works ein neues Schreib-Gerät, dessen Prinzip Bild IV. 10 rechts zeigt. Es liefert eine aus Strichen unterschiedlicher Länge zusammengesetzte Code-Schrift, die eine buchstabenweise Nachrichtenübertragung ermöglichte. (Einzelheiten siehe Kap. VIII.).

1843 bewilligte der Kongreß die Mittel zum Bau einer Versuchsanlage zwischen Washington und Baltimore, die am 24. Mai 1844 in Betrieb ging. Der Erfolg war so durchschlagend, daß sich das nach Morse benannte System eines elektromagnetischen Telegraphen von da an weltweit durchsetzen konnte.

Je größer die Erfolge wurden, desto erbitterter wurde Morses Prioritätsanspruch von zwei Seiten aus angegriffen; aus dem Ausland als Folge des nationalen Prestigedenkens, und aus den USA, weil die dort entstehenden privaten Telegraphenbetriebsgesellschaften keine Lizenzgebühren bezahlen wollten. So verständlich und interessant dieser Streitfall aus damaliger Sicht gewesen sein mag, das Prioritätsproblem soll hier — wie in den vorangegangenen Abschnitten — auch bei Morse nicht weiter behandelt werden.

E Zusammenfassung

Blickt man heute nach rund 150 Jahren auf die 30er Jahre des 19. Jahrhunderts zurück, bietet sich folgendes Bild:
Zwölf Jahre nach Oersteds Entdeckung, also im Jahre 1832

- begann in Göttingen die Zusammenarbeit zwischen Gauß und Weber auf dem Gebiet der Erdmagnetmessung,
- kehrte Schilling von Canstatt aus der Mongolei nach St. Petersburg zurück,
- segelte Morse auf der Sully von Le Havre nach New York.

---

[22] Morses Vorführung muß für Vail ein ähnliches Schlüsselerlebnis geworden sein wie anderthalb Jahre zuvor Munckes Vorlesung in Heidelberg für Cooke (Seite 83).

Fünf Jahre später, im Sommer 1837
- telegraphierte Steinheil nach der Methode von Gauß und Weber zwischen der Akademie in München und der Sternwarte in Bogenhausen
- erhielt Schilling von Canstatt den Auftrag zum Bau einer unterseeischen Telegraphenlinie zwischen Peterhof und Kronstadt
- beantragten Cooke und Wheatstone ihr erstes gemeinsames Patent auf einen Fünf-Nadeltelegraphen
- führte Morse in der New York City-University ein erstes Modell seines Schreibtelegraphen mit Elektromagnet vor.

Offensichtlich war also die Zeit für den Bau und die Einführung elektromagnetischer Telegraphen reif geworden, und zwar sowohl durch die Fortschritte der naturwissenschaftlichen Grundlagenforschung, als auch durch das Entstehen potentieller Märkte. Alle die in diesem Kapitel behandelten Personen haben zu dieser Entwicklung beigetragen. Welche technischen Probleme sie dabei lösen mußten, soll in den folgenden Kapiteln behandelt werden.

V Vom Magnetometer zum Schreibtelegraphen

A Vorbemerkung

Hätten Gauß und Weber (Kap. IV. B) von Beginn ihrer Zusammenarbeit an die Absicht gehabt, einen elektromagnetischen Telegraphen zu entwickeln, dann hätten ihnen aus nachrichtentechnischer Sicht verschiedene Lösungswege offengestanden: Auswahl einer bestimmten von mehreren möglichen Nachrichten aus synchronen Bewegungsabläufen (z. B. Aineias, Polyainos, Ronalds), eine buchstabenweise Nachrichtenübertragung über individuelle Leitungen (C. M., Lesage, Reußer, Salvá, Soemmerring, Ampère, Fechner) oder durch Signalkombinationen (Polybios, Bozolus, Lommond, Boeckmann, Cavallo) oder schließlich die Übertragung von Ziffern, die mit einem telegraphischen Wörterbuch korrespondieren (Bergsträßer, Chappe).

Ganz unabhängig von der Frage, ob und wenn ja welche dieser oben beispielhaft erwähnten Vorschläge ihrer Vorgänger Gauß und Weber gekannt haben könnten, war der Ausgangspunkt ihrer gemeinsamen Arbeit aber ein ganz anderer gewesen, nämlich das Interesse an erdmagnetischen Beobachtungen und an der quantitativen Messung elektrischer und elektromagnetischer Erscheinungen. Die von ihnen im Rahmen dieser Forschungarbeiten entwickelten Meßgeräte waren für diese ursprüngliche Aufgabenstellung optimal geeignet, ihre zusätzliche Anwendung für telegraphische Zwecke ließ aber im Rahmen der finanziellen und technischen Möglichkeit der beiden Gelehrten nur die Übertragung serieller Signale über eine einfache Hin- und Rückleitung zu. Dabei ergaben sich aufgrund der speziellen Eigenschaften der verwendeten Meßgeräte Probleme, auf die in Abschnitt D eingegangen werden soll.

B Das Magnetometer von Gauß

Zu Beginn seiner erdmagnetischen Untersuchungen hat Gauß ein „Magnetometer" entwickelt, dessen Prinzip Bild V. 1 zeigt. Ein magnetisierter Stahlstab wird in seiner Mitte von einem „Schiffchen" getragen, das mittels eines Seidenfadens oder eines dünnen Stahldrahtes so aufgehängt ist, daß sich der Stab in einer horizontalen Ebene drehen

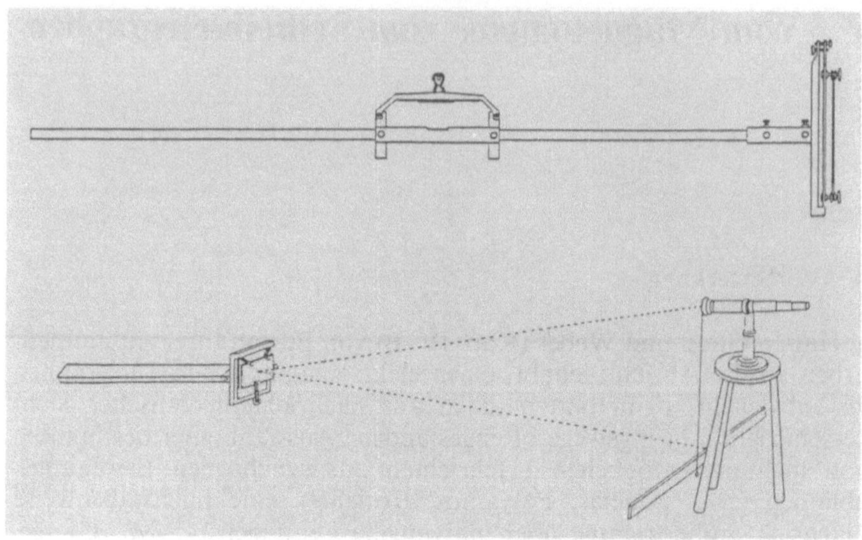

Bild V.1. Magnetometer von Gauß nach Muncke [85]

und auf den magnetischen Meridian einstellen kann. An einem Ende
des Stahlstabes ist die Halterung für einen Planspiegel aufgeschoben,
der mit Hilfe von Stellschrauben senkrecht zur magnetischen Achse des
Stahlstabes justiert werden kann. Das Schiffchen erlaubt es, den Stahlstab flach oder hochkant einzulegen (wodurch die Justierung des Spiegels
erleichtert wird) oder ihn gegen einen gleichschweren Messingstab
zu vertauschen (auf den dann nur noch das mechanische Torsionsmoment der Aufhängung wirkt).

Ein Fernrohr mit einer unterhalb des Objektivs angebrachten Skala
läßt jede Lageänderung des Spiegels und damit jede Änderung der
Deklination des Erdmagnetfeldes beobachten. Aus der Schwingungsdauer des als Torsionspendel wirkenden Stahlstabes kann die Intensität
des Erdmagnetfeldes (genauer: die Horizontalkomponente der magnetischen Flußdichte) bestimmt werden. Schließlich hatte Gauß dies
Magnetometer auch dazu benutzt, die bis dahin nur relativ meßbare
Intensität des Erdmagentfeldes auf absolute Maße zurückzuführen
[51].

Als Gauß und Weber sich 1832 auch galvanischen (nach dem heuti-
gen Sprachgebrauch elektrischen) Problemen zuwandten, wurden die
Magnetometer durch Multiplikatorspulen zu Galvanometern erweitert.
Über die erste wohl noch recht einfache Ausführungsform berichtete
Gauß an die Göttingische Gesellschaft der Wissenschaften [57b]:

„Der aufgehängte Magnetstab ist von einem aus 200 Umwindungen bestehenden Multiplikator umgeben, dessen Konstruktion die Anwendung von nicht umsponnenen Draht erlaubte, . . .‟

Obwohl die Galvanometer ein neues zusätzliches Forschungsfeld erschlossen[1], blieben die erdmagnetischen Beobachtungen weiterhin ein wichtiges Anwendungsgebiet der Magnetometer. Dabei benötigte die Intensitätsmessung eine relativ lange Zeit, da die Schwingungsdauer des Magnetstabes im Interesse der Genauigkeit aus der Dauer einer größeren Zahl von aufeinanderfolgenden Schwingungen ermittelt werden mußte. Das Magnetometer in seiner ursprünglichen Form lieferte daher nur einen zeitlichen Mittelwert der Intensität und erlaubte nicht, wie bei der Deklination, auch kurzzeitige Schwankungen zu beobachten.

1837 fand Gauß einen Ausweg aus dieser Schwierigkeit durch das von ihm „Bifilarmagnetometer‟ genannte Gerät, über das er in den „Resultaten aus den Beobachtungen des magnetischen Vereins im Jahre 1837‟ berichtete [52]. Die Halterung des Magnetstabes war hier statt an einem an zwei parallel nebeneinander verlaufenden Stahldrähten aufgehängt[2]. Je nach dem Abstand dieser beiden Drähte voneinander konnte die mechanische Rückstellkraft gleich, etwas größer oder etwas kleiner als die erdmagnetische Kraft auf den Stahlstab gewählt werden. Wurde der Stahlstab in einem Winkel von 90° zur Richtung des Erdmagnetfeldes eingelegt, konnte so der Augenblickswert der Intensität bestimmt werden. Wurde der Magnetstab entgegengesetzt zur Richtung des Erdmagnetfeldes eingelegt, ergab sich eine Anordnung, die einem astatischen Nadelpaar ähnlich war und in Verbindung mit einer Multiplikatorspule zu einem sehr empfindlichen Galvanometer führte[3].

Gauß geht in seinem Bericht über das Bifilarmagnetometer auch auf das Problem der schwach gedämpften Eigenschwingungen der als

---

[1] *Clemens Schaefer* hat die Untersuchungen, die Gauß im Lauf der nächsten Jahre über Galvanismus, Elektromagnetismus und Induktion durchgeführt hat, zusammengestellt [108].

[2] Gauß beschreibt den neuen „vollkommenen Apparat‟ wie folgt: „Er ist aufgehängt an zwei 17 Fuß langen Stahldrähten, oder genauer zu reden, an einem einzigen, dessen Enden unten an den Apparat geknüpft sind, während seine Mitte oben über zwei Zylinder geht, die ihn in schicklicher Entfernung (etwa $1^1/_2$ Zoll) auseinander halten: diese Einrichtung hat zugleich den Vorteil, daß die beiden Stränge von selbst gleiche Spannung haben.‟

[3] Gauß gibt an dieser Stelle „ein Paar Proben von der Empfindlichkeit des Apparates‟. So konnte bei Versuchen, bei denen „die ganze Drahtlänge 40 000 Fuß oder 2 Meilen‟ betrug, „selbst die schwächsten galvanischen Kräfte dem schweren {fünfundzwanzigpfündigem?} Magnetstab eine nicht nur merkliche, sondern zu scharfen Messungen hinreichende Auslenkung geben.‟ Als Stromquelle diente hier ein nur durch Berührung mit dem Finger erwärmtes Thermoelement.

Torsionspendel wirkenden Stahlstäbe ein, die sich sowohl bei uni-
filarer als auch bei bifilarer Aufhängung störend bemerkbar machen
konnten:

> „Gegen die Nachtheile und Unbequemlichkeiten unzeitiger Schwingungsbewe-
> gungen ... leistet übrigens eine Vorrichtung, die ich vor kurzem habe ausführen
> lassen, ungemein nützliche Dienste. Ich nenne diese Vorrichtung einen Dämpfer,
> da ihre Wirkung darin besteht, Schwingungsbewegungen, die sonst mit sehr lang-
> samer Abnahme viele Stunden fortdauern würden, in ganz kurzer Zeit ganz zu
> vernichten. Diese Wirkung leistet der vorerst nur für das Magnetometer des
> magnetischen Observatoriums angefertigte Dämpfer in ganz eminentem Grade,
> so daß die größten Schwingungen in wenigen Minuten gänzlich erlöschen".[4]

Nach einem Brief von Gauß an Schumacher[5] vom 21. April 1837
handelte es sich dabei um ein Magnetometer mit „vierpfündiger Nadel",
dessen Kupferdämpfer „etwa 25 Pfund" wog.

Gauß spricht in seinen Veröffentlichungen und Briefen aus der Zeit
von 1832 bis 1837 von „einpfündigen", „vierpfündigen" und „fünf-
undzwanzigpfündigen" Stahlstäben oder „Nadeln". Es gab also schon
von der Größe her unterschiedliche Ausführungsformen der Magnetometer. Dazu kam (in der Sternwarte) ein Magnetometer mit bifilarer
Aufhängung und (in dem Magnetischen Observatorium) ein Magnetometer mit Kupferdämpfer. Diese vielen Varianten erschweren die Be-
antwortung der Frage, wie denn jeweils die „Empfänger" beschaffen
waren, die (siehe Abschnitt D) für die „telegraphischen Signalisierungen" benutzt wurden.

C   Die große galvanische Kette in Göttingen

Die Ausrüstung der Magnetometer in der Sternwarte und in dem
Physikalischen Kabinett mit Multiplikatorspulen führte offenbar sehr
schnell zu dem Wunsch, die so entstandenen Galvanometer durch eine
„galvanische Kette" miteinander zu verbinden, um „Untersuchungen
über das Gesetz der Stärke galvanischer Ströme nach Verschiedenheit
der Umstände in großem Maßstab anstellen zu können" (Kap. IV.,
Seite 71).

---

[4] Die Wirkung des kupfernen Dämpfungsrahmens hängt stark von der Magnetisierung
des Stahlstabes ab. H. D. Lüke (Aachen) hat bei einer experimentellen Nachprüfung
gefunden, daß sich die Dämpfung bei sehr starker Magnetisierung dem aperiodischen
Fall nähern kann [13].

[5] Heinrich Christian *Schumacher* (1780 ... 1850), mit Gauß eng befreundeter Astronom
und Geodät, Begründer der „Astronomischen Nachrichten" (ab 1821) und des
„Astronomischen Jahrbuches" (ab 1836).

Unter einer „galvanischen Kette" verstand man im 19. Jh. teilweise nur die Reihenschaltung galvanischer Stromquellen (z. B. in der Volta'schen Säule, Kap. I), teilweise aber auch die Reihenschaltung elektrischer Leiter oder schließlich einen geschlossenen Stromkreis aus Stromquelle, Leitern und Verbraucher. Im Zusammenhang mit den folgenden Ausführungen wird unter der „großen galvanischen Kette" die Zusammenschaltung von Stromquellen und Galvanometern durch eine „Drahtverbindung" zwischen den verschiedenen Standorten verstanden.

Die praktische Ausführung der galvanischen Kette in Göttingen übernahm Wilhelm Weber. Er schrieb am 15. April 1833 an den Magistratsdirektor Ebell:

> „Ew. Hochwohlgeboren beehre ich mich, gehorsamst anzuzeigen, daß ich, zum Zwecke einer wissenschaftlichen Untersuchung, einen doppelten Bindfaden von dem mir untergebenen physikalischen Cabinet auf den hiesigen Johannisthurm und von da weiter zur Sternwarte habe aufspannen lassen ...
>
> Der Zweck der Sache ist darauf gerichtet, die Kräfte des Galvanismus und Magnetismus, soweit sie zu praktischen Zwecken irgend einmal dienen könnten, im Großen näher zu untersuchen ..." (zitiert nach [49]).

Der Brief enthält dann die Bitte, diesen Untersuchungen den Schutz des Magistrates angedeihen zu lassen und zu gestatten, daß die Bindfäden einige Zeit am Johannisturm angeknüpft bleiben dürften. Auf eine Rückfrage des Magistrats vom 18. April antwortete Weber am 20. April unter anderem:

> „Der aufgespannte Bindfaden soll dazu dienen, einen feinen Metalldraht frei schwebend zu erhalten. Die Dicke dieses Drahtes übersteigt nicht viel die eines Haares und vermag nur ganz schwache galvanische Ströme zu fassen und fortzuleiten. Dieser Draht besteht aus Silber und Kupfer. Er ist, verbunden mit dem Bindfaden, dem bloßen Auge für sich allein nicht sichtbar." (zitiert nach [49]).

Diese erste Ausführungsform der galvanischen Kette war offenbar nicht sehr zuverlässig. So schrieb Gauß am 13. Juni 1833 an Alexander von Humboldt [53 b]:

> „Eine *Drahtverbindung* zwischen der Sternwarte und dem Physikalischen Cabinet ist eingerichtet; ganze Drahtlänge circa 5000 Fuß. Unser Weber hat das Verdienst, diese Drähte gezogen zu haben (über den Johannisthurm und Accouchierhaus) ganz allein. Er hat dabei unbeschreibliche Geduld bewiesen. Fast unzählige male sind die Drähte, wenn sie schon ganz oder zum Theil fertig waren, wieder zerrissen (durch Muthwillen oder Zufall). Endlich ist seit einigen Tagen die Verbindung, wie es scheint, *sicher* hergestellt; statt des früheren feinen Kupferdrahts ist etwas starker Eisendraht (gefirnisst) angewandt."

Bild V. 2 zeigt den Verlauf der Leitung.
Das physikalische Kabinett befand sich damals in dem „Akademischen Museum", einem zweistöckigen Bauwerk parallel zum Papendieck und dem Leinekanal. Von dort lief die Leitung über einen der

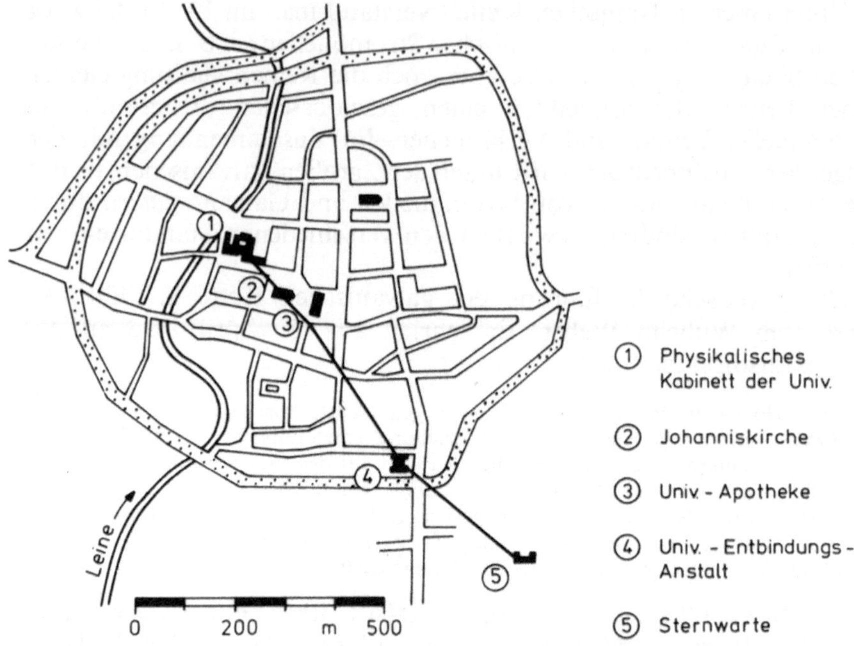

Bild V.2. Die große galvanische Kette in Göttingen 1833

beiden Türme der Johanniskirche, das Dach der Universitätsapotheke und das Dach der Universitätsentbindungsanstalt (Accouchierhaus) zur Sternwarte.

Schon 1832 hatte Gauß den Wunsch geäußert, für seine erdmagnetischen Beobachtungen ein „besonderes Local" zu erhalten, das ganz ohne ferromagnetische Baustoffe errichtet werden sollte. Der Bau dieses „Magnetischen Observatoriums" wurde in der zweiten Hälfte des Jahres 1833 (etwa 20 m westlich der Sternwarte) in Angriff genommen. Nach seiner Fertigstellung wurde es ebenfalls in die große galvanische Kette einbezogen[6].

---

[6] Gauß hat das „Magnetische Observatorium" in dem „Göttingschen Gelehrten Anzeiger" vom 9. April 1834 beschrieben und dabei auch erwähnt, daß die „doppelte Drahtverbindung" von dem physikalischen Kabinett zur Sternwarte „gegenwärtig bis zu dem magnetischen Observatorium fortgesetzt ist". An dieser Stelle schreibt er: „Der Draht der Kette ist größtenteils Kupferdraht von der im Handel mit 3 bezeichneten Nummer, wovon eine Länge von 1 Meter acht Gramm wiegt." Diese Aussage steht in Widerspruch zu der Mitteilung an Alexander von Humboldt, es sei denn, die Drähte seien noch einmal ausgewechselt worden oder die Angabe bezieht sich nur auf die Leitung zwischen der Sternwarte und dem magnetischen Observatorium.

Mit den verschiedenen durch Multiplikatorspulen zu Galvanometern erweiterten Magnetometern im physikalischen Kabinett, in der Sternwarte und in dem magnetischen Observatorium konnten nun nicht nur einzeln, sondern auch durch Zusammenschaltung mit Hilfe der großen galvanischen Kette gemeinsam eine große Zahl von magnetischen, elektrischen und elektromagnetischen Untersuchungen durchgeführt werden [108].

So wie Gauß 12 Jahre zuvor sein für geodätische Zwecke entwickeltes Heliotrop (Kap. IV) zusätzlich auch für die Übertragung telegraphischer Signale benutzt hatte, sollte auch die große galvanische Kette von Anfang an zusätzlich für solche Zwecke eingesetzt werden. In dem schon erwähnten Brief an Alexander von Humboldt vom 13. Juni 1833 schrieb Gauß jedenfalls im Anschluß an die Beschreibung der „Drahtverbindung“:

> „Die Wirkung ist sehr *imponierend*, ja sie ist jetzt zu stark für meine eigentlichen Zwecke. Ich wünsche nämlich zu versuchen, sie zu *telegraphischen* Zeichen zu gebrauchen, wozu ich mir eine Methode ausgesonnen habe; es leidet keinen Zweifel, daß es gehen wird und zwar wird mit Einem Apparat ein Buchstabe weniger als eine Minute erfordern.“

D   Die telegraphischen Versuche in Göttingen

Während Gauß und Weber in ihren wissenschaftlichen Publikationen alle experimentellen Randbedingungen genau beschreiben, fehlen leider für die „telegraphischen Versuche“ vielfach exakte Angaben über die jeweils benutzten Geräte und Methoden, ein Anzeichen dafür, daß die Telegraphie nicht im Mittelpunkt des Interesses der beiden Gelehrten stand. Im folgenden soll versucht werden, aus den leider nur spärlich überlieferten originalen Quellen zu rekonstruieren, wie diese Versuche verlaufen sein könnten.

Als nach dem Bau der großen galvanischen Kette eine elektrische Verbindung zwischen dem Physikalischen Kabinett und der Sternwarte möglich geworden war, lag es nahe, durch das Einschalten einer Gleichstromquelle an dem einen Ende der Leitung einen Magnetometerstab an dem anderen Ende ausschlagen zu lassen. Bild V. 3 zeigt, daß ein solches Vorgehen wenig geeignet gewesen wäre, ein „Signal“ zu übertragen. Das Einschalten des Stromes hätte zu Schwingungen des Magnetometerstabes geführt, die erst nach mehreren Stunden gänzlich abgeklungen wären.

Auf der anderen Seite bot die hohe Güte des Schwingungssystems ‚Magnometer‘ die Möglichkeit, mit periodisch aufeinanderfolgenden Stromstößen wechselnden Vorzeichens auch bei sehr kleinen Stromstärken den Magnetstab zu schnell anwachsenden Schwingungen an-

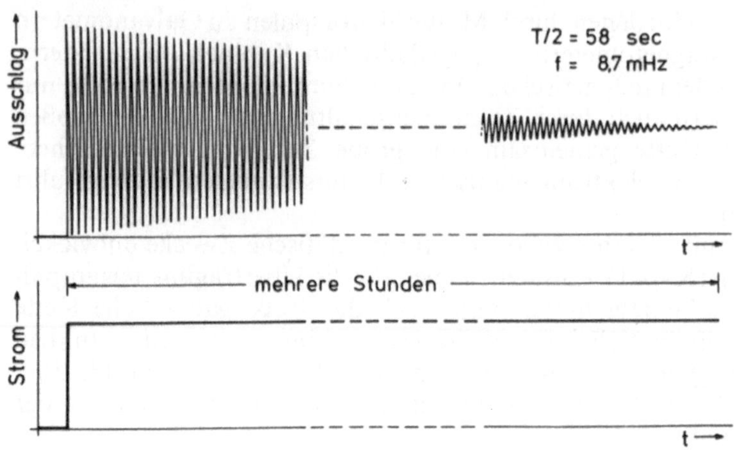

Bild V.3. Sprungantwort eines Magnetometers

zufachen. Dazu war es allerdings notwendig, das Einschalten und Umpolen der Stromquelle zu genau festgesetzten Zeiten ohne großen manuellen Aufwand bewerkstelligen zu können (das Zusammenschalten elektrischer Leiter erfolgte damals noch meistens durch Eintauchen in quecksilbergefüllte Näpfchen). Gauß löste diese Aufgabe durch die Entwicklung eines „Kommutators". Er schrieb darüber am 20. November 1833 an Olbers[7] [110]:

> „Ich habe eine einfache Vorrichtung ausgedacht, wodurch ich augenblicklich die Richtung des Stromes umkehren kann, die ich einen Kommutator nenne. Wenn ich so taktmäßig an meinen Platten operire, so wird in sehr kurzer Zeit (z. B. in 1 oder $1^1/_2$ Min.) die Bewegung der Nadel im phys. Kabinet so stark, daß sie an eine Glocke anschlägt, hörbar in einem anderen Zimmer."

Bild V. 4 zeigt die Konstruktion dieses Kommutators. Das Eintauchen der miteinander zu verbindenden Kontaktstifte konnte mit diesem Gerät zweifellos sehr schnell und zu genau vorgegebenen Zeitpunkten durchgeführt werden. Wenn man davon ausgeht, daß es sich bei der „Nadel im physikalischen Kabinett" um einen einpfündigen Magnetometerstab gehandelt hat, dann hätte dessen Schwingungsdauer (nach Angaben von Gauß an anderer Stelle [108]) knapp 14 sec. für eine halbe Periode betragen. Der Kommutator brauchte also nur 4 bis 6mal

---

[7] Heinrich Wilhelm Matthias *Olbers* (1758 ... 1840), Arzt und Astronom in Bremen [110].

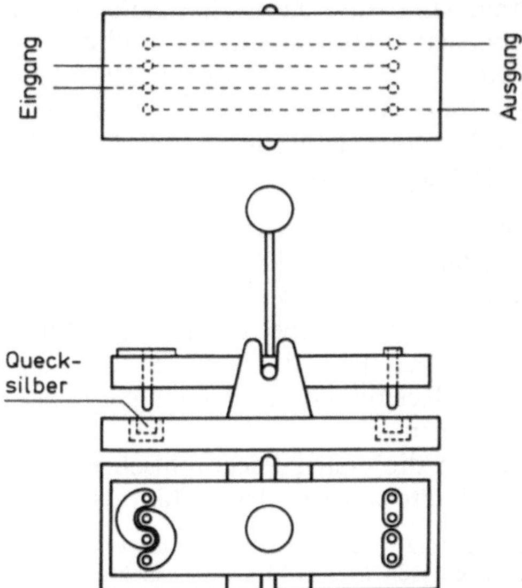

Bild V.4. Kommutator von Gauß nach Hülsse [66]

abwechselnd rechts und links in einem zeitlichen Abstand von etwa 14 sec. niedergedrückt zu werden[8].

Mit einem einfachen Glockenzeichen konnte man allerdings nicht telegraphieren. Gauß fährt daher in seinem Brief an Olbers fort:

> „Dies ist jedoch mehr Spielerei. Die Absicht ist, daß die Bewegung *gesehen* werden sollen, wo die äußerste Akkuratesse erreicht werden kann. Wir haben diese Vorrichtung {den Kommutator} bereits zu telegraphischen Versuchen gebraucht, die sehr gut mit ganzen Wörtern oder kleinen Phrasen gelungen sind."

Diese Äußerung kann wohl nur so verstanden werden, daß der Kommutator auch ganz kurzzeitige Stromimpulse (wahlweise mit positivem oder negativem Vorzeichen) zu senden gestattete. Für die Auswertung solcher kurzen Signale standen dann auf der Empfangsseite zwei Möglichkeiten offen:

1. Man konnte aus der Größe des auf den Impuls folgenden ballistischen Ausschlages auf die Dauer des Impulses schließen; das hätte aber wegen der Trägheit des Anzeigegeräts viel Zeit gekostet[9].

---

[8] Nach einem ganz ähnlichen Prinzip arbeitete das „Alarum", das Schilling von Canstatt für das Anrufsignal seiner Telegraphen entwickelt hatte (Kap. VI).

[9] Ballistischer oder Stoß-Ausschlag: Antwort eines Galvanometers auf einen Stromstoß, der sehr viel kürzer ist als die Schwingungsdauer des Galvanometers [95].

2. Man konnte den Impuls extrem kurz (und damit den ballistischen
   Ausschlag möglichst klein) machen. Dann allerdings mußte man
   in der Lage sein, die während des Impulses selbst auftretenden sehr
   kurzzeitigen Beschleunigungen (oder Verzögerungen) des Magnetstabes zu beobachten, was bei der Spiegelablesung durch die ruck-
   haften Verschiebungen der Skala möglich war.

Daß der letztere Weg angestrebt wurde, geht daraus hervor, daß Gauß
von „Zuckungen" oder von „Stößen" spricht. Die unvermeidlichen
nachfolgenden ballistischen Ausschläge erwiesen sich allerdings auf
die Dauer so störend, daß Gauß später auf eine andere Signalform
überging. Auf die Überlegungen und Versuche, die in dieser Richtung
angestellt wurden, ist Gauß in den „Resultaten . . . des magnetischen
Vereins im Jahre 1837" [52] eingegangen.

Nach einem kurzen Rückblick auf die ersten telegraphischen Versuche mit der großen galvanischen Kette weist er darauf hin, daß sich

> „durch unsere einfache Kette und nach der Einrichtung der Apparate, bei welchen
> dergleichen Versuche nur eine Nebensache waren, in einer Minute sich nicht mehr
> als zwei Buchstaben signalisieren ließen."

Gauß erwähnt dann, daß man mit einer mehrfachen Kette (also in
unserem heutigen Sprachgebrauch mit einem Parallel-Code) sehr viel
schneller würde telegraphieren können:

> „Allein eine solche einzurichten, war hier kein hinlänglicher Beweggrund vorhan-
> den, da theils der Erfolg an sich gar nicht zweifelhaft sein konnte, theils der
> eigentlich wissenschaftliche Nutzen einer solchen vielfachen Kette mit den be-
> deutenden Kosten in keinem Verhältnis gestanden haben würde."[10]

Dann fährt Gauß fort:

> „Dagegen hat mich die Theorie der Inductionsgesetze auf ein ganz verschiedenes
> Verfahren geführt, wonach schon seit mehr als zwei Jahren eine einfache Kette
> mit dem vollkommensten Erfolge zu einem viel schnelleren Telegraphieren dient;
> und es wird mir um so eher verstattet sein, bei demselben noch etwas zu ver-
> weilen, da ich bisher noch nichts Näheres darüber öffentlich bekannt gemacht
> habe.
> Die Vorrichtung, welche ich einen Inductor nenne, habe ich schon vor mehreren
> Jahren anderwärts beschrieben (Gött. gel. Anz. 1835 S. 351. Schumachers Jahr-
> buch für 1836, S. 41). Ich muss jedoch bemerken, dass anstatt des in der ersten
> Nachricht beschriebenen Inductors von 1050 Umwindungen, und des nachher auf
> 3537 Umwindungen verstärkten, gegenwärtig einer von 7000 Umwindungen ge-
> braucht wird, worin die Drahtlänge allein mehr als 7000 Fuss beträgt. Durch
> eine äusserst einfache Manipulation mit diesem Inductor (dadurch nemlich,
> dass man ihn von einem doppelten Magnetstab, über welchen er zu Anfang ge-
> schoben ist, schnell abzieht und sogleich wieder, ohne ihn umzukehren in die

---

[10] Siehe zu diesem Thema auch den Brief von Gauß an Schilling von Canstatt
(Kap. VI, Seite 140).

vorige Lage zurückbringt) wird bewirkt, dass schnell nach einander zwei starke entgegengesetzte galvanische Ströme durch den Leitungsdraht gehen, deren jeder nur eine äusserst kurze Zeit dauert. Die Wirkung dieser beiden Ströme auf eine wo immer in der Kette befindliche von einem Multiplicator umgebene Magnetnadel besteht darin, dass dieser für einen Augenblick eine sehr lebhafte Geschwindigkeit ertheilt, aber dann sogleich vollkommen wieder aufgehoben wird. Die Nadel macht also eine sehr lebhafte aber nur kleine Bewegung, nach Gefallen rechts oder links, und steht dann sogleich wieder ganz still."

Die Bemerkung „nach Gefallen rechts oder links" zeigt, daß Gauß den „Induktor" in Verbindung mit dem früher entwickelten Kommutator benutzt hat. Gauß fährt dann fort:

„Dass sich nun die Abwechslungen solcher zuckenden Bewegungen auf mancherlei Art combiniren und zur Signalisirung von Buchstaben benutzen lassen, ist von selbst klar. Die Zeichen möglichst schnell und präcis zu geben, so wie, von der anderen Seite, sie mit Leichtigkeit und Sicherheit zu lesen, wird allerdings eine gewisse Einübung erforderlich sein: aber auch schon, ohne sich eine solche besonders angeeignet zu haben, kann man wie öftere Erfahrungen gezeigt haben, in Einer Minute füglich etwa sieben Buchstaben signalisiren."

Gauß geht dann auf die besonderen Vorzüge des Bifilarmagnetometers bei einer Signalübertragung mit bipolaren flächengleichen Impulsen ein:

„Gerade bei dieser Art des Telegraphirens hat nun der neue Apparat einen bedeutenden Vorzug vor dem Magnetometer, und zwar wegen folgender Umstände. Obgleich die beiden entgegengesetzten Impulse, aus welchen Ein einfaches Zeichen besteht, ihrer Stärke nach genau gleich sind, und daher der zweite genau eben so viel Geschwindigkeit vernichtet, als der erste hervorgebracht hat, so kann dennoch die Nadel zwischen den Zeichen nicht in absoluter Ruhe sein, weil diese nur da möglich ist, wo jene sich in ihrer natürlichen Gleichgewichtsstellung befindet. Ist sie auch, vor einem Zeichen, in dieser Stellung, so wird sie doch eben durch das Zeichen etwas, wenn auch nur wenig, daraus verrückt, und die auf die Nadel wirkende Directionskraft strebt dann, sie nach derselben zurückzuführen. Wenn nun gleich so, in Folge Eines Zeichens, nur eine äusserst schwache Bewegung entstehen kann, so wird doch nach einer grossen Menge von Zeichen durch Anhäufung eine beträchtliche Entfernung von der natürlichen Gleichgewichtsstellung eintreten können, mithin in Folge derselben auch zwischen den Zeichen so viel Bewegung, dass die Zeichen dadurch etwas von ihrer scharfen Ausprägung verlieren. Diese Störung tritt nun, wie man bei einiger Ueberlegung leicht einsieht, unter sonst gleichen Umständen nachtheiliger hervor, wenn die Nadel, an deren zuckenden Bewegungen die Zeichen beobachtet werden, eine kurze, als wenn sie eine lange Schwingungsdauer hat, daher mehr an dem Magnetometer des magnetischen Observatoriums, als an dem in der Sternwarte aufgehängt gewesenen mit fünfundzwanzigpfündiger Nadel; noch weniger hingegen, als bei letzterem, an dem neuen jetzt dessen Stelle einnehmenden Apparat, wenn dessen Magnetstab in der verkehrten Lage zu einer fast astatischen Nadel eingerichtet ist. In der That wird dann dieselbe, selbst nach einer beträchtlichen Entfernung von ihrer Gleichgewichtsstellung, von der sie dahin zurücktreibenden, vergleichungsweise schwachen, Directionskraft in keine die Zeichen erheblich störenden Bewegungen versetzt, während der Strom im Multiplicator eben so stark auf sie wirkt, und also eben so grosse Zuckungen hervorbringt, als gehörte sie zu einem gewöhnlichen Magnetometer."

Nach diesen Ausführungen kann man wohl folgende apparativen Entwicklungsschritte annehmen: 1833 Gleichstromquelle mit Kommutator als Sendegerät (unipolare Signale) und unifilares Magnetometer mit Multiplikatorspule als Empfangsgerät; 1835 Übergang zu den bipolaren Signalen des Induktors; 1837 Einführung des bifilaren

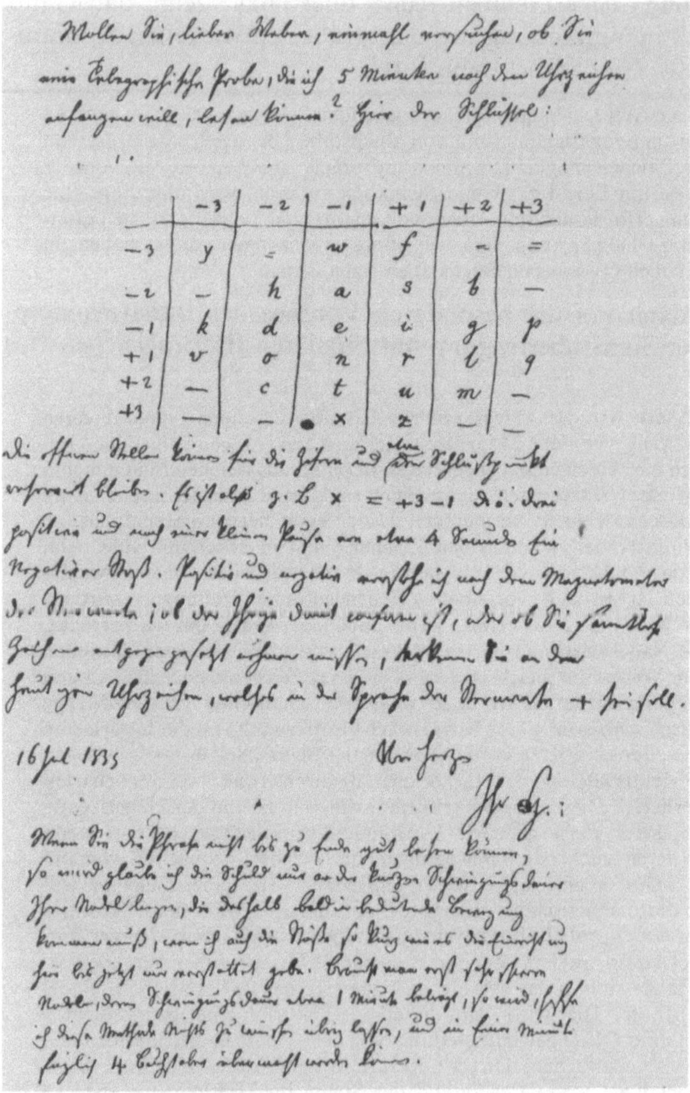

	−3	−2	−1	+1	+2	+3
−3	y	=	w	f	−	=
−2	—	h	a	s	b	—
−1	k	d	e	i	g	p
+1	v	o	n	r	l	q
+2	—	c	t	u	m	—
+3	—	—	x	z	—	—

16 Jul 1835

Bild V.5. Brief von Gauß an Weber vom 16. Juli 1835 [60a]

Magnetometers mit astatisch eingelegtem Magnetstab, also sehr geringer Rückstellkraft[11]. Wann und in welchen Kombinationen das Magnetometer mit Kupferdämpfer bei telegraphischen Versuchen eingesetzt wurde, geht aus den Originalquellen nicht hervor.

Über die von Gauß und Weber benutzten ‚Telegraphen-Codes‘ sind leider wenig authentische Dokumente erhalten geblieben; am 16. Juli 1835 schrieb Gauß an Weber (Bild V. 5):

„Wollen Sie, lieber Weber, einmal versuchen, ob Sie eine telegraphische Probe, die ich 5 Minuten nach dem Uhrzeichen anfangen will, lesen können? Hier der Schlüssel:

	-3	-2	-1	+1	+2	+3
-3	y		w	f	-	=
-2	-	h	a	s	b	-
-1	k	d	e	i	g	p
+1	v	o	n	r	l	q
+2	-	c	t	u	m	-
+3	-	-	x	z	-	-

Bild V.6. „Schlüssel“ aus dem Brief von Gauß an Weber (Bild V.5)

Die offenen Stellen können für die Ziffern und etwa den Schlußpunkt reservirt bleiben. Es ist also z. B. $x = +3 - 1$ d. h. drei positive und nach einer kleinen Pause von etwa 4 secunden ein negativer Stoß. Positiv und negativ verstehe ich nach dem Magnetometer der Sternwarte; ob der Ihrige damit conform ist, oder ob Sie sämtliche Zeichen entgegengesetzt nehmen müssen, erkennen Sie an dem heutigeh Uhrzeichen, welches in der Sprache der Sternwarte + sein soll.

Von Herzen

16. Juli 1835   Ihr G.

Wenn Sie die Phrase nicht bis zu Ende gut lesen können, so wird glaube ich die Schuld nur an der kurzen Schwingungsdauer Ihrer Nadel liegen, die deshalb bald in bedeutende Erregung kommen muß, wenn ich auch die Stöße so kurz wie es die Einrichtung hier bis jetzt nur verstattet gebe. Braucht man erst sehr schwere Nadeln, deren Schwingungsdauer etwa 1 Minute beträgt, so wird hoffe ich diese Methode nicht zu wünschen übriglassen, und in einer Minute füglich 4 Buchstaben übermacht werden können“.

Der von Gauß angegebene „Schlüssel“ ordnet die Buchstaben des Alphabetes (und die Ziffern des dekadischen Zahlensystems) in ein Quadrat mit sechs Zeilen und sechs Spalten ein, ist also eine Variante

---

[11] H. D. Lüke (Aachen) hat bei einer experimentellen Nachprüfung für diese drei Entwicklungsschritte folgende möglichen Schrittgeschwindigkeiten gefunden: 1833 unter 0,1 Baud, 1835 fast 1 Baud, 1837 1 bis 2 Baud.

der Methode des Polybios (Band 1, Kap. IV. C). Diese Methode erleichtert das „Lesen" (oder — wie wir heute sagen würden — das Decodieren) einer aus Signalkombinationen zusammengesetzten Nachricht: Vorzeichen und Zahl der Stöße in der ersten Signalgruppe geben die Zeile, Vorzeichen und Zahl der Stöße in der zweiten Signalgruppe die Spalte an, in deren Schnittpunkt der Buchstabe „gelesen" werden kann, erspart also dem Empfänger das Auswendiglernen eines Codes. Vielleicht bezieht sich hierauf eine Bemerkung von Gauß in einem Brief an Schumacher vom 6. August 1835:

> „Daß wenigstens das erste ABC leicht zu lernen ist, können Sie daraus abnehmen, daß neulich meine Tochter mehrere Buchstaben sogleich ohne allen Unterricht sicher gelesen hat."

Bei dem von Gauß im Sommer 1835 benutzten „Schlüssel" kommen Vorzeichenwechsel innerhalb eines Code-Wortes nur während der „kurzen Pausen von etwa 4 secunden" vor: das läßt darauf schließen, daß zu dieser Zeit der Induktor und der Kommutator noch funktionell voneinander getrennt waren und deshalb der Vorzeichenwechsel nur zwischen den beiden Gruppen von „Stößen" vorgenommen wurde.

Daß Gauß sich zum mindesten gedanklich auch mit anderen Codes befaßt hat, geht aus einem (leider undatierten) Notizblatt hervor,

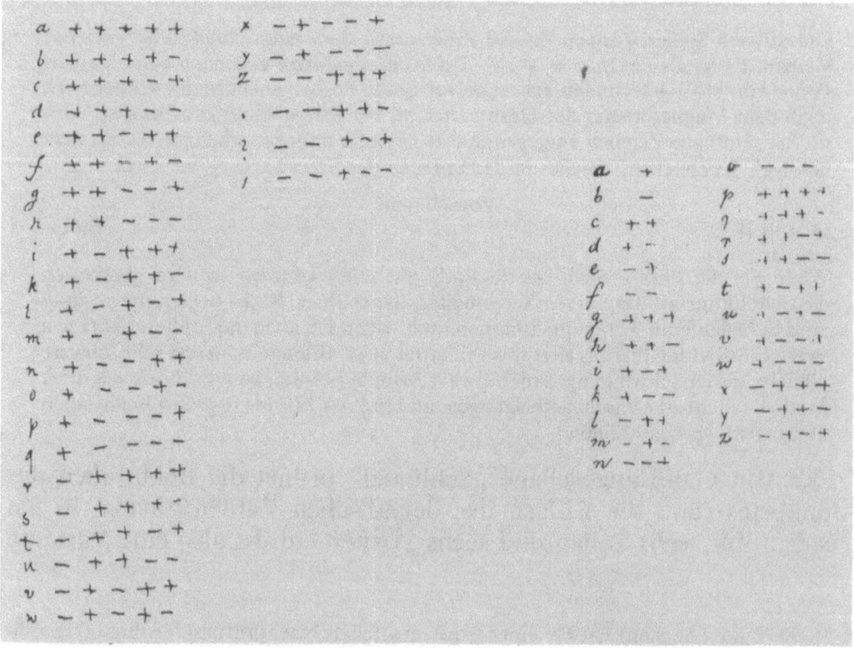

Bild V.7. Binäre Telegraphencodes aus dem Nachlaß von Gauß [60 b]

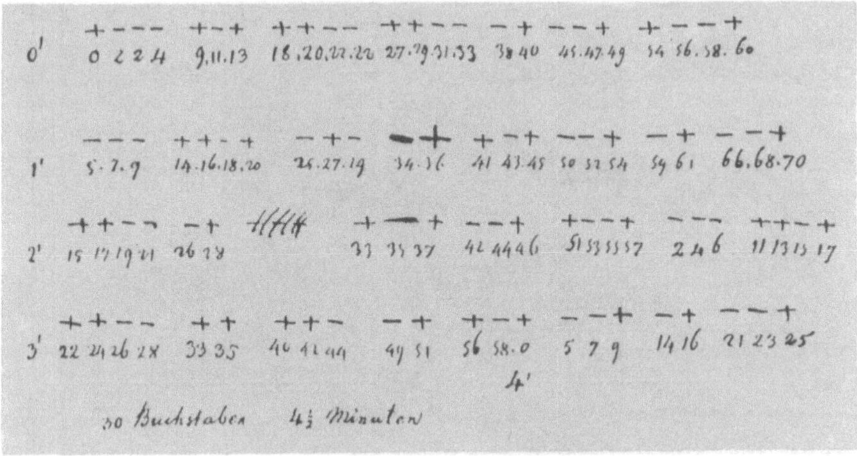

Bild V.8. Ein ‚Telegramm' aus dem Nachlaß von Gauß [60 b]

das Drogge [38] in Gauß Nachlaß gefunden hat. Es enthält (neben anderen Notizen) einen systematischen fünfstelligen Binär-Code (Bild V. 7 links) und einen Abzähl-Code mit binärer Numerierung des Alphabetes (Bild V. 7 rechts). Auf demselben Blatt hat Gauß ein ‚Telegramm' der Sentenz „wissen vor meinen sein vor scheinen" mit dem binären Abzähl-Code niedergeschrieben. In dies Telegramm wurde der Zeitaufwand für die ganze Signalfolge eingetragen und zwar unter der Annahme, daß für jeden „Stoß" innerhalb eines Codewortes zwei Sekunden und für jede Pause zwischen zwei Codeworten drei Sekunden benötigt werden (Bild V. 8). Das läßt darauf schließen, daß es sich hier um ein Gedankenexperiment handelt, das Gauß nur auf dem Papier durchgeführt hat, um abschätzen zu können, wieviel Buchstaben je Minute übertragen werden könnten, wenn Vorzeichenwechsel an jeder beliebigen Stelle eines Code-Wortes ohne großen Zeitverlust möglich wären[12].

Ob diese Möglichkeit durch die konstruktive Zusammenfassung von Kommutator und Induktor schon vor Webers Amtsenthebung realisiert wurde und ob die in Bild V. 7 wiedergegebenen Binär-Codes tatsächlich Anwendung fanden, geht aus den erhaltenen Original-Quellen nicht hervor. In der Sekundärliteratur — der wir uns jetzt

---

[12] Daß diese Abschätzung etwas flüchtig vorgenommen wurde, geht im übrigen daraus hervor, daß dem großen Mathematiker Gauß bei der Aufsummierung im ersten und dritten Code-Wort Fehler unterlaufen sind. Am Ende des Protokolls hätte eigentlich 4′ 31″ stehen müssen, ein Unterschied, der sich allerdings auf das abgerundete Resultat: „30 Buchstaben in $4^1/_2$ Minuten" nicht auswirkt.

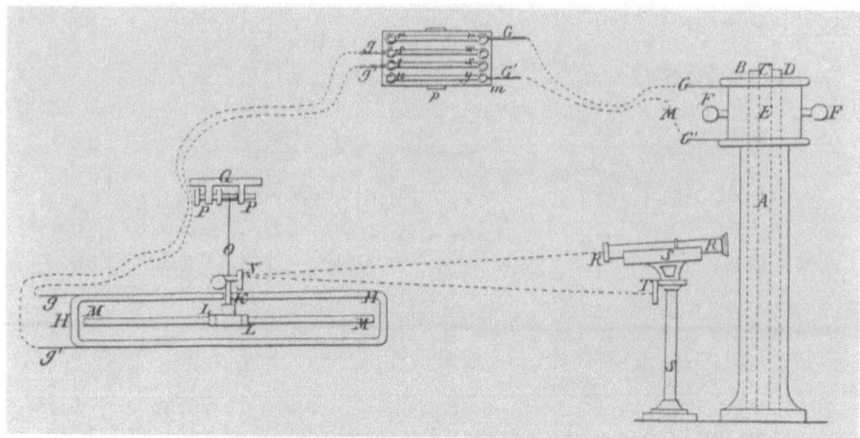

Bild V.9. Der Göttinger Telegraph nach Hülsse [66]

noch kurz zuwenden wollen — findet man darüber widersprüchliche
Angaben.

Eine erste Beschreibung des Göttinger Telegraphen in der Sekundärliteratur veröffentlichte Hülsse 1838 in dem Polytechnischen Zentralblatt [66]. Bild V. 9 zeigt einen Ausschnitt aus der zugehörigen Stein-
drucktafel V. Ganz rechts steht der „Erregungsapparat A" mit der
„Inductionsrolle E". Oben im Bild ist der Kommutator angedeutet,
links sieht man den „Observationsapparat", bei dem der Spiegel nicht
mehr am Ende des Stahlstabes, sondern an der Achse des Schiffchens
angebracht ist. Über den Observationsapparat schreibt Hülsse:

> „Was nun die Einrichtung der einzelnen Theile anbelangt, so zeigt sich zuerst,
> daß das kupferne Gehäuse HH mit seinen Drahtwindungen und Magnetstabe
> eigentlich ein im Großen ausgeführter Multiplicator ist. *Gauß* empfiehlt vorzüg-
> lich deshalb das Gehäuse aus Kupfer zu fertigen, weil es als *Dämpfer* wirkt; es
> beruhigt nämlich den schwingenden Magnetstab durch seine inductorische
> Wirkung . . . Die Wirkung eines solchen Dämpfers ist sehr überraschend. Ein
> Stab ohne Dämpfer macht, aus der Gleichgewichtslage gebracht, hunderte von
> Schwingungen bevor er zur Ruhe kommt; ein Stab mit Dämpfer hat seine
> Gleichgewichtslage nach drei bis vier Schwingungen erreicht."

Hülsse spricht also nur von einer Empfehlung, den Spulenkörper aus
Kupfer herzustellen, um den (unifilar aufgehängten) Magnetstab zu
„beruhigen".

Über die „Art, wie telegraphiert wird" schreibt Hülsse:

> „Der Commutator, welcher sich ganz in der Nähe der Inductionsrolle befindet,
> wird gestellt, hierauf die Inductionsrolle schnell gehoben und gesenkt, dann wenn
> es erforderlich ist, der Commutator gestellt und wieder gehoben und gesenkt,
> bis die Anzahl Schwankungen der Nadel erregt sind, durch welche ein Zeichen
> gebildet wird . . ."

Danach befanden sich zwar Kommutator und Induktor „nahe beieinander", von einer konstruktiven und funktionellen Zusammenfassung ist aber nicht explizit die Rede. Es bleibt also offen, welcher Entwicklungsstand Hülsses Beschreibung zugrunde lag.

Als ‚Schlüssel' gibt Hülsse einen fünfstelligen Binär-Code mit den Code-Elementen r (für rechts) und l (für links) an und schreibt dazu:

> „Im Ganzen erhält man durch die verschiedenen Anordnungen zu fünf, welche man mit den beiden Buchstaben r und l machen kann, 32 verschiedene telegraphische Zeichen, welche für Buchstaben und Zahlen hinreichen würden, und von denen man diejenigen, in welchen am mehrsten Wechsel zwischen r und l eintritt, für die gewöhnlichsten Buchstaben wählen würde, um dadurch bleibende Ablenkungen des Magnetstabes möglichst zu beseitigen."

Demgegenüber schreibt Schellen 1850 in der 1. Auflage seines Werkes „Der elektromagnetische Telegraph" [109] im Zusammenhang mit der Beschreibung der Göttinger Telegraphenversuche:

> „... wenn zur Darstellung eines Zeichens höchstens 4 Magnetzuckungen, bald nach der Rechten, bald nach der Linken, dienen sollen, so lassen sich durch Gruppierungen derselben sämtliche Buchstaben und Ziffern geben, und zwar, wenn man durch r einen Ausschlag des Nordpoles nach der rechten Seite, und durch l einen Ausschlag desselben Poles nach der Linken bezeichnet, nach folgendem Schema:"

Bild V. 10 zeigt dies Schema. Es beginnt mit den Vokalen, dann folgen die Konsonanten, wobei *c* und *k* sowie *f* und *v* die selben Kombinationen erhalten; *q*, *x* und *y* fehlen. Es handelt sich also um ein verkürztes Alphabet, dem dann noch die Ziffern 1 bis 0 folgen. Leider gibt Schellen nicht an, aus welcher Quelle er diese Zusammenstellung entnommen hat, doch wird sie seitdem in der Literatur immer wieder als das Telegraphenalphabet von Gauß und Weber nachgedruckt.

Recht unbefriedigend ist auch die bildliche Überlieferung der bei den Göttinger telegraphischen Versuchen benutzten Geräte. Nach der mehr prinzipiellen Darstellung bei Hülsse (Bild V. 9) veröffentlichte 1850 Schellen in seinem obenstehend zitierten Werk eine perspektivische Darstellung des Multiplikators (Bild V. 11 oben), die dann häufig nach-

r = a	rrr = c,k	lrl = m	lrrr = w	llrr = 4
l = e	rrl = d	rll = n	rrll = z	lllr = 5
rr = i	rlr = f,v	rrrr = p	rlrl = 0	llrl = 6
rl = o	lrr = g	rrrl = r	rllr = 1	lrll = 7
lr = u	lll = h	rrlr = s	lrrl = 2	rlll = 8
ll = b	llr = l	rlrr = t	lrlr = 3	llll = 9

Bild V.10. Telegraphen-Code nach Schellen [109]

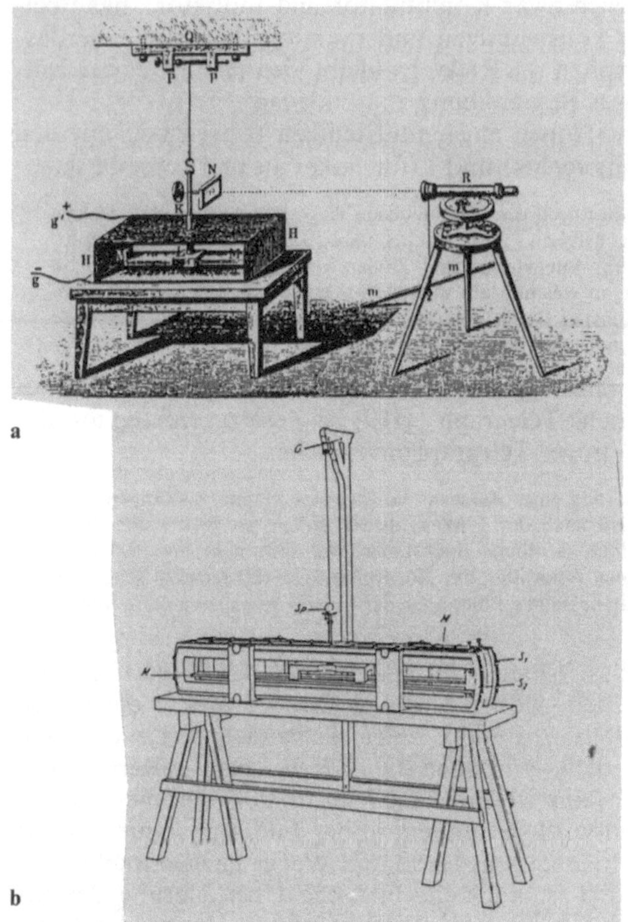

Bild V.11. Abbildungen des Multiplikators, **a** 1850 bei Schellen [109], **b** 1933 bei Feyerabend [49]

gedruckt wurde, so z. B. 1877 von Zetzsche [139], 1908 von Hennig [62] und 1909 von Karras [74]. Eine frühe Zeichnung des Induktors veröffentlichte Muncke 1838 in Gehlers Physikalischem Wörterbuch [85] (Bild V. 12.a).

Als 1873 in Wien eine Weltausstellung stattfand, bat die Kaiserliche Generaldirektion der Telegraphen in Berlin die Universität Göttingen um Exponate der von Gauß und Weber benutzten Telegraphengeräte, die in Wien zeigen sollten, ,,welche besonderen Verdienste gerade Deutschland um die Entwicklung der Telegraphen-Technik sich erworben hat". Die telegraphischen Versuche von Gauß und Weber lagen damals vier Jahrzehnte zurück. Gauß war 1855 gestorben, Weber,

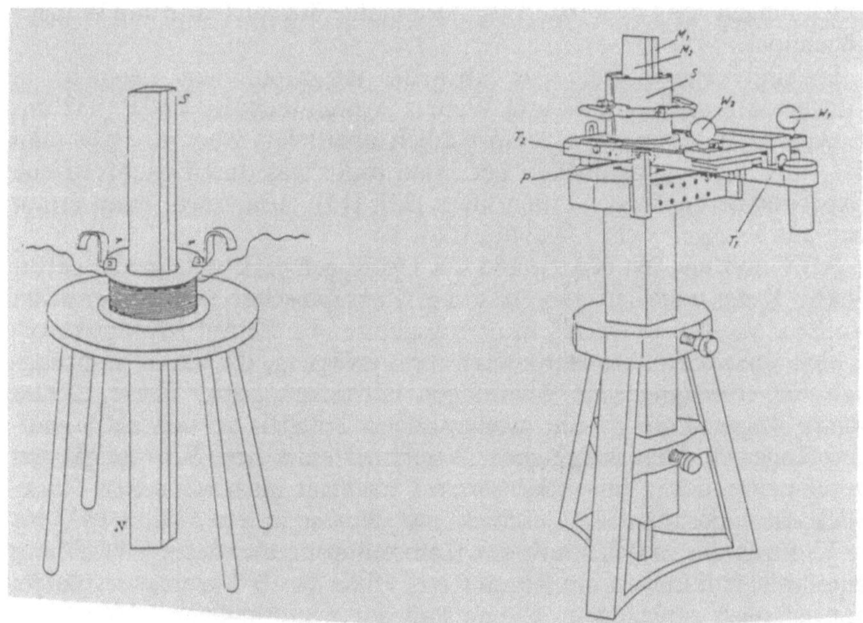

Bild V.12. Abbildungen des Induktors, **a** 1838 bei Muncke [85], **b** 1933 bei Feyerabend [49]

1837 aus politischen Gründen seines Amtes enthoben, war erst 1849 wieder nach Göttingen zurückgekehrt.

Unter diesen Umständen konnte Weber nach den sehr sorgfältigen Untersuchungen von Drogge [38] nur Geräte zur Verfügung stellen, die zwar den ursprünglich benutzten zum mindesten in ihrer Funktion ähnlich waren, konstruktiv aber einem späteren Entwicklungsstand entsprachen. Diese Wiener Ausstellungsstücke sind dann teils als Fotografien, teils als Zeichnungen in die Literatur eingegangen und als Nachbauten in technische Museen übernommen worden.

Besonders sorgfältige Zeichnungen dieser Exponente veröffentlichte Feyerabend 1933 zum 100. Jahrestag der Einrichtung der großen galvanischen Kette in Göttingen (Bild V. 11 unten und Bild V. 12.b), ohne allerdings auf die Wiener Weltausstellung als Quelle hinzuweisen[13]. Heute findet man in der Sekundärliteratur meist diese

---

[13] In dem zugehörigen Text weist Feyerabend nur darauf hin, daß es sich bei dem abgebildeten „Empfangsapparat" um eine Sonderausführung handelt: „In Wirklichkeit war der Magnet nicht wie im Bilde an einem Holzgalgen aufgehängt, sondern mittels eines nicht gedrillten Seidenfadens an der Zimmerdecke in einer zum Regulieren des Fadens dienenden Spannvorrichtung befestigt."

Zeichnungen von Feyerabend als „Originalgeräte von Gauß und Weber"
abgebildet.

So sind viele Einzelheiten über die telegraphischen Versuche in
Göttingen zwischen 1833 und Webers Amtsenthebung Ende 1837 un-
geklärt geblieben oder widersprüchlich überliefert worden. Faßt man
das, was die Originalquellen berichten (oder was durch nachträgliche
Experimente bestätigt werden kann [22], [13]) zusammen, dann ergibt
sich aus heutiger Sicht folgendes Bild:

Als Gauß und Weber die 1833 in Göttingen errichtete große galvanische Kette auch zur Übertragung telegraphischer Signale benutzen
wollten, standen ihnen als Empfangsgeräte nur die mit Multiplikatorspulen versehenen Magnetometer zur Verfügung, die Gauß ursprünglich für erdmagnetische Messungen entwickelt hatte. Diese Geräte
waren wegen ihrer großen mechanischen Trägheit an sich als Signal-
empfänger denkbar ungeeignet. Je genauer man diese Schwierigkeiten
untersuchte, desto bewundernswerter erscheint im historischen Rückblick das experimentelle Geschick, mit dem sie in den Jahren 1833 bis
1837 durch die Entwicklung des Kommutators, durch die Einführung
bipolarer Induktionsimpulse und mit Hilfe des Bifilarmagnetometers
mit astatisch eingelegtem Magnetstab die grundsätzliche Möglichkeit
einer buchstabenweisen Nachrichtenübertragung mit seriellen Signalen
über eine zweidrähtige Leitung erfolgreich hatten nachweisen können.

Gauß und Weber waren sich der künftigen Bedeutung dieses neuen
Kommunikationsmittels durchaus bewußt[14]; sie waren sich aber auch
im klaren darüber, daß eine „praktische Einführung im großen Maßstab" (Gauß an Schilling von Canstatt, siehe Kap. VI. B) weitere
Entwicklungsarbeiten erfordern würde. Da die eigentlichen Interessen
von Gauß und Weber mehr der Grundlagenforschung als einer technischen Entwicklung galten, war es konsequent, daß sie diese Aufgabe
an Steinheil weitergaben, auf dessen Überlegungen und praktischen
Arbeiten der nächste Abschnitt eingehen wird.

E   Steinheils Schreibtelegraph

Knapp 3 Jahre nach seinem Besuch in Göttingen hielt Steinheil am
25. August 1838 auf einer „festlichen Sitzung"[15] der Königl. Bayerischen Akademie der Wissenschaften einen Vortrag „Ueber Telegraphie,

---

[14] Nach M. M. von Weber [137] haben sowohl Gauß als auch Weber schon 1835 die
Direktion der im Bau begriffenen Leipzig-Dresdener-Eisenbahn auf die Nützlichkeit der
elektromagnetischen Telegraphie für den Eisenbahnbetrieb hingewiesen.
[15] Der 25. August war der Geburtstag des Königs, dessen „huldvolle Unterstützung"
Steinheil in seinen Eröffnungssätzen in „ehrfurchtsvollem Dank" erwähnt.

insbesondere durch galvanische Kräfte"[16] [123]. Wie gründlich er sich mit der Aufgabe einer technischen Weiterentwicklung der Göttinger Versuche beschäftigt hatte, zeigen die einleitenden Abschnitte seines Vortrages.

Nach grundsätzlichen Hinweisen auf die Bedeutung eines gegenseitigen Gedankenaustausches zwischen Individuen (Steinheil benutzt den Begriff der „Mittheilung") und auf die entscheidende Rolle, die bei den Menschen die Entwicklung der Sprache und der Schrift gespielt habe, fährt er fort:

> „Die Aufgabe der Telegraphie ist, zu jeder Zeit, möglichst rasch, auf beliebige grosse Entfernungen hin Gedanken zu übertragen. Aber mit Ausnahme der grossen Entfernung ist ja dieses Problem durch die Sprache auf das Vollständigste gelöset. Telegraphie wird also nur die Sprache auch für diese weitere Bedingung nachzubilden haben. Es scheint uns offenbar ein Abweg, wenn die Telegraphie eine unvollkommene Art der Mittheilung, die Zeichensprache, wie sie bei verkümmerten Menschen, den Taubstummen, vorkömmt, nachzuahmen strebt; sie muss die Mittheilung in ihrer vollendetsten Form als Rede nachbilden, wo der Ton, der das Gehör trifft, unwillkürlich aufmerksam macht und zur Verständniss führt. Auf den ersten Blick scheint diese Aufgabe freilich sehr schwer, weil die Rede über so verschiedene Laute zu disponiren hat, und also mit wenig Kombinationen einen Begriff geben kann. An dieser Schwierigkeit sind gewissermasen alle Vorschläge über Telegraphie gescheitert. Man ist vor Gauss darauf ausgegangen, eine grosse Anzahl verschiedener Zeichen zu bilden, ohne zu bedenken, dass diess nur auf Kosten einer grösseren Komplikation des Problems geschehen kann. Man hatte übersehen, dass nicht nur durch vielerlei Zeichen eine schnelle Mittheilung möglich wird, sondern dass sogar ein einziges Zeichen vollständig ausreicht, wenn es nur schnell genug hinter einander wiederholt werden kann und in zweckmässig geordneten Kombinationsgruppen angewendet wird."

Steinheil analysiert unter diesem Gesichtspunkt die großen lateinischen Buchstaben:

> „Ich wähle die grossen lateinischen Lettern. Diese bestehen aus 6 verschiedenen Zeichen, nämlich einer geraden Linie in viererlei Lagen, senkrecht und horizontal, von der rechten schräg zur linken und von der linken zur rechten, endlich in einœm Halbkreis nach links und rechts. Von diesen 6 verschiedenen Zeichen kommen als maximum 4 in demselben Buchstaben vor, wie bei M und W. Untersucht man nun, wie vielerlei verschiedene Buchstaben aus diesen 6 Zeichen gebildet werden können, wobei jedoch nie über 4 vorkommen, so ergiebt die Rechnung, dass nicht weniger als 1554 verschiedene Zeichen oder Buchstaben daraus zusammengesetzt werden könnten, während die Aufgabe nur ist, 25 Buchstaben zu bilden. Dieses Beispiel zeigt, wie unnötig gross man die Anzahl der verschiedenen Zeichen, aus denen die Schrift besteht, angenommen hat."[17]

---

[16] Vor dem gleichen Gremium hatte 1809 Soemmerring seinen Vortrag „Über einen elektrischen Telegraphen" gehalten (Kap. I. D). Unter „elektrisch" hatte er damals verstanden, daß die aus einer Voltaschen Säule stammende Elektrizität in einem Wasserbehälter „Gas entbinden" konnte. 30 Jahre später versteht Steinheil unter „galvanischer Kraft" die ablenkende Wirkung eines elektrischen Stromes auf einen Magnetstab.

[17] Daß die „unnötig große Anzahl der verschiedenen Zeichen" zu einer — wie wir heute sagen würden — förderlichen Redundanz führt, hatte Steinheil noch nicht erkannt.

Steinheil zeigt dann, wie man aus Kombinationen von nur zweierlei Zeichen das Alphabet und die Zahlzeichen nachbilden könne, ja sogar mit nur einem Zeichen, „wenn statt des zweiten Zeichens eine rasche Wiederholung des Einzigen als Doppelzeichen eingeführt wird".

> „Wir sind also nun im Stande die Grundbedingungen festzusetzen, welchen ein Telegraph, wenn er möglichst einfach seyn soll, entsprechen muss. Er braucht nur Ein Zeichen zu geben, aber möglichst rasch. Soll er zugleich die bequemste Form haben, so muss diess Zeichen auch für das Gehör wahrnehmbar seyn."

Steinheil geht dann zu der Frage über, „durch welche Erscheinungen und Naturkräfte dieses eine Zeichen auf die verlangte Weise gegeben werden kann". Er analysiert die Eignung des Lichtes, der strahlenden Wärme, des Schalles (in Licht und in Wasser), der Reibungselektrizität und schließlich der galvanischen Kräfte (worunter er den Elektromagnetismus versteht).

Steinheil hatte offenbar auch die einschlägige Literatur zu Rate gezogen. Er erwähnt nicht nur Chappe, sondern auch Winkler, Lomond, Reiser, Bétancourt, Cavallo, Ronalds, Soemmerring, Oersted, Ampère, Ritchie, Fechner und Schilling von Canstatt. Schließlich weist er auf Faradays Entdeckung hin, „nach welcher die Erzeugung galvanischer Ströme auf bloße Bewegung von Multiplikatoren gegen ruhende Magnete zurückgeführt wird".

Diese ganz grundsätzlichen Ausführungen schließen mit einem Bericht über die telegraphischen Versuche von Gauß und Weber in Göttingen, denen er das Verdienst zuspricht, „im Jahre 1833 den ersten vereinfachten galvano-magnetischen Telegraphen wirklich hergestellt zu haben".

> „Damit war eigentlich im Prinzip schon alles gegeben, was die Möglichkeit bedingte, den galvanischen Telegraphen auf die bequemste Form zu bringen. Es bedurfte nur einer, dem Zwecke angemessenen Art der Induktion oder Erregung des Stroms, die ohne besondere Kommutation über die Richtung disponiren lässt. Es war, unsern früher ausgesprochenen Bedingungen gemäss, nur noch ferner erforderlich, die Zeichen auf den Gehörsinn überzutragen, was um so leichter schien, als ja dem Prinzip nach eine mechanische Bewegung, die Ablenkung des Magnetstabes, schon gegeben war, und es sich also nur darum handelte, durch diese Bewegung die geforderten Funktionen, Anschlagen an Glocken oder Fixieren von Punkten zu bewirken. Diese Aufgabe gehört also in das Gebiet der Mechanik, und lässt sich natürlich auch auf mehr als eine Weise lösen. Was ich daher zu dem Gauss'schen Telegraphen noch beigetragen habe, um ihm die jetzige Form zu geben, besteht im Grunde nur darin, dass ich seine Mängel erkannte, ihn verglich mit den früher als Ideal aufgestellten Anforderungen, und demgemäss Abänderungen traf. Ich bin aber weit entfernt, die gewählten Konstruktionen für die geeignetsten zu halten. Indessen erfüllen sie ihren Zweck, und mögen also so lange immerhin beibehalten werden, als es nicht gelingt, einfachere zu finden."

Wie die von Steinheil gewählten Konstruktionen im einzelnen aussahen, wird in einer Beilage „Beschreibung und Abbildung des galvano-magnetischen Telegraphen zwischen München und Bogenhausen, errichtet im Jahre 1837 von Prof. Steinheil" ausführlich dargestellt. Im Vortrag selbst wird nur kurz erwähnt, daß als Induktor ein „Rotationsapparat" und als Zeichengeber „kleine Magnetstäbchen in starken Multiplikatoren" benutzt werden. Die ankommenden Signale werden durch Anschlagen der Magnetstäbe an Glocken hörbar gemacht und durch kleine schwarze Punkte auf einem bewegten Papierband abgedruckt. (Auf die konstruktiven Einzelheiten dieses Telegraphen wird später eingegangen).

In seinem Akademievortrag ist Steinheil dann noch ausführlich auf die „Verbindungskette zwischen den Stationspunkten" eingegangen

> „Wir haben schon früher erwähnt, dass Ampère über 60 solcher Verbindungsketten bedurfte, während Sömmering mit einigen 30 ausreichte. Wheatstone und Cooke verminderte deren Zahl auf 5, Gauss und vermuthlich nach ihm Schilling, so wie Morse in New-York bedurften nur einer einzigen Kette, die hin- und zurückführt. Man hätte glauben sollen, diess wäre die letzte Gränze der Vereinfachung; und dennoch ist es nicht der Fall. Ich habe gefunden, dass man noch die Hälfte dieser Kette entbehren kann, indem unter gewissen Bedingungen der Erdboden die andere Hälfte ersetzt."

Wie schon in Kap. IV. kurz angedeutet, hatte Steinheil diese Entdeckung im Sommer 1838 gemacht, als er vergeblich versuchte, die Schienen der Eisenbahn Nürnberg—Fürth als Hin- und Rückleitung für eine telegraphische Verbindung zu benutzen. Obwohl Steinheil in seinem Akademievortrag nicht näher auf diese Zusammenhänge eingeht, sei hier eine kurze Zwischenbemerkung zu diesem für die künftige Entwicklung der elektrischen Telegraphie so bedeutungsvollen Ereignis eingeschoben.

Schon am 13. Juni 1833 hatte Gauß in dem Brief an Alexander von Humboldt, in dem er über die große galvanische Kette in Göttingen berichtet (Abschnitt C), geschrieben:

> „Ich habe selbst den Einfall gehabt, ob man in Zukunft, wenn erst Eisenbahnen allgemeiner sind, nicht die Gleise selbst (wobei man freilich zwischen den einzelnen Schienen sich dauernder metallischer Berührung versichern müsste) anstatt der Leitungsdrähte gebrauchen könnte. Freilich ist wohl zu besorgen, dass wenn diese Gleise lange Strecken feuchter Erde berühren, ein grosser Theil, wo nicht fast alles vom Strom sich unterwegs zerstreut; inzwischen kann doch nur erst Erfahrung im Grossen hierüber entscheiden."

Zwar hatten 1803 Basse [16] und Erman [40] schon über Versuche berichtet, die auf eine gute elektrische Leitfähigkeit von Flußläufen und von feuchtem Erdreich hinwiesen, und 1829 hatte Fechner [47] dies Phänomen schon richtig mit der großen Querschnittsfläche gedeutet (Fußnote 23 in Kap. III). Aber erst die Versuche von Steinheil brachten den Nachweis, daß dieser ‚Nebenschluß' eine Benutzung der Eisenbahnschienen als Telegraphenleitungen ausschloß.

Steinheils großer Verdienst ist es, daß er sich mit diesem für ihn zuerst wohl enttäuschenden Ergebnis nicht zufrieden gab, sondern aus seinen Beobachtungen den Schluß zog, daß man den Erdboden wenigstens als Teil einer galvanischen Kette bewußt dazu benutzen könne, die Investitionskosten für Telegraphenleitungen nahezu auf die Hälfte zu senken. Neben der Pioniererfindung des Multiplikators durch Schweigger und Poggendorff (Kap. III) sollte sich dies in den folgenden Jahrzehnten als eine der bedeutensten Erfindungen auf dem Gebiet der elektrischen Telegraphie erweisen.

Doch zurück zu Steinheils Akademievortrag. Nach seinem Hinweis auf die Möglichkeit, den Erdboden als Rückleiter zu benutzen, berichtet er kurz über Versuche, die prüfen sollten, „nach welchen Gesetzen der Vertheilung der galvanische Strom das Erdreich beim Durchgang erregt":

> „Es ergibt sich, dass die Erregung rasch abnimmt, wenn die Abstände von den erregenden Drahtenden wachsen. Man kann zwar Apparate machen, wo der Induktor, metallisch völlig getrennt von einem Multiplikator Ströme erzeugt, die sichtbare Ablenkungen bewirken; eine Erscheinung, die neu ist und zu den wundervollsten im Gebiete der Wissenschaft gehört; aber diess gilt nur für kleine Abstände. Wir müssen es der Zukunft überlassen, ob es je gelingen wird, auf grosse Distanzen hin ganz ohne metallische Verbindung zu telegraphiren."

Eine Erklärung dieses Phänomens hat Gauß in einem Brief an Steinheil vom 28. August 1838 [53 b] gegeben: in unserer heutigen Ausdrucksweise hatte Steinheil die Potentialdifferenz zwischen zwei Punkten eines ausgedehnten elektrischen Strömungsfeldes durch Sonden abgeleitet und zur Speisung eines Multiplikators benutzt.

Steinheil beschließt dann seinen Akademievortrag mit den Worten:

> „Fassen wir jetzt nochmals mit wenig Worten zusammen, was sich aus dem Angeführten über Telegraphie ergibt, so sehen wir, dass, so wie die Einrichtungen jetzt bestehen, mit dem galvanischen Telegraphen kein anderes Prinzip konkurriren kann; dass er aber, wegen der erforderlichen metallischen Verbindung, obschon diese sehr vereinfacht, noch immer schwierig herzustellen ist, überhaupt nur da hergestellt werden kann, wo beständige Aufsicht, wie z. B. Eisenbahnen, die Leitung schützt. Für sehr grosse Entfernungen ohne Zwischenstationen wird galvanische oder elektrische Erregung ihrer Geschwindigkeit wegen immer das vortheilhafteste Prinzip bleiben; für kleinere Entfernungen aber ist es noch unentschieden, ob nicht auf einem der von uns bezeichneten Wege in so ferne zweckmässigere Einrichtungen herbeigeführt werden können, als sie ohne verbindende Leitung herzustellen sind."

Die als Anlage beigefügte „Beschreibung . . . des Galvano-magnetischen Telegraphen . . ." ist in drei Abschnitte gegliedert:

1. die „Verbindungskette",
2. den „Apparat zur Erzeugung des galvanischen Stromes" und
3. „Die Zeichengeber".

Zu 1): Als Steinheil 1836/37 seinen „Probetelegraphen" entwickelte, hatte er noch nicht erkannt, daß man das Erdreich als Rückleiter benutzen könne. Seine „metallischen Verbindungen zwischen den Stationen" bestanden also jeweils aus Hin- und Rückleitung. Die Stationen befanden sich in Steinheils Arbeitszimmer in der Akademie (damals noch in der Neuhauser Straße), in der in demselben Gebäude untergebrachten Versuchswerkstatt, in Steinheils Wohnung in der Lerchenstraße (jetzt Schwanthalerstraße) und in der Königl. Sternwarte in Bogenhausen. Nachdem alle Versuche, die Verbindung Akademie—Bogenhausen unterirdisch herzustellen, an der unzureichenden Isolation der Drähte gescheitert waren, wurden nach Bogenhausen und in die Lerchenstraße Freileitungen gebaut. Für die Leitung nach Bogenhausen (Entfernung in der Luftlinie knapp 3 km) wurden dazu rund 9,9 km Kupferdraht benötigt[18] (Bild V. 13).

Hin- und Rückleitung wurden im gegenseitigen Abstand von 1 bis 3 m „über die Thürme der Stadt hin gespannt". Der größte Abstand zwischen zwei Unterstützungspunkten betrug 400 m, ein Wert, den Steinheil selbst „für viel zu groß" hält.

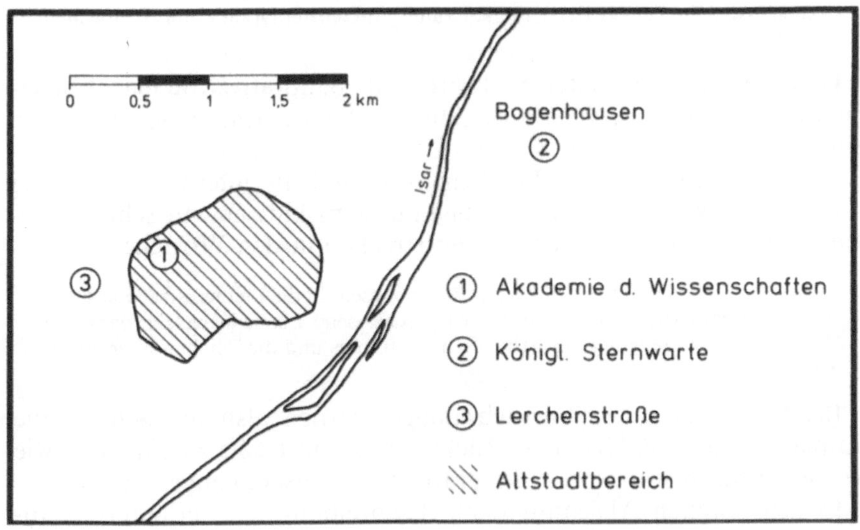

Bild V.13. Lageskizze von München um 1836

---

[18] Nach Steinheils Angaben wog dieser Draht 210 Pfund; dem würde ein Drahtdurchmesser von etwa 1,2 mm und ein Gesamtwiderstand der Hin- und Rückleitung von rund 150 Ω entsprechen, wenn man den heute üblichen Reinheitsgrad von Leitungskupfer annimmt. (Siehe Fußnote 20).

„Ueber Strecken, wo keine hohen Gebäude vorhanden sind, wurde die Drahtleitung durch Flossbäume unterstützt, die 5 Fuss {1,6 m} tief eingegraben, zwischen 40 und 50 Fuss {13 und 16 m} hoch, auf einem oben befestigten Querholz
den Draht tragen. An den Auflegungspunkten ist nur Filz untergelegt, und der
Draht zur Befestigung um das Holz geschlungen. Die Abstände je zweier Bäume
betragen zwischen 600 und 800 Fuss {200 und 250 m}, was ebenfalls noch zu viel
ist, weil, wie die Erfahrung zeigte, sich die Drähte durch Stürme etc. bedeutend
dehnten, und mehrmals gespannt werden mussten."

Auf dieser ersten längeren Probestrecke machte Steinheil folgende
Beobachtung:

„Die auf solche Art geführte Leitung ist keineswegs vollkommen isolirt. Wenn
die Kette z. B. in Bogenhausen geöffnet wird, so sollte ein in München bewirkter
Induktionsstoss durchaus keine galvanische Erregung in den jetzt getrennten
Theilen der Kette hervorbringen. Das Gausssche Galvanometer zeigt aber auch
dann noch einen schwachen Strom an; ja es haben Messungen ergeben, dass
dieser Strom proportional wächst mit dem Abstande der Trennungsstelle von dem
Induktor. Die absolute Grösse dieses Stroms ist nicht konstant. Im Allgemeinen
wächst sie mit der Feuchtigkeit. Bei heftigen Regengüssen ist sie wohl fünfmal
grösser als bei andauernd trockenem Wetter. Auf kleine Entfernungen von einigen
Meilen hat nun allerdings dieser geringe Verlust keinen erheblichen Einfluss, um
so mehr, als man durch die Konstruktion des Induktors über fast beliebig grosse
galvanische Kräfte disponiren kann. Er würde aber auf Entfernungen von 50 Meilen den grössten Theil der Wirkung aufheben. Desshalb müsste für solche Fälle
weit grössere Vorsicht an den Unterstützungspunkten der Drahtleitung beobachtet
werden."[19]

Hier wird also zum ersten Mal aufgrund quantitativer Beobachtungen
auf das Problem der Ableitungsverluste in langen Telegraphenleitungen
hingewiesen. (Siehe Kap. X)
     Auf die Leitung in die Lerchenstraße und die interne Verbindung
zur Versuchswerkstatt geht Steinheil nur ganz kurz ein. Er schließt diesen Abschnitt über die Verbindungsstrecke mit den Worten:

„Diese drei Theile {die Leitung nach Bogenhausen, in die Lerchenstraße und zur
Versuchswerkstatt} bilden eine in sich geschlossene Linie, in welche dann die
Apparate zur Erzeugung des galvanischen Stromes und die Zeichengeber einge-
schaltet sind."

Bei Steinheils erster Versuchsanlage wurden also die Sender, die
Empfänger und die Hin- und Rückleitungen in Reihe zu einem — wie
wir heute sagen würden — Telegraphennetz zusammengeschaltet.
     In dem zweiten Abschnitt der „Beschreibung . . ." erläutert Stein-

---

[19] Steinheil erwähnt an dieser Stelle kurz einen Vorfall, „der für die Zukunft Vorsicht gebietet". Gemeint ist ein Blitzschlag in eine der beiden Freileitungen, durch den
die tiefe Glocke in der Akademie-Station so stark angeschlagen wurde, daß „die Dre-
hungsspitzen des Magnetstäbchens Schaden litten". Auf die Schlußfolgerungen, die er
später aus diesem Vorfall für den Blitzschutz von Telegraphengeräten zog, konnte er
allerdings 1838 noch nicht eingehen (Siehe Kap. IX, Seite 241).

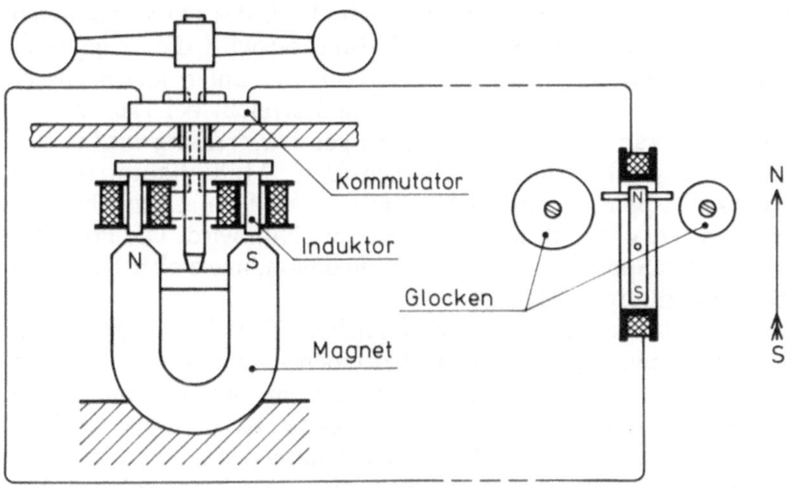

Bild V.14. Steinheils Telegraph für Hörempfang 1837

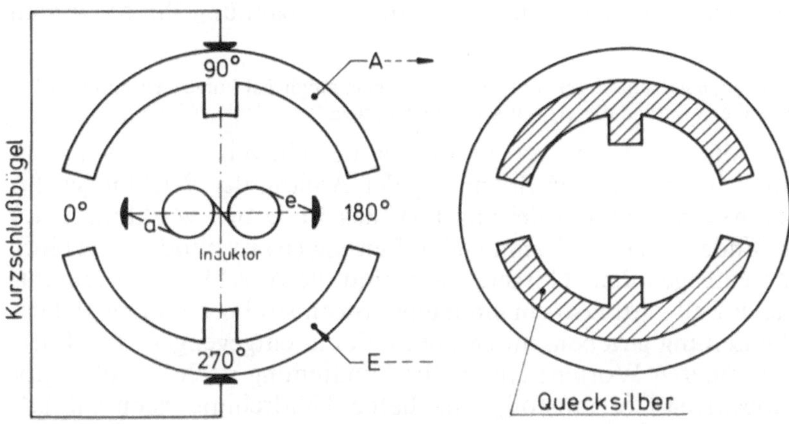

Bild V.15. Steinheils Kommutator, links Wirkungsweise, rechts die halbkreisförmigen „Quecksilbernäpfe"

heil den „*Apparat zur Erzeugung des galvanischen Stromes*", in unserer heutigen Ausdrucksweise also das Sendegerät seines Telegraphen. Bild V. 14 zeigt links in einer auf das Wesentliche vereinfachten Darstellung den Aufbau dieses „Apparates": über den Polen eines feststehenden Dauermagneten ist ein „Induktor" mit „Multiplikatorrollen" so angeordnet, daß er mit Hilfe eines zweiarmigen Handgriffes gegenüber dem Dauermagneten gedreht werden kann.

In der Ruhestellung geht der magnetische Fluß des Dauermagneten in voller Stärke durch den Kern des Induktors; wird dieser gedreht, nimmt der magnetische Fluß ab, geht bei 90° unter gleichzeitiger Umkehrung seiner Richtung durch Null und erreicht bei 180° wieder sein Maximum. Während einer solchen halben Umdrehung wird in den beiden in Reihe geschalteten Wicklungen (den „Multiplikatorrollen") eine elektrische Spannung induziert, die von Null anfangend bei 90° ihr Maximum erreicht und bei 180° wieder zu Null wird. Die Polarität dieser induzierten Spannung ist unabhängig davon, in welcher Richtung die halbe Umdrehung erfolgt.

Da die Wicklungen auf dem beweglichen Teil des „Apparates" angebracht sind, müssen die Enden über einen — wie wir heute sagen würden — Kollektor nach außen geführt werden. Steinheil hat diesen Kollektor als Kommutator ausgebildet, dessen Arbeitsweise in Bild V. 15 links schematisch dargestellt ist. Der Anfang der in Reihe geschalteten Wicklungen (a) und ihr Ende (e) werden (durch die hohle Achse des Induktors) zu zwei um 180° versetzten Schleifkontakten geführt. Bei einer halben Umdrehung kommen diese Schleifkontakte nur ganz kurzzeitig mit zwei halbkreisförmigen Kontaktbahnen in Verbindung und zwar gerade dann, wenn die induzierte Spannung ihr Maximum erreicht hat:

> „Der erzeugte galvanische Strom soll . . . nur eine möglichst kurze Zeit hindurch wirken, aber während dieser Zeit sehr intensiv seyn."

Erfolgt die Drehung des Induktors im Uhrzeigersinn, wird im Maximum der induzierten Spannung der Anfang der Wicklungen (a) mit dem Anfang der Fernleitung (A), das Ende der Wicklungen (e) mit dem Ende der zurückkommenden Leitung (E) verbunden; bei einer Drehung entgegen dem Uhrzeigersinn sind die Anschlüsse vertauscht. Im ersteren Fall wird also ein einmaliger Stromstoß bestimmter Polarität in die Leitung gegeben, im zweiten Fall mit entgegengesetzter Polarität, mit anderen Worten: eine halbe Umdrehung nach „rechts" gibt einen „positiven" Stromstoß, eine halbe Umdrehung nach „links" einen „negativen" Stromstoß (oder umgekehrt, je nach dem Wicklungssinn der „Multiplikatorrollen").

Außer der Aufgabe, die Polarität der abgegebenen Stromstöße von der Drehrichtung abhängig zu machen, hatte der Kollektor noch eine weitere Aufgabe zu erfüllen. Nach Steinheils Angaben bestanden die beiden Wicklungen aus insgesamt 15000 Windungen eines dünnen doppelt mit Seide übersponnenen Kupferdrahtes[20]. Diese große Windungs-

---

[20] Dem würde ein Drahtdurchmesser von 0,38 mm entsprechen. Der Widerstand der beiden Wicklungen hätte etwa 400 Ω betragen, also fast das Dreifache des Widerstandes der Leitung nach Bogenhausen, wenn man in beiden Fällen dieselbe Leitfähigkeit des Kupferdrahtes annimmt (siehe Fußnote 18).

zahl lieferte zwar eine hohe Klemmenspannung, sie führte aber auch zu einem recht großen Wicklungswiderstand. Da Steinheils Konzept eine Reihenschaltung aller Sender, Empfänger und Leitungsdrähte vorsah, war dieser Widerstand störend, wenn der Induktor nicht gerade einen Stromstoß senden sollte.

Aus diesem Grund führte Steinheil zwei weitere Schleifkontakte ein, die untereinander um 180° und gegenüber den Induktorschleifarmen um 90° versetzt waren. Diese beiden Schleifkontakte verbanden die Leitungsenden A und E direkt miteinander, solange die Induktorwicklungen keinen Stromstoß abgeben sollten.

Der Kollektor löste also drei Aufgaben: er schaltete die Wicklung jeweils im richtigen Augenblick in die Leitung ein, er änderte das Vorzeichen des Stromstoßes in Abhängigkeit von der Drehrichtung und er überbrückte die Wicklungen, wenn sie nicht als ‚Sende-Impuls-Geber' benötigt wurden.

So elegant diese Lösung in funktioneller Hinsicht war, so umständlich erscheint aus heutiger Sicht die konstruktive Ausführung (Bild V. 15 rechts). Als Kontaktbahnen dienten nämlich zwei halbkreisförmige „Quecksilbernäpfe", als Schleifkontakte „eiserne Haken", die von oben in das Quecksilber eintauchten:

> „Das Quecksilber steht in den halbkreisförmigen Gefäßen, vermöge seiner Kapillarität, höher als die Zwischenwände, so daß die Endhaken der Multiplikatorsdrähte bei Drehung ihrer Axe, über die Zwischenwände hinweg gehen ... Damit aber bei rascher Drehung des Multiplikators das Quecksilber nicht durch die eingreifenden Haken zerstreut werde, ist noch ein cylindrischer Glasring über das Quecksilbergefäß gesetzt. Bei jedem halben Umgang sieht man das Überspringen des Funken, wenn die Multiplikatorshaken ihre Quecksilbernäpfe verlassen."

Steinheil war mit dieser Lösung offenbar auch selbst nicht ganz zufrieden. Er beschreibt jedenfalls ganz kurz auch eine andere Konstruktion, „bei welcher durchaus kein Quecksilber vorkömmt", bei der man aber „auf die Sichtbarkeit dieser Funken" verzichten müsse. Mit dieser vereinfachten Konstruktion (Kontaktbahnen und Schleiffedern aus Kupferblech) waren die Apparate in Bogenhausen und in der Lerchenstraße ausgerüstet.

In dem dritten Abschnitt seiner „Beschreibung ..." erläutert Steinheil die „*Zeichengeber*", also in unserer heutigen Ausdrucksweise die Empfangsgeräte seines Telegraphen. Bild V. 14 zeigt rechts die Ausführung für Hörempfang: in einer Multiplikatorspule ist ein „Magnetstäbchen" angeordnet, durch dessen Schwerpunkt eine dünne Stahlachse geführt ist. Diese an beiden Enden spitz zulaufende Achse ist in zwei Pfannen drehbar gelagert. Der Spulenkörper ist aus Messing, die Wicklung hat 600 Windungen des gleichen Drahtes, der in dem Induktor verwendet wurde.

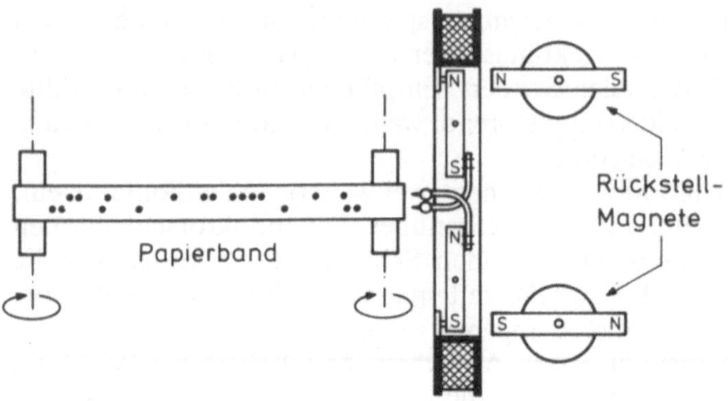

Bild V.16. Steinheils Schreibempfänger 1838

Ist der Multiplikator nach dem magnetischen Nordpol ausgerichtet, befindet sich das Magnetstäbchen im stromlosen Zustand der Wicklung in der in Bild V. 14 gezeigten Ruhelage. Wird ein kurzer Stromstoß durch die Wicklung geschickt, erfährt das Magnetstäbchen einen Impuls nach rechts oder links und schlägt an eine von zwei Glocken an, deren Tonhöhen um eine Sechste voneinander verschieden sind. Je nach der Polarität des Stromstoßes wird also ein tieferes oder höheres „Zeichen" hörbar.

Eine spätere Ausführungsform zeigt Bild V. 16. Hier sind in einer gemeinsamen Multiplikatorspule zwei Magnetstäbchen angeordnet und zwar so, daß der Nordpol des einen dem Südpol des anderen gegenüber steht:

> „An den nächsten Enden . . . sind noch 2 dünne Ärmchen aus Messing angeschraubt, welche ganz kleine Gefäßchen tragen. Diese Gefäßchen, bestimmt zur Aufnahme schwarzer Ölfarbe, haben sehr fein durchbohrte und nach vorne abgerundete Schnäbel. Wenn Ölfarbe in die Gefäße kömmt, zieht sie sich vermöge der Capillar-Attraction durch die Bohrung der Schnäbel und bildet an ihren Öffnungen, ohne auszufließen, halbkugelförmige Erhöhungen. Die leiseste Berührung reicht also hin, einen schwarzen Punkt zu fixieren."

Diese schwarzen Punkte werden auf einem von einem Uhrwerk kontinuierlich bewegten Papierband abgedruckt und zwar diejenigen des einen Schnabels auf einer höheren, die des andern auf einer tieferen Linie, so daß eine Art von Notenschrift entsteht, bei der die oberen Punkte die höheren, die unteren Punkte die tieferen Töne anzeigen.

Um zu erreichen, daß — je nach der Polarität der Stromstöße — jeweils nur ein Magnetstäbchen ausgelenkt wird, sind in dem Spulenkörper noch zwei aus Messing gefertigte Anschläge angebracht, an der sich bei Stromlosigkeit der Spule beide Magnetstäbchen anlegen sollen. Diese „Ruhestellung" könnte — wie bei dem Hörempfänger — durch das Erdmagnetfeld bewirkt werden; da aber die Kombination Multiplikator und Papierband-Transportmechanismus eine ziemlich umfangreiche Konstruktion bilden, läßt sich eine solche Ausrichtung hier nur schwer erreichen. Aus diesem Grund sind seitlich noch zwei drehbare Rückstellmagnete angebracht, mit deren Hilfe die Ruhestellung einjustiert werden kann.

Über die Anwendung der hörbaren und sichtbaren „Zeichen" schreibt Steinheil:

> „So lange die Zwischenzeiten zwischen den einzelnen Zeichen gleich bleiben, bildet sich eine zusammengehörige Gruppe, sowohl in den Tönen, als in der sie darstellenden Schrift. Eine längere Pause trennt solche Gruppen kenntlich. Man ist dadurch also im Stande, durch schicklich gewählte Combinationsgruppen als Bezeichnung für das Alphabet oder für stenographische Zeichen irgend ein System zu bilden, und dadurch den Gedanken an allen Punkten der Kette, wo Apparate wie der beschriebene stehen, im Augenblicke selbst wieder zu geben und zu fixieren. Das von mir gewählte Alphabet gibt die in unserer Sprache am öftesten wiederkehrenden Buchstaben durch die einfachsten Zeichen."

Bild V. 17 zeigt Steinheils „Alphabet", das wir heute einen ‚wirtschaftlichen Telegraphen-Code' nennen könnten.

Steinheil erwähnt dann noch, daß man die einzelnen Punkte seiner Zeichen-Gruppe in Gedanken durch gerade Linien miteinander verbinden und so eine gewisse Ähnlichkeit mit den lateinischen Lettern herstellen könne, „wodurch sie sich dem Gedächtnis leicht einprägen". Die von ihm aufgezeigten Beispiele lassen diesen Zusammenhang allerdings nicht deutlich erkennen; das schließt eine gewisse mnemotechnische Hilfe beim Erlernen des Codes nicht aus.

Daß Steinheil ein einfallsreicher Konstrukteur und Entwickler war, soll zum Schluß noch an dem Beispiel des Leitungsumschalters gezeigt

A	N	1
B	O	2
K = C	P	3
D	R	4
E	S	5
F	T	6
G	U = V	7
H	W	8
I	Z	9
L	Ch	0
M	Sch	

Bild V.17. Steinheils Telegraphen-Code von 1838

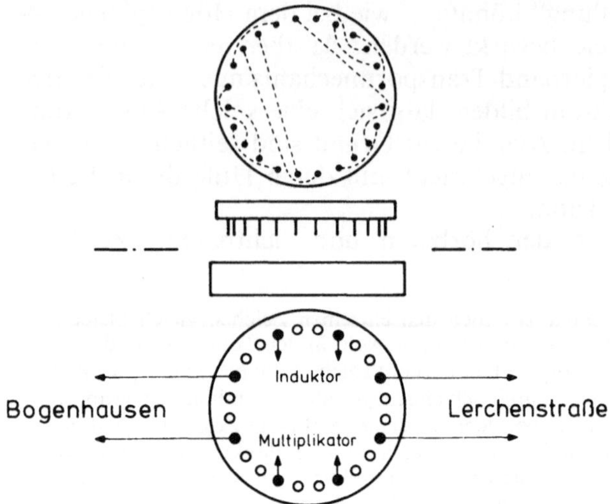

Bild V.18. Steinheils Leitungsumschalter

werden, mit dem er die Telegraphenstation in der Akademie ausgerüstet hatte (Bild V. 18). Wie schon erwähnt, waren in seinem Telegraphennetz alle Sende- und Empfangsgeräte sowie die Hin- und Rückleitungen nach Bogenhausen und in die Lerchenstraße in Reihe geschaltet, bildeten also eine in sich geschlossene galvanische Kette.
Steinheil wollte nun bei seinen Versuchen die Möglichkeit haben,
Teilsysteme aus dieser Kette auszuschalten oder direkt miteinander
zu verbinden. Das erreichte er mit Hilfe einer Holzscheibe, in die auf
einer Kreislinie 24 Löcher gebohrt waren (Bild V. 18 unten). Die
schwarz ausgelegten 8 Bohrungen waren mit Quecksilber gefüllt;
je zwei von ihnen waren mit dem Induktor und den Multiplikatoren
der eigenen Station verbunden, an die beiden anderen Paare waren
die Leitungen nach Bogenhausen und in die Lerchenstraße angeschlossen.

In einer zweiten Holzscheibe (Bild V. 18 oben) waren 24 Kuper-
stifte eingelassen, von denen je zwei nach dem im Bild gezeigten
Schema miteinander verbunden waren. Je nachdem, wie diese beweg-
liche Scheibe auf die feststehende untere Scheibe aufgesetzt wurde,
ergaben sich folgende Betriebszustände:

1. Zusammenschaltung des ganzen Netzes
2. Verbindung Akademie—Bogenhausen
3. Verbindung Akademie—Lerchenstraße
4. Verbindung Bogenhausen—Lerchenstraße

5. Interne Zusammenschaltung von Induktor und Multiplikatoren in der Akademie-Station

So umständlich uns aus heutiger Sicht eine solche Lösung erscheinen mag, für die damalige Zeit war sie sicher eine beachtliche Leistung.

Steinheil hat außer in seinem Akademievortrag von 1838 auch in Schumachers Astronomischen Jahrbuch für 1839 [124] über den „Galvanischen Telegraphen zu München" berichtet. Dise Veröffentlichung ist im wesentlichen eine gekürzte Fassung des Vortrages und der „Beschreibung . . ."; neu ist ein Hinweis, daß er im Laufe seiner Versuche auch schon eine — wie wir heute sagen würden — Fehlerortung durchführen konnte. Im Zusammenhang mit dem von ihm beobachteten witterungsabhängigen Ableitungsverlusten schreibt er:

> „Diese schwache galvanische Verbindung der getrennten Leitungsdrähte rührte natürlich in der Hauptsache von den Auflagepunkten her, und nahm zu mit ihrer Zahl. Dadurch war aber ein sehr schönes Mittel gegeben, gleich zu finden, wo die Kette eine zufällige Unterbrechung erfahren hatte. Ich will hier eines Falles erwähnen, der durch sein überraschendes Resultat die hiesige Leitung vor jeder späteren böswilligen Beschädigung geschützt hat. Es war auf dem Petersthurme, wo muthwillige Gesellen sich den Spass machten, die Leitungskette da, wo sie am Thurme hin befestigt war, so zu durchschneiden, dass man es kaum sehen konnte. Es geschah aber zu einer Zeit, wo ich eben mit galvanischen Messungen an der Leitung beschäftigt war. Eine einzige Beobachtung zeigte mir den Punkt, wo die Unterbrechung vorgegangen war. Ich schickte sogleich dahin und 20 Minuten später waren die Thäter polizeilich festgenommen, da sie doch, durch die Nacht geschützt, sich völlig sicher und unbemerkt wussten. Dieser moralische Eindruck hat, wie gesagt, der hiesigen Leitung sehr gute Dienste gethan."

Am Ende seines Beitrages in Schumachers Astronomischen Jahrbuch faßt Steinheil das Ergebnis seiner Versuche wie folgt zusammen:

> „Es wird das Angeführte ausreichen, zu zeigen, bis zu welchem Punkte die Aufgabe praktisch vorgeschritten ist. Nach vielfältigen Versuchen, die in letztverflossenem Jahre dahier an diesem Telegraphen fast täglich vorgenommen wurden, besteht über die praktische Brauchbarkeit der Sache wohl kein Zweifel. Die Mittheilungen können ausreichend rasch, mit vollkommener Sicherheit und unter allen Umständen gegeben werden, so dass von dieser Seite der Einführung im Grossen kein Hinderniss mehr entgegen tritt, obgleich es vielleicht mit der Zeit gelingen kann, noch einfachere und bessere Einrichtungen zu geben."

Bevor wir in dem folgenden Abschnitt auf den letzten Satz dieses Zitates zurückkommen, sei hier eine Anekdote eingefügt, die Hugo Marggraff aus Anlaß des 50. Jahrestages von Steinheils Akademievortrag veröffentlicht hat [79]:

> „Welch' unbeschreiblichen Eindruck die neue zierliche Wundermaschine mit ihrer geheimnisvollen Kraft auf alle, die sie sahen, selbst auf die hochgebildetsten Geister, ausübte, kennzeichnet nachstehende, uns von erster Hand gütigst mitgeteilte Anekdote.

Am 27. Januar 1838 besucht König Ludwig I. von Bayern bei starkem Nebelwetter Steinheil in der Akademie und frug denselben: „Ich habe gehört, Sie haben einen Telegraphen erfunden, kann man heute auch telegraphieren?" Der Erfinder bejahte dies, führte den König zum Apparat und bemerkte, dass die Leitung mit seiner Privatwohnung in der Lerchenstrasse, wo seine Frau und deren Schwestern telegraphieren können, sowie mit der Sternwarte in Bogenhausen zu sprechen gestatte. König Ludwig liess nun, Steinheils Alphabet in der Hand haltend, in die Station Lerchenstrasse durch den Apparat fragen: „Was reimt sich auf Nebel?" und als bald ward die Antwort „Hebel" buchstabenweise auf dem Papierstreifen sichtbar. Der Monarch verlangte hierauf: „Fragen Sie den Lamont in der Sternwarte,* was waren die letzten Worte, die ich gestern Abend zu ihm sagte?" Als auch die Antwort hierauf klar und deutlich auf dem Papierstreifen erschienen war, ging König Ludwig mehrmals erregt im Saale auf und ab, blieb dann vor Steinheil stehen, klopfte ihm auf die Schulter und sagte: „Seien Sie froh, dass Sie nicht vor 200 Jahren gelebt haben, da hätte man Sie als Hexenmeister verbrannt!"

---

* Professor Dr. Lamont war damals Observator, seit 1852 Direktor der Königl. Sternwarte; er starb 1879."

Selbst wenn diese Anekdote frei erfunden sein sollte, vermittelt sie wohl zutreffend den großen Eindruck, den Steinheils „Probetelegraph" auf seine Zeitgenossen gemacht hat.

F   Schlußbetrachtung

Vergleicht man Steinheils Telegraphen, den er in den Jahren 1836/37 in München entwickelt und erprobt hatte, mit dem Göttinger Vorbild, findet man leicht eine ganze Reihe entscheidender Fortschritte:

1. Da Steinheil seine Multiplikatoren nur als „Zeichengeber" benutzen wollte (also im Gegensatz zu Göttingen nicht in erster Linie als Magnetometer oder Galvanometer), konnte er an Stelle großer und schwerer Stahlstäbe wesentlich leichtere und kleinere „Magnetstäbchen" verwenden. Dadurch erforderten seine Multiplikatoren weniger Platz.
2. Diese kleinen Magnetstäbchen wurden nicht mehr an Seidenfäden aufgehängt, sondern mit Hilfe dünner Stahlachsen stabil gelagert, eine Konstruktion, die den Anforderungen an ein für den Einsatz in der Praxis bestimmtes Gerät entsprach.
3. Da Steinheil die ballistischen Ausschläge dieser Magnetstäbchen gezielt dazu benutzen wollte, Glocken anzuschlagen oder Punkte auf einem Papierstreifen zu markieren, benötigte er nur einfache kurze Stromstöße (anstelle der bipolaren Signale in Göttingen, die den ballistischen Ausschlag unterdrücken sollten).
4. Da die Polarität dieser Stromstöße durch die Drehrichtung des Induktors bestimmt wurde, ergab sich eine besonders einfache

Bedienung: halbe Umdrehung nach rechts = positiver Stromstoß, halbe Umdrehung nach links = negativer Stromstoß.

5. Der aus Kombinationen von rechten und linken Ausschlägen (hohen und tiefen Tönen/Punkten) gebildete Code berücksichtigte schon bewußt die Häufigkeit der Buchstaben (je häufiger ein Buchstabe, desto einfacher das Code-Wort).

6. Sende- und Empfangsgerät einer Station waren in einem gemeinsamen Standgehäuse untergebracht und bedurften keiner weiteren Standfläche für Ablesefernrohre.

7. Zwischen zwei Stationen war ohne besondere Umschaltung Wechselverkehr möglich.

Dies alles zusammengenommen rechtfertigte also durchaus Steinheils Zuversicht, daß „der Einführung im Grossen kein Hindernis mehr entgegentritt". Worauf beruht dann wohl seine anschließende Bemerkung, daß „es vielleicht mit der Zeit gelingen kann, noch einfachere und bessere Einrichtungen zu geben"?

Die Antwort findet sich in einer Fußnote, die Steinheil der Veröffentlichung seines Akademievortrages beigefügt hat. Dort verweist er auf die ersten Nachrichten über den von Morse in New York vorgeführten Telegraphen (siehe Fußnote 21 in Kap. IV. Seite 91) und schreibt dann:

> „Einem gutachtlichen Bericht des Ausschusses des „Franklin-Instituts" Pensylvaniens aus Philadelphia vom 8. Februar 1838 zufolge, beruht *Morses* Telegraph auf der Wirkung einer hydrogalvanischen Säule von 60 Plattenpaaren, welche ein weiches Hufeisen durch Schliessen der Kette zum Electromagneten umgestaltet. In diesem Moment wird an den Magnet ein Anker angedrückt, dessen Verlängerung in Hebelform die mechanische Kraft ausübt, die nöthig ist, um eine Alarmglocke zu läuten und eine Schrift auf bewegtes Papier mit Strichen aufzutragen."

Wie die folgenden Jahre zeigen sollten, hatte Steinheil also 1838 richtig erkannt, daß man die in einem Telegraphenapparat benötigten „mechanischen Kräfte" einfacher durch den Anker eines Elektromagneten als durch die Auslenkung eines Magnetstabes in einer Multiplikatorspule bereitstellen könne.

Für seine erste eigene Telegraphenentwicklung war diese Erkenntnis zu spät gekommen. Um so mehr muß man anerkennen, daß Steinheil in den folgenden Jahren konsequent auf den neuen Weg einschwenkte (siehe Kap. IX. F). Das ist ihm vielleicht deshalb nicht allzuschwer gefallen, weil er dabei wenigstens einen entscheidenden Beitrag zur Weiterentwicklung aus seinen eigenen Arbeiten beisteuern konnte: die Einführung der Erde als Rückleiter.

VI   Vom Multiplikator zum Nadel-Telegraphen

A   Vorbemerkung

Nachdem *Oersted* 1820 erstmals die Ablenkung einer Kompaßnadel durch den elektrischen Strom beobachtet hatte, schlug *Ampère* noch im gleichen Jahr vor, mit individuellen Kompaßnadeln für jeden Buchstaben des Alphabetes zu telegraphieren. Als *Barlow* 1825 gegen diesen Vorschlag einwandte, daß der von Oersted entdeckte Effekt mit zunehmender Länge der Leitungen allzusehr abnehme, wies *Schweigger* diesen „übereilten Schluß" zurück, da in seinem Multiplikator ein Gegenmittel zur Verfügung stehe. 1829 hielt es *Fechner* unter Hinweis auf das Ohmsche Gesetz für möglich, mit 24 Multiplikatoren zwischen Dresden und Leipzig zu telegraphieren, und 1830 führte *Ritchie* in London ein kleines Demonstrationsmodell eines solchen Multiplikator-Telegraphen vor (Kap. III). Nach den überlieferten Quellen hat aber keiner dieser ‚Erfinder' auf die Möglichkeit hingewiesen, über einen Multiplikator zwei unterschiedliche Signale dadurch anzeigen zu lassen, daß die Kompaßnadel je nach der Stromrichtung entweder nach der einen oder nach der anderen Seite ausgelenkt werden konnte.

Dieser Gedanke ist offenbar zum ersten Mal von *Paul Schilling von Canstatt* aufgegriffen worden und zwar spätestens, nachdem er 1832 von seiner Expedition in die Mongolei nach St. Petersburg zurückgekehrt war (Kap. IV). Hinsichtlich dieser ‚zweiwertigen' Nutzung eines Multiplikators gleichen sich Schillings Überlegungen mit denen, die Gauß und Weber ab 1833 in Göttingen anstellten. Auch in einem anderen Punkt bestand eine Ähnlichkeit: sowohl die von Schilling benutzten Kompaßnadeln als die in Göttingen benutzten Magnetometerstäbe (Kap. V. B) führten — wenn sie drehbar aufgehängt wurden — zu Torsionspendeln sehr geringer Dämpfung. Ein krasser Unterschied bestand allerdings in quantitativer Hinsicht: die Eigenfrequenz der Magnetometerstäbe lag in der Größenordnung von 10 mHz und eine einmal angestoßene Schwingung klang erst nach einigen Stunden ab (Bild V. 3 auf Seite 102), die Eigenfrequenz der Kompaßnadeln lag bei etwa 1 Hz und ihre Schwingungen dauerten nur wenige Minuten. Während Gauß und Weber wegen der Trägheit ihres Anzeigesystems ganz kleine, nur mit dem Fernrohr zu beobachtende Ausschläge anstreben mußten (Kap. V. D), arbeitete Schilling mit vollen Ausschlägen von + oder −90°, die leicht mit dem bloßen Auge verfolgt werden konnten. Auch in anderen Punkten unterscheiden sich Schillings Überlegungen und Entwicklungen von den telegraphischen Versuchen in Göttingen. Während sich die Historiographie bisher vor allem um die Prioritätsfrage gekümmert hat, soll in dem nächsten Abschnitt versucht werden, der für die Technikgeschichte interessanteren Frage nach gedanklichen Parallelen und Unterschieden der beiden ‚Erfindungen‘ nachzugehen.

B   Schillings Telegraphenentwicklungen

Die einzige Quelle, die auf Schilling von Canstatt selbst zurückgeht, ist eine Denkschrift, die er im Frühjahr 1837 einer Kommission vorgelegt hat, die zur Prüfung des von ihm entwickelten elektromagnetischen Telegraphen eingesetzt worden war[1]. Schilling schrieb damals an den Vorsitzenden dieser Kommission, den Marineminister Fürst A. S. Menschikow:

„Durchlauchtigster Fürst
Ich habe die Ehre, hiermit die Beschreibung des elektromagnetischen von mir erfundenen Telegraphen zur Entscheidung Eurer Durchlaucht vorzulegen. Ich schmeichle mich der Hoffnung, daß das Komitee auf allerhöchste Anordnung unter dem Vorsitz Eurer Durchlaucht diese Erfindung einer wohlgeneigten Billigung für würdig befindet, die Aufmerksamkeit des Herrschers und Kaisers auf diese lenken wird und bei seiner Majestät durch ein Gesuch Mittel erreichen wird, um einen solchen Telegraphen im großen Umfang zu bauen, so wie es angesichts der Wichtigkeit dieser Erfindung angemessen ist.

Mit vorzüglicher Hochachtung und ebensolcher Ergebenheit habe ich die Ehre
          Eurer Durchlaucht
          untertänigster Diener zu sein“[2]

Die diesem Brief beigefügte „Beschreibung des elektromagnetischen ... Telegraphen“ beginnt mit einigen allgemeinen Betrachtungen über die Eignung des Lichtes, der Elektrizität, des Galvanismus und des Magnetismus zur Nachrichtenübertragung. Gegen die optischen Tele-

---

[1] Diese Denkschrift wurde erst 1949 von D. I. Kargin wieder aufgefunden und der Leningrader Abteilung der Kommission für Geschichte der Technik an der Akademie der Wissenschaften der UdSSR übergeben. Sie wurde in den „Woprosy istorii jestestwowanija i techniki“ veröffentlicht [111]. Nicht zuletzt dieser Fund gab den Anstoß zu einer ausführlichen modernen Monographie über Schilling, die V. Jarozkij 1963 in Moskau veröffentlicht hat [71]. Sie enthält eine Fülle von Material über Schillings telegraphischen Arbeiten, die allerdings vor allem unter dem Gesichtspunkt des Prioritätsanspruches behandelt werden.
[2] Siehe S. 132

graphen wendet Schilling die Krümmung und Ungleichmäßigkeit der Erdoberfläche und die Behinderung durch Nebel und Regen ein. Im Zusammenhang mit dem Magnetismus erwähnt er die Vorschläge von Porta und Kircher (Band 1, Kap. VII. D), im Zusammenhang mit dem Galvanismus Soemmerring (Kap. I) und Ronalds (Kap. II). Offensichtlich hatte er sich also relativ gründlich mit der Vorgeschichte des von ihm aufgegriffenen Problems einer Nachrichtenübertragung in die Ferne beschäftigt.

Schilling geht dann auf die Entdeckungen von Oersted und Faraday ein, die „den Anfang eines völlig neuen Zweiges der Physik" bedeuten. Im Zusammenhang mit Faraday erwähnt er, daß der „berühmte Astronom Gauß in Göttingen" die Induktion beim Bau seines Telegraphen anwenden möchte, er selbst aber die Voltasche Säule als Stromquelle vorzöge, weil sie „ununterbrochen Elektrizität erzeugen kann".

Schilling folgert aus diesen Überlegungen, daß die Ablenkung der Magnetnadeln durch den elektrischen Strom einer Voltaschen Säule die beste Voraussetzung für den Bau eines Telegraphen bietet, wenn man die ablenkende Kraft vervielfacht, die Nadeln um fast 90° auslenkt, die dabei auftretenden Schwingungen dämpft und dafür sorgt, daß nach Beendigung der Wirkung des elektrischen Stromes die Nadeln „in die Ausgangslage in Richtung eines künstlichen Meridians" zurückkehren.

Schilling beschreibt dann, wie er bei seinem Telegraphen diese Forderungen erfüllt hat:

Die *Voltasche Säule* besteht aus quadratischen Zink- und Kupferplatten von etwa 12,5 cm Kantenlänge mit einer Zwischenlage aus Nankingstoff, der mit einer schwachen Salmiaklösung getränkt ist.

Die *Leiter* bestehen aus dünnen seidenumsponnenen Kupferdrähten, die mit Kautschuk bedeckt in Hanfseile eingeflochten sind.

Der *Multiplikator* besteht aus einigen hundert Windungen eines dünnen seidenumsponnenen Silber- oder Kupferdrahtes und einem astatischen Nadelpaar. Die (an einem Seidenfaden aufgehängte) Achse diese Nadelpaares trägt am oberen Ende eine Zeichenscheibe, die auf beiden Seiten unterschiedlich gefärbt (oder beschriftet) ist. Am unteren

---

[2] „Светлейший Князь

Честь имею представить при сем на благоусмотрение Вашей Светлости описание Телеграфа електромагнетического мною изобретаннаго. Я льщусь надеждою что Комитет по Высочайшему повелению под председательством Вашей Светлости составленный удостоит изобретение сне благосклонным одобрением, обратит на оное внимание Государя Императора и исходатайствует у Его Величества средства чтобы устроить таковой Телеграф в большом размере достойного важности самого изобретения.

С отличным высокопочитанием и таковую же преданностью честь имею быть

Вашей Светлости

покорнейший слуга".

Ende der Achse ist ein kleines Platinblech befestigt, das in Quecksilber taucht, um die Schwingungen der Nadeln zu dämpfen. Nach Abschalten des elektrischen Stromes werden die Nadeln in die Richtung eines künstlichen Meridians, d. h. eines örtlich begrenzten künstlichen Magnetfeldes zurückgeführt (Bild VI.1).

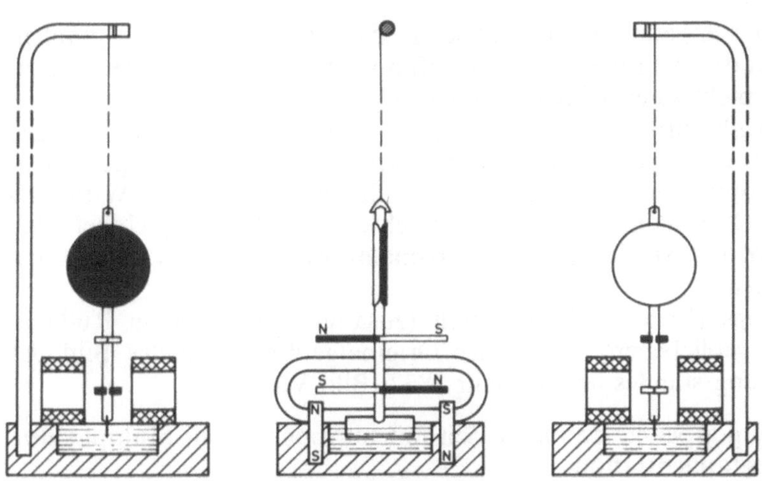

Bild VI.1. Schillings Multiplikator nach der Denkschrift von 1837

Zu jedem Multiplikator gehört ein *Kommutator*, auf dessen Konstruktion nicht näher eingegangen wird.

Der *Wecker* besteht aus einem besonderen Multiplikator, bei dem statt der Zeichenscheibe ein waagerechtes Pendel mit Gewichten an beiden Enden an der Achse befestigt ist. Wird dieses Pendel durch den elektrischen Strom ausgelenkt, schlägt es gegen die Arretierung eines mechanischen Weckers und löst den Federantrieb aus.

Schilling beschreibt dann noch die für die Vorführung eingerichtete *Telegraphenlinie*. Sie führte — teils auf oder in der Erde, teils unter Wasser in Kanälen verlegt — von dem Admiralitätsgebäude zu dem Baudepartment und von dort wieder zurück zur Admiralität. Je ein Multiplikator war am Anfang und am Ende der Leitung in dem Arbeitszimmer des Fürsten Menschikow aufgestellt, ein dritter Multiplikator befand sich im Arbeitszimmer des Direktors des Baudepartement. Die Gesamtlänge des vom Strom durchflossenen Drahtes betrug 10 Werst (etwa 10 km). Nach Schillings Angabe hatten die unter Wasser verlegten Teile der Leitung in den vorangegangenen 5 Monaten „keine Beschädigungen" gezeigt.

Schließlich geht Schilling auf die Betriebsweise seines Telegraphen ein:

„Die Anwendung des Gespräches bei telegraphischen Zeichen nimmt einen gesonderten und wichtigen Platz in der telegraphischen Wissenschaft ein. Alle mir bis heute bekannten Methoden sind unbefriedigend und entsprechen nicht den Anforderungen, die an sie gestellt werden. Ich habe einen Weg gefunden, alle nur möglichen Aussagen mit Hilfe von zwei Zeichen auszudrücken und bei diesen zwei Zeichen jedes telegraphische Wörterbuch oder jedes Signalzeichenbuch anwenden zu können".[3]

Schilling erwähnt dann noch kurz, daß er für seinen Telegraphen eine besondere Chiffrier-Methode erfunden habe, „die auch der Scharfsinnigste nicht zu entschlüsseln vermag".

Die Denkschrift schließt mit einer Zusammenstellung der Vorteile des elektromagnetischen Telegraphen gegenüber den „heute gebräuchlichen" (optischen) Telegraphen: Unabhängigkeit von der Witterung — ungleich größere Übertragungsgeschwindigkeit — von Unbefugten nicht beobachtbar — kleinerer Personalaufwand — geringere Investitionskosten.

Schillings Denkschrift vermittelt (zusammen mit den in Rußland erhalten gebliebenen Resten der Originalgeräte) folgendes Bild des Entwicklungsstandes im Frühjahr 1837 (Bild VI. 1):

1. Schilling arbeitete zu dieser Zeit mit nur noch einem Multiplikator je Telegraphenstation.
2. Diese Multiplikatoren hatten astatische Nadelpaare.
3. Die Ablenkung der Nadeln wurde durch eine Zeichenscheibe sichtbar gemacht.
4. Die Ruhestellung (der „künstliche Meridian") wurde durch zwei kleine Stabmagneten im Sockel des Multiplikators bestimmt.
5. Eine Quecksilberdämpfung führte zu einem nahezu aperiodischen Zeitverhalten der Nadeln und ermöglichte so eine serielle Signalfolge.

Der von Schilling selbst nicht näher beschriebene Kommutator des Ein-Nadel-Telegraphen bestand nach Jarozkij [71] aus einer quadratischen Grundplatte aus Holz mit vier symmetrisch angeordneten Vertiefungen, die mit Quecksilber gefüllt waren (Bild VI. 2 links). Eine ebenfalls quadratische Deckplatte trug vier paarweise miteinander verbundene Metallstifte, die beim Aufsetzen auf die Grundplatte in die Quecksilbernäpfe eintauchten. Je nach der Positionierung der

---

[3] Применение разговора к телеграфическим знакам состаляет отдельную и важную часть телеграфической науки. Все доселе мне известным сделавшиеся способы кажутся мне неудовлетворительны и не соответствуют требованиям которых от них ожидать должно. Я нашел средство двумя знаками выразить все возможные речи и применить к сим двум знакам всякой телеграфической словарь или сигнальную книжку.

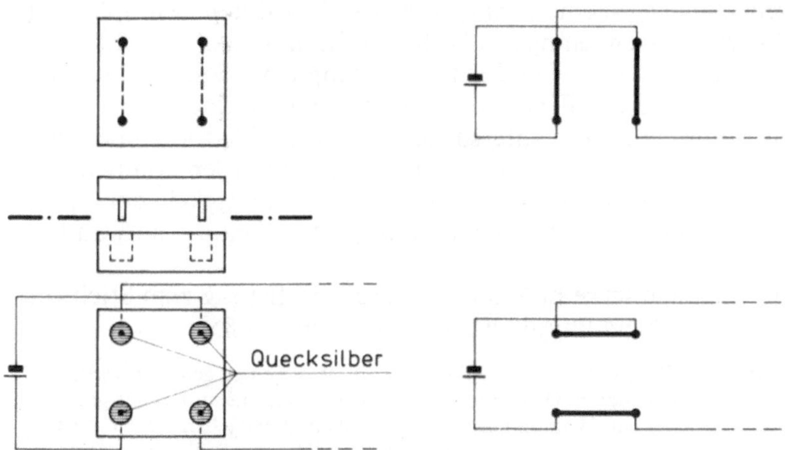

Bild VI.2. Schillings Kommutator nach Jarozkij

Deckplatte ergaben sich die beiden in Bild VI. 2 rechts dargestellten Stromläufe.

Im folgenden soll versucht werden zu rekonstruieren, welche Überlegungen Schilling dazu bestimmt haben könnten, am Ende einer (mindestens) fünfjährigen Entwicklungsarbeit gerade diese Lösung als optimal vorzuschlagen. Um eine richtige Interpretation der zur Klärung dieser Frage ausgewerteten zeitgenössischen Quellen zu erleichtern, muß zuvor auf eine terminologische Schwierigkeit hingewiesen werden:

1. Im Zusammenhang mit Schillings Entwicklungsarbeiten wird der Ausdruck „Telegraph" zum Teil nur auf das Empfangsgerät, nämlich den Multiplikator mit Zeichenscheibe, angewendet, zum Teil aber auch für die vollständige Apparatur mit Stromquelle, Kommutatoren, Leitungen und einem oder mehreren Multiplikatoren auf der Empfangsseite.

2. Die Bezeichnungen „Ein-Nadel-Telegraph, Fünf-Nadel-Telegraph, Sechs-Nadel-Telegraph" beziehen sich immer nur auf die Zahl der jeweils in den Empfangsstationen verwendeten Multiplikatoren, unabhängig davon, ob diese Multiplikatoren mit einer einfachen Magnetnadel oder mit einem astatischen Nadelpaar ausgerüstet waren.

Zurück zu Schilling. Wie in Kap. IV ausgeführt, hatte er 1810 in München die telegraphischen Versuche von Soemmerring kennen gelernt, die auf einer buchstabenweisen Nachrichtenübertragung über individuelle Leitungen beruhten. Wann Schilling zum ersten Mal

daran gedacht hat, Soemmerrings Gasbläschen durch Multiplikator-
ausschläge zu ersetzen, ist nicht überliefert. Man wird aber wohl davon
ausgehen können, daß er bei der Realisierung eines solchen Projektes
zwei Aufgaben in Angriff nehmen mußte, wenn er eine Verbesserung
erreichen wollte: er mußte untersuchen, ob Multiplikatoren überhaupt
über größere Entfernungen erfolgreich eingesetzt werden könnten, und
er mußte überlegen, ob und wie man die Zweiwertigkeit der Multi-
plikatorausschläge dazu benutzen könnte, den Leitungsaufwand zu
verringern.

Zur ersten Frage schreibt Muncke[4] in seinem Beitrag zum Stichwort
‚Telegraph‘ in Gehlers Physikalischem Wörterbuch [85]:

> „Der Baron Schilling v. CANSTADT darf wohl als derjenige genannt werden,
> welcher das Problem der elektromagnetischen Telegraphie zuerst und mit gröss-
> tem Eifer bearbeitet hat. Während seiner Anwesenheit in München bei der Kais.
> Russischen Gesandtschaft zur Zeit, als SÖMMERRING das Problem der Tele-
> graphie bearbeitete, wurde er mit dieser Aufgabe vertraut, und es war daher
> natürlich, dass er bald nach OERSTEDS Entdeckung und hauptsächlich,
> nachdem man die Construction und Wirkung der Multiplicatoren erkannt hatte,
> auf den Gedanken verfiel, die durch den elektrischen Strom bewirkten Abweichun-
> gen einer Magnetnadel zum Telegraphiren zu benutzen. Ohne hierbei auf un-
> wesentliche Speculationen einzugehen, fasste er das Hauptproblem scharf ins
> Auge, nämlich die Frage, ob der elektrische Strom ohne nachtheilige Schwä-
> chung weite Strecken durchlaufen könne, und überzeugte sich hiervon durch Ver-
> suche auf seinem Gute, wobei die Länge des angewandten Drahtes mehrere
> Werst betrug.“

Bei diesen Versuchen zur Ermittlung der möglichen Reichweiten
seines geplanten Telegraphen genügte ein einziger Multiplikator, um
die ablenkende Kraft des elektrischen Stromes beobachten zu können.
Für die Übermittlung beliebiger Nachrichten standen Schilling mehrere
Wege offen: eine *buchstabenweise* Übertragung über individuelle
Leitungen (mit zwei möglichen Buchstaben je Multiplikator), die
Beschränkung auf einen Multiplikator mit Seriencode oder die Benutzung einer beschränkten Zahl von nebeneinander angeordneten
Multiplikatoren mit Parallel-Code. Daneben bot sich noch die Über-
tragung dekadischer Ziffern an, die mit einem *telegraphischen Wörter-
buch* korrespondierten.

Ehe wir zu der Frage übergehen, welche dieser Möglichkeiten Schilling
im Laufe seiner Entwicklungsarbeiten aufgegriffen hat, soll hier kurz

---

[4] Muncke hatte Schilling 1835 in Bonn kennen gelernt (Kap. IV). In einer Fußnote
zu seinem Beitrag „Telegraph“ schreibt er: „Es hat mir großes Vergnügen gemacht,
diesen mit unglaublich vielseitigen Kenntnissen ausgerüsteten Gelehrten, Mitglied der
Akademie zu Petersburg, zugleich auch viel bewandert in den höheren Geschäften des
Staatslebens, bei der Versammlung der Naturforscher zu Bonn kennen zu lernen und von
ihm mündlich die Hauptsachen des hier Mitgetheilten zu entnehmen. Leider ist er seitdem verstorben.“

über eine Reihe von Versuchen berichtet werden, die der Verfasser dieses Beitrages an einem Nachbau des Multiplikators von Schilling durchgeführt hat [8]. Bei diesen Versuchen konnte mit und ohne Quecksilberdämpfung gearbeitet werden; dabei ergaben sich frappierende Unterschiede im Zeitverhalten der Magnetnadeln. *Ohne Dämpfung* folgten auf jede plötzliche Änderung des elektrischen Stromes (Ein-, Aus- oder Umschalten) mehrere hundert Schwingungen mit einer Frequenz von etwa 1 Hz. Der eingeschwungene Zustand wurde erst nach einigen Minuten erreicht. Serielle Signale hätten also nur in einem zeitlichen Abstand von mehreren Minuten aufeinander folgen dürfen, wenn sie deutlich voneinander unterscheidbar bleiben sollten. Andererseits war aber beim Einschalten des Stromes schon nach wenigen Schwingungen zu erkennen, welche Seite die Zeichenscheibe im eingeschwungenen Zustand zeigen werde. Bei einer Anordnung von mehreren Multiplikatoren nebeneinander waren also die Kombinationen eines Parallel-Codes zu erkennen, ohne daß man das endgültige Abklingen der Schwingungen abwarten mußte. *Mit Dämpfung* erfolgten die Ausschläge der Zeichenscheibe nahezu aperiodisch, eine Lösung, die auch die Verwendung eines Seriencodes erlaubte.

Nun ist leider nicht überliefert, wann Schilling die Quecksilberdämpfung zum ersten Mal bei seinen Multiplikatoren eingeführt hat. In der zeitgenössischen Literatur wird sie zum ersten Mal in der „Allgemeinen Bauzeitung" 1837 erwähnt [1]. Dort heißt es, nach einem Hinweis auf Schillings Teilnahme an den Versuchen von Soemmerring in München:

> „Baron Schilling . . . verließ jedoch nach der Bekanntwerdung des Multiplikators den früher betretenen Weg, und erkannte in diesem wichtigen Instrumente das brauchbarste Hilfsmittel zur Realisierung seines Zweckes. Allein die rasche Ablenkung der Magnetnadel durch einen schwachen elektrischen Strom genügte noch nicht; es mußte den Schwankungen der Nadel vorgebeugt werden, wenn ihre Indikazionen Sicherheit gewähren sollten. Dieß realisirte Baron Schilling auf eine eben so einfache und sinnreiche Weise, indem er an die Axe der Magnetnadel ein kleines Ruder von dünnem Platinbleche befestigte, und dasselbe in Quecksilber tauchen ließ. Hierdurch wurde jede Zweideutigkeit in der Bewegung der Magnetnadel beseitigt, ohne ihrer Beweglichkeit durch den elektrischen Strom selbst eines einzigen Volta'schen Elements von einigen Quadratzollen Oberfläche, den geringsten Eintrag zu thun. Wir nehmen keinen Anstand, in diesem Gedanken das Hauptverdienst der Schilling'schen Methode zu sehen."[5]

In dem selben Beitrag wird dann erwähnt, daß Schilling im Frühjahr 1836 in Wien mit Prof. Freiherrn von Jacquin und Prof. von Ettinghaus „gemeinschaftliche Versuche . . . sowohl an einer über zwei

---

[5] Die von Schilling eingeführte mechanische Dämpfung der Nadelschwingungen hat später die Entwicklung elektrischer Zeiger-Meßinstrumente mit aperiodischem Einschwingverhalten wesentlich beeinflußt.

Straßen durch das Universitätsgelände in der Luft, wie auch an einer im botanischen Universitätsgarten unter der Erde geführten telegraphischen Linie mit besten Erfolg ausführte". Daraus darf man schließen, daß Schilling im Frühjahr 1836 die Quecksilberdämpfung benutzt hat.

Ein halbes Jahr zuvor, im September 1835, hatte Schilling seinen Telegraphen vor der Versammlung der Naturforscher und Ärzte in Bonn und anschließend vor dem „Physikalischen Verein" in Frankfurt gezeigt (Kap. IV). Über die Vorführung in Bonn schreibt die Zeitschrift „Isis" in ihrem „Bericht über die Versammlung der Naturforscher und Ärzte zu Bonn im September 1835" [68]:

> „Hofr. Muncke setzte die Construction des electro-magnetischen Telegraphen des Herrn Baron von Schilling auseinander, und besonders die schöne und einfache Verbesserung des Apparates.
>
> Neeff fügte hinzu, daß die Drähte bey größeren Entfernungen immer dicker werden müssen, oder daß die Säule verstärkt werden müsse. Er machte auf eine Anwendung der Magnet-Electricität aufmerksam, welche neuerer Zeit in Göttingen gemacht worden ist und manchfache Vorzüge darbietet.
>
> Prof. Weber aus Göttingen erwiederte, daß die Versuche von Gauß alle Zahlenverhältnisse vollkommen genau bestimmt hätten, welche bey Ausführung dieser Aufgabe zur Sprache kommen könnten, so daß man voraus die Dimensionen der Drähte und Magnete genau bestimmen kann für jede Telegraphen-Distanz, welche man in Verbindung setzen wollte. So sollte für die Distanz von Leipzig nach Dresden der Draht von Kupfer eine Dicke von 3/4 Linien haben, von Paris nach Petersburg 3 Linien."

Worin die „schöne und einfache Verbesserung des Apparates" bestand, wird nicht angegeben. Vielleicht ist damit die bis dahin bei Multi-

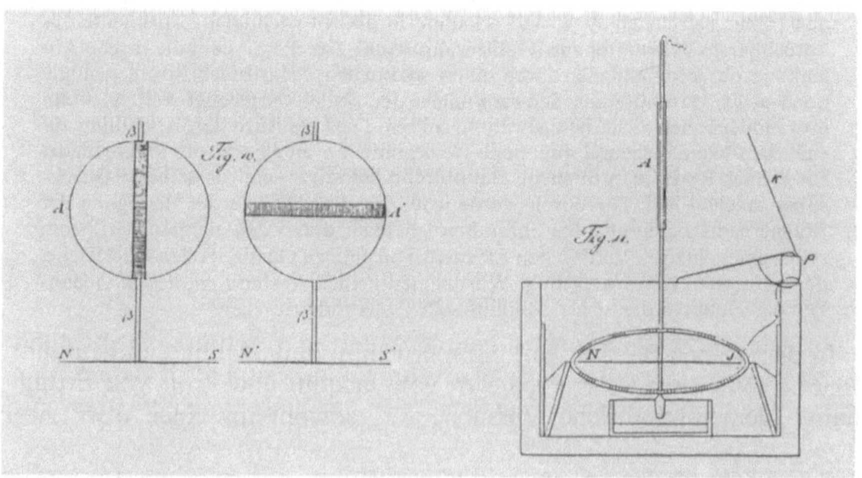

Bild VI.3. Fig. 10 und Fig. 11 aus Munckes Beitrag zum Stichwort „Telegraph" in Gehlers Physikalischem Wörterbuch [85]

plikatoren nicht übliche Zeichenscheibe gemeint, die es erlaubte, daß auch ein größeres Auditorium die Auslenkungen der Magnetnadeln beobachten konnte. In seinem 3 Jahre später erschienenen Beitrag zu Gehlers Physikalischem Wörterbuch beschreibt Muncke das Demonstrationsmodell, das er sich in Frankfurt von Albert für seine Vorlesungen hatte anfertigen lassen, unter Hinweis auf „Fig. 10" (Bild VI. 3) wie folgt:

> „Die Magnetnadel hängt an einem ungezwirnten Seidenfaden, wie man diese Seide bei den Knopfmachern oder Posementirern leicht erhält. Diese Fäden sind mit dem oberen Ende an einen geeigneten Träger gebunden, mit dem unteren aber an dem hölzernen Stäbchen oder dem Messingdrahte $\beta\ \beta$, $\beta'\ \beta'$ festgebunden, auf welchem die Magnetnadel $N\ S$, $N'\ S'$ festgesteckt ist. Auf dem oberen Ende dieser kleinen Stange ist eine etwa 1,5 bis 2 Zoll im Durchmesser haltende Scheibe von Kartenpapier A, A' so befestigt, dass sie sich mit demselben, durch Reibung festgehalten, zugleich dreht, zugleich aber in eine für den Beobachter geeignete Lage gestellt werden kann, so dass sie bei ruhender Nadel ihm die scharfe Seite zukehrt, bei einer östlichen oder westlichen Abweichung derselben aber die eine oder die andere Fläche zeigt. Auf diesen Flächen ist auf der einen ein verticaler, auf der andern ein horizontaler Balken gezeichnet, beide schwarz, wenn die Scheibe weiss ist, oder umgekehrt; auch bedarf es kaum der Bemerkung, dass statt dieser beliebige andere Zeichen, zum Beispiel auch nach der oben angegebenen Einrichtung auf 5 Scheiben 0 und 5, 1 und 6, 2 und 7, 3 und 8, 4 und 9 gewählt werden könnten."

Von einer „Dämpfung" der Nadelschwingungen ist hier nicht die Rede. Muncke schreibt dazu nur:

> „Damit jedoch die Nadel bei einer stärkeren elektrischen Erregung nicht um ihre verticale Axe in einem ganzen Kreise einmal oder mehrmal herumgeschleudert werde, muß irgendwo eine kleine Strebe aufgerichtet werden, welche die Nadel hindert, mehr als 90° abzuweichen."

Andererseits zeigt eine weitere Zeichnung des Multiplikators „im verticalen Durchschnitt' („Fig. 11" in Bild VI. 3) eine Verlängerung der Nadelachse nach unten, die in ein Gefäß eintaucht. Obwohl dieser Teil der Zeichnung im Text nicht erwähnt wird, könnte diese Darstellung darauf hinweisen, daß Schilling die Quecksilber-Dämpfung schon in Bonn und Frankfurt als „schöne und einfache Verbesserung des Apparates" vorgeführt hat.

Der Hinweis auf 5 Zeichenscheiben mit den Ziffern 0 bis 9 „nach der oben angegebenen Anordnung" bezieht sich auf eine vorangegangene Bemerkung Munckes über Schillings Pläne, mehrere Multiplikatoren nebeneinander aufzustellen:

> „In dieser Beziehung neigte er sich am meisten zu der Idee hin, bloß Zahlen zu telegraphieren, die sich auf Chiffern-Lexikon beziehen sollten, worin die den einzelnen Zahlen zukommenden Worte verzeichnet wären."[6]

---

[6] Siehe S. 140

Danach kann man wohl davon ausgehen, daß Schilling im Jahre 1835 fünf Multiplikatoren nebeneinander benutzte. Eine Bestätigung findet man in einem Brief von Gauß an Schilling, den Weber von Göttingen nach Bonn überbrachte [59]; in diesem vom 11. September 1835 datierten Brief schreibt Gauß u. a.:

> „Hochwohlgeborener Herr Baron, Hochzuverehrender Herr!
>
> Die Abreise unseres Freundes Weber nach Bonn veranlaßt micht, Ihnen nochmals zu bezeugen, wie große Freude es mir gemacht hat, Ihre Bekanntschaft zu erneuern und mich mit Ihnen über so manche naturwissenschaftlichen Gegenstände zu unterhalten . . . Mich soll wundern, wo man zuerst die elektromagnetische Telegraphie praktisch und im großen Maßstab ins Leben treten lassen wird. Früher oder später wird dies gewiß geschehen, sobald man nur erst eingesehen haben wird, daß sie sich ohne Vergleich wohlfeiler einrichten läßt als die optischen Telegraphen. Die Telegraphie durch Benutzung der Induktion bedarf nur einer einfachen Kette, und ich glaube, daß man es dahin bringen kann, acht bis zehn Buchstaben in der Minute zu transmittieren . . .
>
> Wo man die größeren Kosten für eine vielfache Kette (nach Ihrer Idee mit sieben Strängen) aufwenden mag, wird Ihr Verfahren teils eine noch etwas größere Schnelligkeit, teils eine größere Unabhängigkeit von besonderer Intelligenz an den Employés erreichen können. Doch glaube ich, daß man letztre in einem ziemlich hohen Grade auch bei dem Gebrauch des Induktionsverfahrens durch Anwendung einer Maschine erreichen könnte, für welche ich mir in der letzten Zeit die Hauptmomente bereits ausgedacht habe. Bei mir bleibt dies freilich bloß eine Idee, da ich mich auf kostspielige Versuche, die keinen unmittelbar wissenschaftlichen Zweck haben, nicht einlassen kann . . .“

Schillings „Idee“ sah nach diesem Brief sieben „Stränge“ vor: 5 Zuleitungen zu 5 Multiplikatoren mit Zeichenscheiben, 1 Zuleitung zum „Wecker“ und eine gemeinsame Rückleitung würden also einem „Fünf-Nadel-Telegraphen“ entsprechen. Nun findet man in der Sekundär-Literatur auch immer wieder Hinweise, Schilling habe mit „Sechs-Nadel-Telegraphen“ gearbeitet.

Als 1881 in Paris eine internationale Industrie-Ausstellung stattfand, zeigte Rußland dort als Beispiel für die frühen russischen Verdienste um die Entwicklung der elektromagnetischen Telegraphie einen „Sechs-Nadel-Telegraph“ von Schilling. Die Zeitschrift „La Lumière Électrique“ [58] veröffentlichte eine Zeichnung dieses Gerätes (Bild VI. 4): auf einer Wandkonsole waren sechs Multiplikatoren mit Zeichenscheiben und ein Multiplikator zum Auslösen des Weckers nebeneinander aufgestellt. Die zugehörigen Kommutatoren (‚Sende-Tasten‘) waren in einer Klaviatur mit 8 weißen und 8 schwarzen Tasten zusammengefaßt.

---

[6] Muncke verweist hier in einer Fußnote auf die „electrotelegraphischen Versuche“ von Prof. Morse: „Die schnell sich folgenden Oszillationen bezeichnen Zahlen. Sie beziehen sich auf ein telegraphisches Wörterbuch.“ Als Quelle gibt Muncke an: „Silliman. Amer. Journ. T. XXXIII“ (siehe Kap. IV. D). Diese Bemerkung zeigt, daß Muncke auch die ausländische Literatur sorgfältig verfolgt hat.

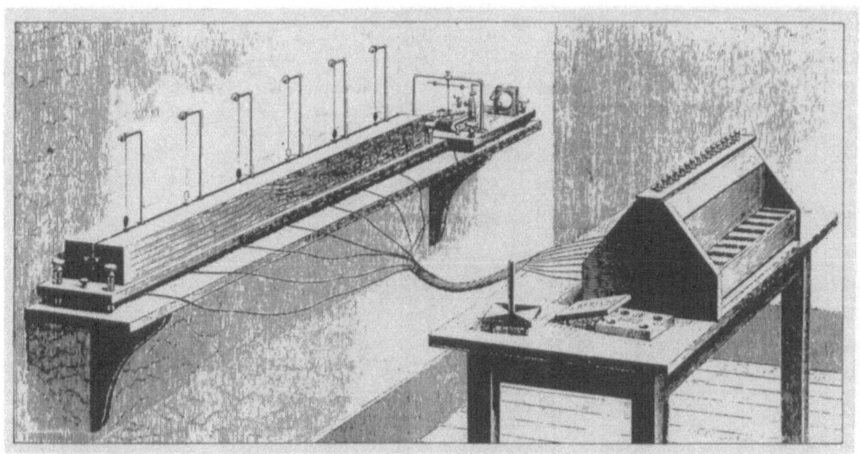

Bild VI.4. Sechs-Nadel-Telegraph von Schilling nach Guerout [58]

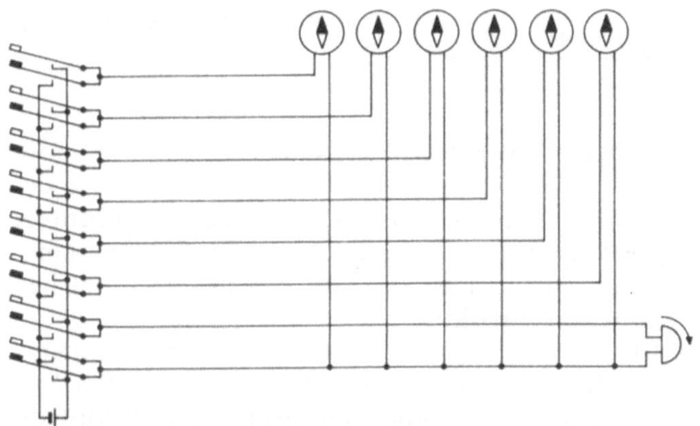

Bild VI.5. Schaltung des Sechs-Nadel-Telegraphen von Schilling nach Jarozkij [71]

Die Aufstellung von 6 Multiplikatoren nebeneinander war zweifellos nur praktikabel, wenn sie unabhängig von der jeweiligen Richtung des erdmagnetischen Meridians erfolgen konnte; das erklärt die Ausrüstung der Schillingschen Multiplikatoren mit astatischen Nadelpaaren und die Einführung eines „künstlichen Meridians", durch den die parallele Ausrichtung der Zeichenscheiben im Ruhestand sichergestellt wurde, eine Lösung, die Schilling auch für seinen „Ein-Nadel-Telegraphen" beibehalten hat.

Nach Jarozkij [71] wurden 1886 aus Anlaß des hundertsten Geburtstags von Schilling die in Rußland erhaltengebliebenen Teile eines

А	○	|	|	|	|	|		Ф	●	|	●	|	|	|
Б	●	|	|	|	|	|		Х	|	○	|	○	|	|
В	|	○	|	|	|	|		Ц	|	●	|	●	|	|
Г	|	●	|	|	|	|		Ч	|	|	○	|	○	|
Д	|	|	○	|	|	|		Ш	|	|	●	|	●	|
Е	|	|	●	|	|	|		Щ	|	|	|	○	|	○
Ж	|	|	|	○	|	|		Ы	|	|	|	●	|	●
З	|	|	|	●	|	|		Ю	|	○	○	|	|	|
И	|	|	|	|	○	|		Я	|	●	●	|	|	|
К	|	|	|	|	●	|		1	○	○	○	|	|	|
Л	|	|	|	|	|	○		2	●	●	●	|	|	|
М	|	|	|	|	|	●		3	|	○	○	○	|	|
Н	○	○	|	|	|	|		4	|	●	●	●	|	|
О	●	●	|	|	|	|		5	|	|	○	○	○	|
П	|	|	○	○	|	|		6	|	|	●	●	●	|
Р	|	|	●	●	|	|		7	|	|	|	○	○	○
С	|	|	|	|	○	○		8	|	|	|	●	●	●
Т	|	|	|	|	●	●		9	○	|	○	|	○	|
У	○	|	○	|	|	|		0	●	|	●	|	●	|

Bild VI.6. Parallel-Code für Schillings Sechs-Nadel-Telegraphen nach Jarozkij [71]

„Sechs-Nadel-Telegraphen" und eines „Ein-Nadel-Telegraphen" wieder instandgesetzt und ergänzt[7]. Bild VI. 5 zeigt die Schaltung des „Sechs-Nadel-Telegraphen". Da eine gemeinsame Rückleitung benutzt wurde, konnten nur gleichsinnige Nadelausschläge zur Bildung eines Parallel-Codes herangezogen werden. Bild VI. 6 zeigt einen solchen Code nach den Angaben von Jarozkij.

Wenn diese Rekonstruktionen stimmen, bietet sich folgende Antwort auf die Fragen an, welche gedanklichen Schritte Schilling getan hat, um Soemmerrings Telegraphen durch die Einführung von Multiplikatoren zu verbessern:

1. Unter Beibehaltung einer buchstabenweisen Nachrichtenübertragung reduzierte Schilling zuerst den Leitungsaufwand (für 28 Buchstaben und 10 Ziffern) von 38 individuellen Leitungen (wie Soemmering sie gebraucht hätte) auf 8 Leitungen (einschließlich Wecker). Für diese große Einsparung mußte er allerdings wegen der gemeinsamen Rückleitung einen recht komplizierten Parallel-Code in Kauf nehmen.

---

[7] Nach Jarozkij befinden sich diese Rekonstruktionen jetzt im Polytechnischen Museum in Moskau. Kopien findet man auch in anderen technischen Museen, so im Deutschen Museum in München.

2. Zur Entlastung der Telegraphisten ging Schilling dann dazu über, nur noch die 10 Ziffern des dekadischen Zahlensystems zu übertragen, wodurch der Leitungsaufwand noch einmal um einen „Strang" reduziert, auf der anderen Seite aber die Benutzung eines „telegraphischen Wörterbuches oder Signalzeichenbuches" notwendig wurde.
3. Nachdem es ihm gelungen war, die unerwünschten Schwingungen der Magnetnadel zu dämpfen, reduzierte Schilling den Leitungsaufwand auf zwei Drähte und arbeitete unter Beibehaltung der Ziffernübertragung mit nur noch einem Multiplikator und einem Serien-Code[8].

Dieser Versuch, den zeitlichen Ablauf von Schillings Telegraphenentwicklung zu rekonstruieren, findet eine gewisse Bestätigung in einem Vortrag „Über die elektrische Telegraphie", den M. H. Jacobi[9] 1844 vor der Petersburger Akademie gehalten hat (hier zitiert nach [70]). In diesem Vortrag beschreibt Jacobi den „Ein-Nadel-Telegraph" von Schilling in Übereinstimmung mit dessen Denkschrift von 1837. Dann fährt Jacobi fort:

> „Jedoch waren die ersten Versuche von Schilling ebenso wie die anderer Wissenschaftler keineswegs so einfach. In jener Zeit glaubt man noch, das Ziel nicht ohne eine große Zahl verschiedener Zeichen erreichen zu können. Folglich nahm man an, daß eine entsprechende Zahl von Leitungen und Multiplikatoren notwendig sei. Andererseits sah man noch nicht die Schwierigkeiten, welche die Verlegung und Isolierung all' dieser Leitungsdrähte mit sich bringen, Probleme, die man erst erkannte, als man ernsthaft an die Ausführung dieser verschiedenen Projekte ging."[10]

Diese Ausführungen von Jacobi weisen zum mindesten darauf hin, daß Schillings Telegraph nicht eine spontane Erfindung war, sondern das Ergebnis langjähriger Entwicklungsarbeiten. Vergleicht man das, was darüber in der zeitgenössischen Literatur berichtet wurde oder

---

[8] Die später in der Sekundärliteratur veröffentlichten Seriencodes für eine buchstabenweise Nachrichtenübertragung mit dem Ein-Nadel-Telegraph sind wenig glaubwürdig, da keine Quellen angegeben werden.

[9] Moritz Hermann Jacobi (1801 ... 1874), aus Potsdam, hatte in Göttingen Kameralwissenschaften studiert, ging 1833 als Baumeister nach Königsberg, 1835 an die Universität Dorpat und 1837 nach St. Petersburg. Er gilt als Erfinder der Galvanoplastik und baute die ersten effektiven Elektromotoren [77].

[10] „Toutefois les premiers essais de Schilling, de meme que ceux d'autres savants, n'étaient point aussi simples. On croyait encore, à cette époque, ne pouvoir atteindre le but sans un grand nombre de signes, et par suite on regardait également comme indispensable un nombre proportionné de fils conducteurs et de multiplicateurs indicateurs; mais, d'autre part, on ne connaissait pas encore les difficultés qui sont liées à l'établissement et à l'isolement de tous ces fils, difficultés qu'on reconnut plus tard quand on voulut sérieusement mettre ces divers projets à execution."

glaubwürdig rekonstruiert werden konnte, mit den telegraphischen Versuchen in Göttingen, waren Schillings Überlegungen aus nachrichtentechnischer Sicht vielseitiger als die von Gauß und Weber: er arbeitete sowohl mit parallelen als auch mit seriellen Signalkombinationen und er benutzte außer einer buchstabenweisen Nachrichtenübertragung auch die Übertragung von Zahlen, die mit einem telegraphischen Wörterbuch korrespondierten.

Ein weiterer Unterschied war, daß Schilling wohl von Anfang an einen für den praktischen Gebrauch bestimmten Telegraphen entwickeln wollte, während Gauß und Weber wegen ihrer mehr an der Grundlagenforschung orientierten Interessen die praxisgerechte Weiterentwicklung ihrer Ideen an Steinheil weitergegeben hatten.

Schilling führte das Ergebnis seiner Entwicklungsarbeiten im Frühjahr 1837 in Petersburg vor, sein Tod am 6. August 1837 verhinderte die schon in Angriff genommene Erprobung im großen Umfang zwischen Petershof und Kronstadt (Kap. IV.). Steinheil führte seinen auf den Ideen von Gauß und Weber beruhenden Telegraphen ab 1837 zwischen München und Bogenhausen vor (Kap. V).

Unter diesen Umständen erscheint es wenig fruchtbar, hier vor allem nach zeitlichen Prioritäten zu fragen. Interessanter sind die Impulse, die von Gauß, Weber und Steinheil einerseits und Schilling andererseits auf die weitere Entwicklung der elektromagnetischen Telegraphie ausgingen: von Gauß und Weber durch die Einführung des Induktors, von Steinheil durch die Entdeckung, daß die Erde als Rückleitung benutzt werden könne, und von Schilling durch die Anregung zu den Nadeltelegraphen von Cooke und Wheatstone, die im nächsten Abschnitt behandelt werden sollen.

C Nadeltelegraphen von Cooke und Wheatstone

Wie schon in Kapitel IV berichtet, hatte sich Muncke in Frankfurt den dort von Schilling vorgeführten „Apparat bei Herrn Albert nachmachen lassen, um ihn in Heidelberg bei seinen Vorlesungen zu benutzen" (siehe Seite 83). William Fothergill Cooke (Kap. IV. C), der Munckes Vorlesung im März 1836 besuchte, hat das bei dieser Gelegenheit vorgeführte Experiment später wie folgt beschrieben [35].

"Professor Munckes experiment was at that time the only one upon the subject that I has seen or heard of. It showed that electric currents, being conveyed by wires to a distance, could be there caused to deflect magnetic needles, and thereby to give signals. It was in a word a hint at the application of electricity to telegraphic purposes; but nothing more, for it provided no means of applying that power to practical uses. His apparatus consisted of two instruments for giving signals by a single needle, placed in different rooms, with a battery belonging to each; copper wires being extended between these two termini. The signals given were a cross and a straight line, marked on the opposite sides of a disc of card, fixed on a straw; at tne end of which a magnetic needle was suspended horizontally in galvanometer coils, by a silk thread. The effect of this arrangement was, that if a current was transmitted from either battery, when the opposite ends of the wires were in connexion with the distant telegraphic apparatus, either the cross would be there exhibited by the motion of the needle one way, or the line by its motion the other way, according to the direction of the current. The apparatus was worked by moving the ends of the wires backwards and forwards between the battery and the coils."

Cooke zeigt die von Muncke vorgeführte Anordnung in einer Zeichnung, die in Bild VI. 7 wiedergegeben ist. Munckes „Apparat" bestand demnach aus zwei einzelnen (in getrennten Zimmern aufgestellten) Multiplikatoren mit Zeichenscheiben und aus zwei einfachen Kupfer-Zink-Elementen. Nach Munckes Beschreibung in Gehlers Physikalischem Wörterbuch [85] bestanden diese Elemente aus je einer Kupfer- und Zinkscheibe, die zusammen mit einer feuchten Zwischenlage aufrechtstehend in den Schlitz eines hölzernen Sockels geklemmt waren. Über die Benutzung seines „Telegraphen Modells" schreibt Muncke dann:

„Faßt der Telegraphierende die beiden Enden Kupferdraht {die zum Multiplikator führen} jedes in einer Hand, und berührt damit die beiden Scheiben ..., so geht der elektrische Strom bekanntlich vom Kupfer durch den Draht und den mit ihm verbundenen, auf der zweiten Station befindlichen Multiplicator, dann wieder zurück bis zum Zink, und die im Multiplicator aufgehangene Magnetnadel wird eine östliche Abweichung erhalten, wenn die erste Windung des Multiplicators über ihr hinläuft; kreuzt aber der Telegraphierende die Drähte und berührt er die Scheiben von der anderen Seite, so wird die westliche Abweichung erfolgen."

Cookes Behauptung, daß Muncke mit keinem Wort auf die Möglichkeit einer praktischen Anwendung in der Telegraphie eingegangen sei, ist nach dem, was Muncke über seine Vorführung in Heidelberg und über Schillings Projekte veröffentlicht hat, nicht sehr glaubwürdig.

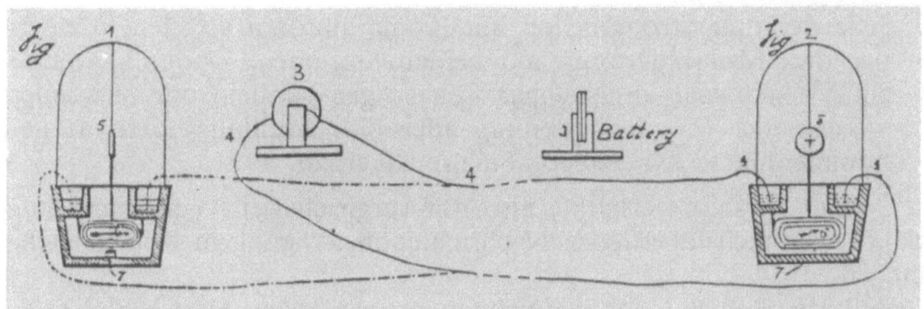

Bild VI.7. Prof. Munckes Demonstrations-Experiment nach Cooke [85]

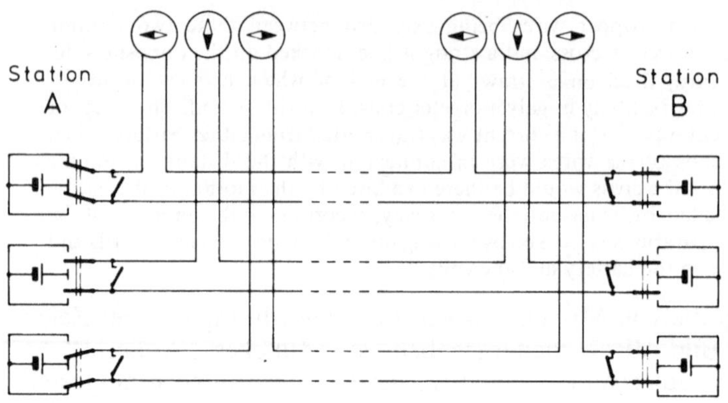

Bild VI.8. Cookes „reciprocal telegraph system" 1836

Aber auf jeden Fall war das, was Cooke in dieser Vorlesung zu sehen bekam, in den technischen Einzelheiten allenfalls eine Andeutung der Möglichkeiten, aus Multiplikatoren mit Zeichenscheiben einen praxisgerechten Telegraphen zu entwickeln. Wie immer man Cookes Bemerkungen über seine erste Berührung mit dem Elektromagnetismus auch werten mag, das, was er anschließend aus Munckes Anregungen gemacht hat, zeugt für seine fruchtbare erfinderische Begabung. Cooke hat in [35] seinen ersten, innerhalb von 3 Wochen teils in Heidelberg, teils in Frankfurt (mit Unterstützung von Albert?) gebauten Telegraphen wie folgt beschrieben (Bild VI. 8):

1. Sein „reciprocal telegraph system" bestand aus zwei durch 6 Leitungsdrähte miteinander verbundenen Stationen, zwischen denen sowohl in der einen als auch in der anderen Richtung telegraphiert werden konnte (Wechselbetrieb).
2. Jede Station verfügte über drei Stromquellen mit Kommutatoren und über drei nebeneinander aufgestellte Multiplikatoren mit Zeichenscheiben.
3. Jede der drei Stromquellen mit Kommutatoren speisten je einen der drei Multiplikatoren auf beiden Stationen. Dadurch konnte ein systematischer dreistelliger dreiwertiger Parallel-Code verwendet werden, der (die Ruhestellung aller drei Multiplikatoren ausgenommen) $3^3 - 1 = 26$ Kombinationen ergab.

Cookes „system" erlaubte also mit vergleichsweise geringem Aufwand eine buchstabenweise Nachrichtenübertragung in beiden Richtungen.

Bild VI. 9 zeigt Cookes Zeichnung seines ersten Drei-Nadel-Telegraphen von vorne, von der Seite und von oben:

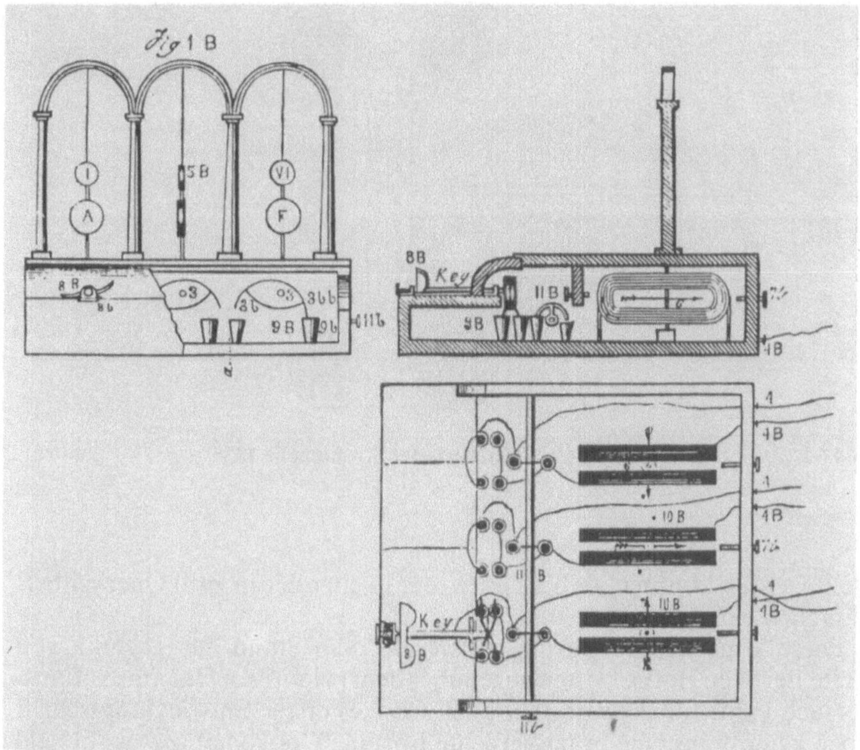

Bild VI.9. Der Drei-Nadel-Telegraph von Cooke 1836 [35]

Die Multiplikatoren hatten nur eine einfache, an einem Seidenfaden aufgehängte Magnetnadel, die Geräte mußten also nach dem erdmagnetischen Meridian ausgerichtet werden. Durch zwei Stahlschrauben wurde die Ruhelage stabilisiert. Die Nadelauslenkungen wurden durch Anschläge auf 90 Grad begrenzt.

Alle notwendigen Schaltungen wurden durch Eintauchen von Kontaktdrähten in mit Quecksilber gefüllte Näpfchen bewerkstelligt. Wie Bild VI. 10 etwas schematisiert zeigt, geschah dies bei den Kommutatoren mit Hilfe einer Welle, an deren einem Ende ein Bedienungsgriff, am anderen Ende ein Kupfer-Zink-Element aus zwei runden Scheiben angebracht war. Sowohl an der Kupfer- als auch an der Zinkscheibe waren Drähte angelötet, die je nach der Drehrichtung entweder direkt oder über Kreuz in zwei unterhalb angebrachte Quecksilbernäpfchen eintauchten.

Die zur Wahl der Betriebsrichtung notwendigen Kurzschlußschalter waren ebenfalls Drahtbügel, die durch eine gemeinsame Welle so einge-

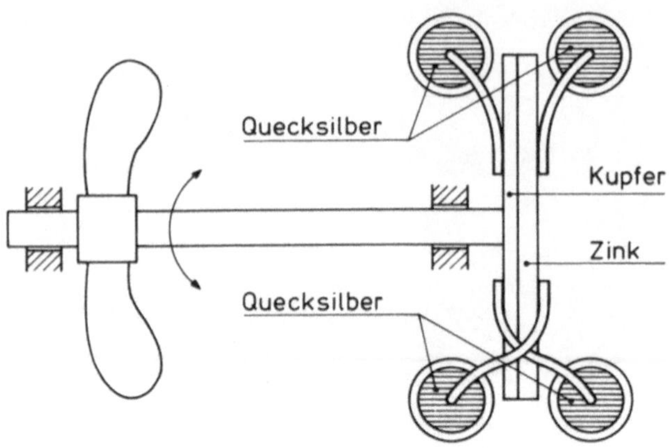

Bild VI.10. Cookes Kommutator mit integrierter Stromquelle 1836

stellt werden konnten, daß sie entweder in ein oder in zwei Quecksilbernäpfchen eintauchten.

Diese konstruktive Lösung entspricht dem Stand der Technik von
1836. Bei allen Fortschritten gegenüber dem primitiven Demonstrations-
versuch von Muncke war aber auch Cookes erster Entwicklungsschritt
noch keineswegs eine praxisgerechte Lösung. Cooke hat dies wohl bald
auch selbst erkannt, und er bemühte sich nach seiner Rückkehr nach
London zuerst allein, dann ab Frühjahr 1837 gemeinsam mit Wheatstone darum, sein „reciprocal telegraphic system" weiterzuentwickeln.

Es würde hier zu weit führen, alle die verschiedenen Überlegungen
und Experimente dieser Zeit im einzelnen darzustellen oder zu untersuchen, welchen Anteil jeweils Cooke oder Wheatstone an diesen
Arbeiten gehabt haben könnten. Die folgenden Ausführungen be-
schränken sich auf den Versuch, die gedankliche Abfolge zu rekonstruieren, die schließlich zu dem Konzept eines „Fünf-Nadel-Telegraphen" führte, der schließlich im Herbst 1838 als erster elektromagnetischer Telegraph auf der Great-Western-Bahn zur praktischen
Anwendung kommen sollte.

In diesem Zusammenhang ist wichtig, daß Cooke vor allem an eine
Anwendung seiner Telegraphen bei der Eisenbahn gedacht hat. Dort
sah er einen echten Bedarf an einer Nachrichtenübertragung, die
schneller war als die Eisenbahnzüge; aber im Laufe seiner Gespräche
mit verschiedenen Eisenbahn-Gesellschaften mußte er wohl erkennen,
daß der Telegraph dort allenfalls ein Hilfsmittel sein würde, das von
dem Eisenbahnpersonal nur ‚nebenbei' benutzt werden konnte. Eine
möglichst einfach zu lernende Bedienung und eine große Wartungs-

freundlichkeit mußte also bei der Weiterentwicklung im Vordergrund aller Bemühungen stehen[11].

So ist es verständlich, daß Cooke (unter anderem) sich intensiv mit der Frage befaßte, wie man die Gegenstation seines „reciprocal system" dazu auffordern könne, das Empfangsgerät zu beobachten[12]. Das konnte im Eisenbahnbetrieb am ehesten durch ein Läutewerk geschehen, das von der sendewilligen Station bei der Gegenstation ausgelöst werden mußte. Cooke versuchte diese Aufgabe zuerst mit Hilfe eines Elektromagneten zu lösen, der die Hemmung eines mechanisch angetriebenen Weckers aufheben sollte. Da er Henrys Arbeiten (Kap. III) nicht kannte, scheiterten diese Versuche, weil sein Elektromagnet den Anker nicht anzog, wenn eine längere Zuleitung zwischengeschaltet wurde.

Ein zweiter Versuch (Bild VI. 11 links) sah daher vor, den Elektromagneten durch einen ‚ferngesteuerten Schalter' (Relais) aus einer direkt neben dem Wecker aufgestellten Batterie (‚Ortsbatterie') zu speisen. Dieser Schalter bestand aus einem Multiplikator, dessen Magnetnadel mit ihrer metallischen Achse in ein Quecksilbernäpfchen

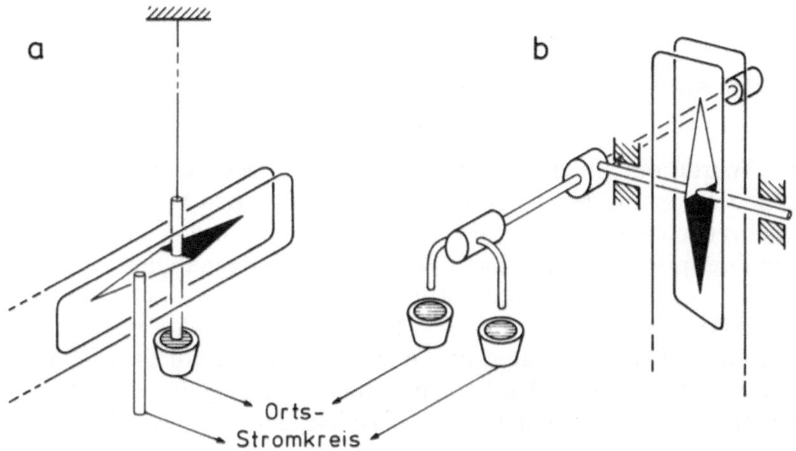

Bild VI.11. Mutiplikatoren als ferngesteuerte Schalter (Cooke und Wheatstone 1837)

---

[11] Insofern waren also die Voraussetzungen bei Cooke und Wheatstone anders als bei denjenigen Erfindern, die vor allem an eine Anwendung der Telegraphie um ihrer selbst willen (als Staatstelegraphen oder bei privaten Nachrichtenbeförderungsanstalten) dachten, und die daher davon ausgehen konnten, daß die Bedienung und Wartung durch ausgebildete Telegraphisten geschehen werde.

[12] Bei den optischen Telegraphen geschah dies durch die Dienstanweisung, zu jeder vollen Stunde die Gegenstation zu beobachten, eine Lösung, die für den Eisenbahnbetrieb sicherlich nicht in Frage kam.

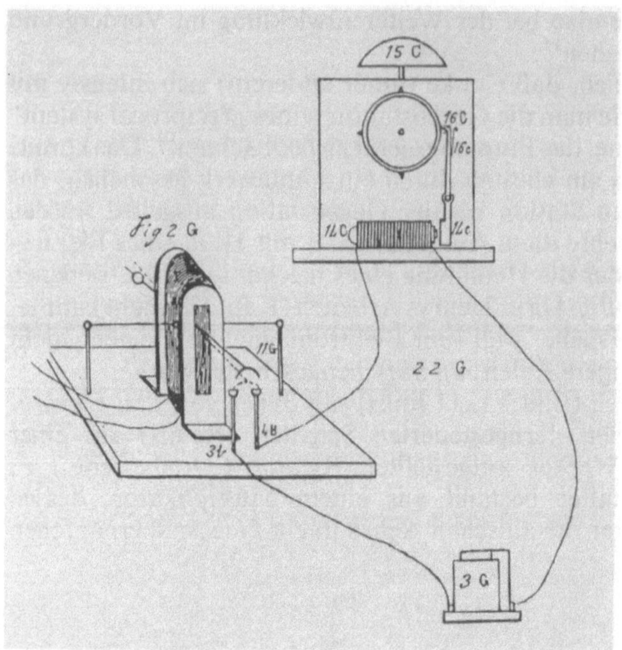

Bild VI.12. Ein Alarum von Cooke und Wheatstone 1837 [35]

tauchte. Wurde ein Strom durch die Wicklung geschickt, schlug die Magnetnadel aus und legte sich an einem metallischen Stift an. Damit hätte theoretisch ein ‚Ortstromkreis‘ geschlossen werden können; da aber der Drehpunkt der an einem Seidenfaden aufgehängten Magnetnadel seitlich ausweichen konnte, war der Kontaktdruck viel zu gering, um ein zuverlässiges Arbeiten dieses ‚Schalters‘ zu gewährleisten.

Cooke und Wheatstone taten nun einen für die weitere Entwicklung der Nadeltelegraphie entscheidenden Schritt: sie gingen (ähnlich wie Steinheil in München) dazu über, die Achse der Magnetnadel nicht mehr an einem Seidenfaden aufzuhängen, sondern sie von zwei feststehenden Lagern aufnehmen zu lassen. Im Gegensatz zu Steinheil wählten sie dabei eine horizontale Ausrichtung der Achse. So konnten sie die spezielle Aufgabe des ferngesteuerten Schalters mit Hilfe eines zweiarmigen Hebels lösen, an dessen einem Ende ein Drahtbügel befestigt war (Bild VI. 11 rechts). Wurde die Nadel ausgelenkt, tauchte dieser Bügel in zwei Quecksilbernäpfchen ein und schloß so in sehr zuverlässiger Weise den Ortsstromkreis. Die endgültige Form des ‚Alarums‘ zum Anruf der Gegenstation zeigt Bild VI. 12.

Von besonderer Bedeutung wurde diese Lösung deshalb, weil Cooke und Wheatstone die hier gewählte stabile Lagerung der Multiplikator-

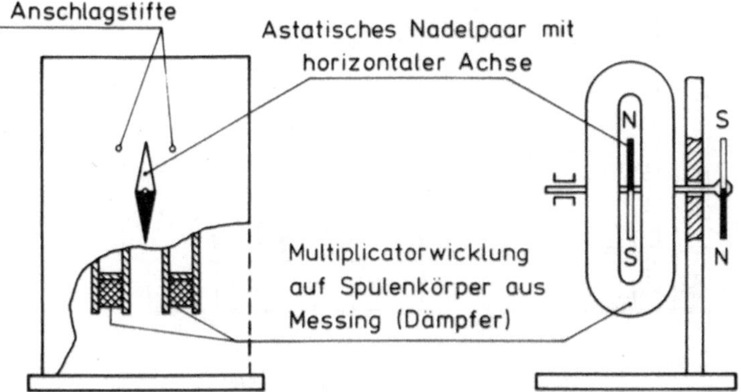

Bild VI.13. Prinzip der Multiplikatoren in den Nadel-Telegraphen von Cooke und Wheatstone ab 1837

Nadeln auch für die Anzeige der telegraphischen Signale übernahmen. Bild VI. 13 zeigt, wie von jetzt an die Multiplikatoren aussahen, die Cooke und Wheatstone in ihren späteren Nadel-Telegraphen verwendeten.

Diese neue Form der Multiplikatoren brachte eine ganze Reihe von Vorteilen:

1. Die Telegraphen-Apparate wurden sehr viel kompakter und robuster[13].
2. Durch die Wahl astatischer Nadel-Paare wurde die Aufstellung der Apparate unabhängig von der örtlichen Richtung des Erdmagnetfeldes.
3. Wenn die nach unten zeigenden Nadelspitzen etwas schwerer waren als die nach oben zeigenden, wurde die Ruhestellung allein durch die Schwerkraft bestimmt, es bedurfte also keiner zusätzlichen Hilfsmagnete.
4. Eine der beiden Magnetnadeln konnte zur Anzeige der Nadelauslenkung benutzt werden.
5. Die stabile Lagerung der Nadel-Achsen erlaubte es, den Luftspalt zwischen Nadel und Wicklung klein zu halten, wodurch der Multiplikatoreffekt erhöht wurde.

---

[13] Ein zeitgenössischer Bericht über den mit den neuen Multiplikatoren ausgerüsteten Fünf-Nadel-Telegraphen erwähnt ausdrücklich, daß der ganze Apparat nicht größer sei als eine Männerhutschachtel und mit Leichtigkeit von einem Ort zum anderen transportiert werden könne [96].

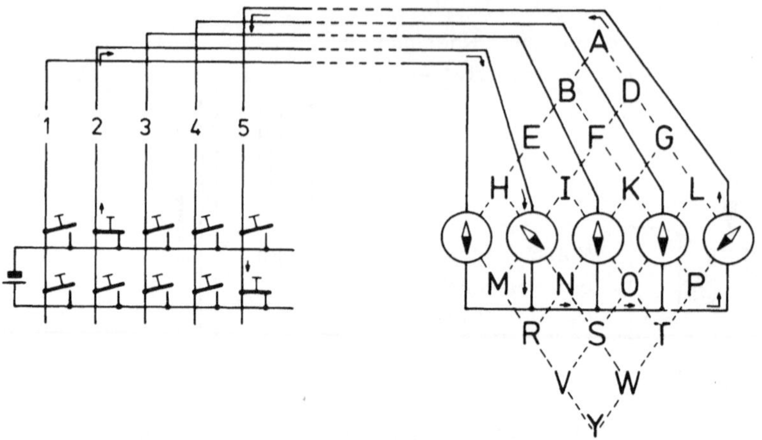

Bild VI.14. Schema des Fünf-Nadel-Telegraphen von Cooke und Wheatstone 1837

6. Die Verwendung eines Spulenkörpers aus Messing führte zur
   Dämpfung unerwünschter Nadelschwingungen[14].

Mit dieser Konstruktion konnte die Forderung nach Robustheit und
Wartungsfreudigkeit schon recht gut erfüllt werden. Um auch die
Benutzung möglichst einfach zu machen, entwickelten Cooke und
Wheatstone für ihr erstes gemeinsames Telegraphenprojekt ein ‚Sicht-
gerät‘, auf dem der jeweils zu übertragene Buchstabe eines auf 20 Ele-
mente reduzierten Alphabetes direkt abgelesen werden konnte.

Bild VI. 14 zeigt das Prinzip dieses Telegraphen[15]. Das Empfangsgerät (rechts im Bild) hatte fünf in der horizontalen Mittellinie eines
rautenförmigen Linien-Netzes nebeneinander angeordnete Multiplikatoren der neuen Bauweisen. Bei einer gegensinnigen Auslenkung von

---

[14] Orientierende Messungen an einem Nachbau des neuen Multiplikators von Cooke
und Wheatstone im Institut für Elektrische Nachrichtentechnik der TH Aachen zeigten,
daß auch die Lagerreibung wesentlich zur Dämpfung der Nadelschwingungen beitrug.

[15] Wie schon in Kapitel IV erwähnt, beantragten Cooke und Wheatstone im Mai 1837
ein englisches Patent für Verbesserungen der Übertragung elektrischer Signale durch
metallische Leiter. Die genaue Spezifikation wurde am 12. Dezember 1837 eingereicht.
Gegenstand des Patentes waren vor allem ein Fünf-Nadel-Telegraph, ein Vier-Nadel-
Telegraph, ein „tönendes Alarum an entfernten Orten“ und ein Fehlersuchgerät. Das
Patent wurde im Mai 1841 mit dem Prioritätsdatum vom 12. Juni 1837 erteilt und
erhielt später die Nummer 7390 [28]. Es war das erste englische Patent, das für einen
elektrischen Telegraphen erteilt wurde; durch seine zum Teil sehr allgemein gehaltenen
Formulierungen sicherte es Cooke und Wheatstone auf diesem Gebiet eine gewisse
Monopolstellung.

zwei der fünf Multiplikatoren zeigen deren Nadeln in Richtung zweier Linien, in deren Schnittpunkt der zu übertragende Buchstabe abgelesen werden kann. In Bild VI. 14 ist dies der Buchstabe W.

Um eine gegensinnige Auslenkung von je zwei der fünf Multiplikatoren zu erreichen, werden fünf Leitungsdrähte benötigt, die sendeseitig mit Hilfe von je zwei Schaltern wahlweise an den positiven und negativen Pol einer gemeinsamen Stromquelle angeschlossen werden können. In der folgenden Beschreibung beziehen sich die Ausdrücke „oben" und „unten" sowie „rechts" und „links" auf die zeichnerische Darstellung in Bild VI. 14. Die nebeneinander liegenden fünf Schalter, die fünf Drahtleitungen und die fünf Multiplikatoren werden von links nach rechts fortschreitend mit den Ziffern 1 bis 5 gekennzeichnet, die fünf oberen Schalter zusätzlich mit „positiv", die fünf unteren mit „negativ".

Für das in Bild VI. 14 gewählte Beispiel ergibt sich mit diesen Bezeichnungen folgender Strompfad: von Schalter 2 positiv über den Leitungsdraht 2 von oben nach unten durch den Multiplikator 2, über eine interne Verbindungsleitung von unten nach oben durch den Multiplikator 5, dann zurück durch den Leitungsdraht 5 zum Schalter 5

Da jeder Leitungsdraht je nach der gewünschten Kombination entweder als Hin- oder als Rückleiter benutzt werden konnte, erlaubte diese Anordnung mit einer einzigen Stromquelle über nur fünf Leitungsdrähte durch die gleichzeitige Betätigung von nur zwei Schaltern jeden beliebigen von 20 möglichen Buchstaben direkt zur Anzeige zu bringen. Das bedeutete gegenüber den älteren Vorschlägen für eine direkte Anzeige der Buchstaben über individuelle Leitungen einen beachtlichen Fortschritt bezüglich des notwendigen Leitungsaufwandes.

Das Ablesen der jeweils angezeigten Buchstaben auf dem empfängerseitigen Sichtgerät bedurfte sicherlich keiner besonderen Ausbildung. Dagegen könnte die Bedienung der Schalter im Sendegerät problematisch erscheinen, wenn man davon ausgeht, daß die zu jedem der 20 Buchstaben gehörenden Schalterkombinationen aus einer Liste entnommen oder gar auswendig gelernt werden müßten. Die systematische Anordnung der Schalter einerseits und der Buchstaben andererseits erlaubte aber auch eine einfachere Lösung: wenn man das Rautennetz des Sichtgerätes vor Augen hat, kann man sofort feststellen, welche beiden Multiplikatoren ausgelenkt werden müssen, um einen bestimmten Buchstaben anzeigen zu können (in unserem Beispiel die Multiplikatoren 2 und 5). Damit ist bekannt, welche Schalterpaare betätigt werden müssen.

Die richtige Polarität ergibt sich dann aus folgender Überlegung: steht der zu übertragende Buchstabe in der unteren Hälfte des Rautennetzes, muß der Schalter mit der niedrigeren Ziffer an den Plus-Pol, der Schalter mit der höheren Ziffer an den Minus-Pol angeschlossen

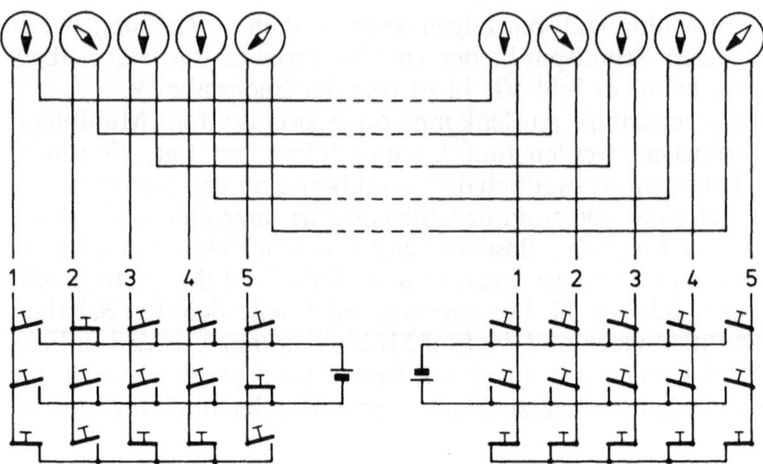

Bild VI.15. Fünf-Nadel-Telegraph für Wechselbetrieb 1837

werden (in unserem Beispiel Schalter 2 an Plus, Schalter 5 an Minus).
Steht der Buchstabe in der oberen Hälfte, gilt die umgekehrte Polarität.

Werden die Schalter durch Tasten bedient, kann man davon ausgehen,
daß der Telegraphist die Taste mit der niedrigeren Ziffer mit der linken
Hand, die Taste mit der höheren Ziffer mit der rechten Hand betätigt.
Dann braucht sich der Telegraphist nur zu merken, daß für Buchstaben
in der unteren Hälfte mit der linken Hand die obere, mit der rechten
Hand die untere Taste der den beiden Multiplikatoren zugeordneten
Schalter niederzudrücken sind und umgekehrt. Auch die Bedienung
des Sendegerätes stellte also keine allzugroßen Anforderungen an die
Ausbildung der Benutzer.

Eine gewisse Komplikation ergab sich allerdings, wenn der Fünf-
Nadel-Telegraph in einem „reciprocal system" eingesetzt werden sollte.
Wie Bild VI. 15 zeigt, mußten dann auf beiden Stationen die internen
Verbindungsleitungen über zusätzliche Schalter an die Multiplikatoren
angeschlossen werden, um in der Sendestation ein Kurzschließen der
Stromquelle vermeiden zu können.

Wenn die in Bild VI. 15 eingezeichneten Schalter noch in der bis dahin
üblichen Weise durch Eintauchen in Quecksilbernäpfe hätten betätigt
werden müssen, wäre zweifellos die Bedienung und Wartung des Sendegerätes recht kompliziert geworden. Nun begann sich aber gerade in
der Mitte der 30er Jahre in den physikalischen Kabinetten herumzu-
sprechen, daß ein elektrisch leitender Kontakt auch dann zu Stande kam,
wenn die miteinander zu verbindenden Leitungsenden mit genügender
Kraft direkt zusammengedrückt wurden. Während Cooke und Wheat-

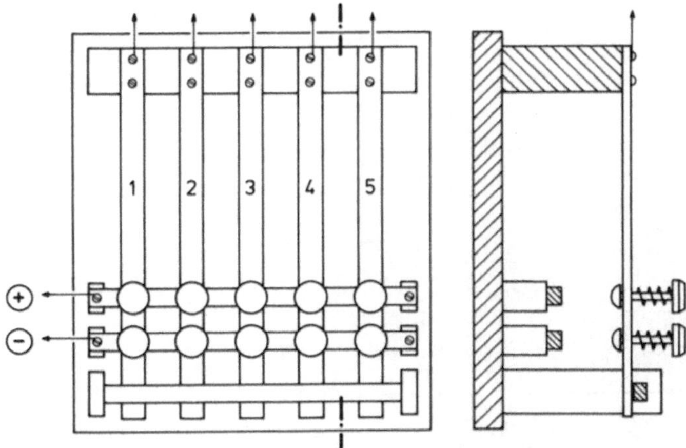

Bild VI.16. Tastenschalter für den Fünf-Nadel-Telegraphen 1837

stone bei ihren ferngesteuerten Schalter (Bild VI. 11) noch die Queck-
silbermethode benutzt hatten, griffen sie nun bei der Konstruktion
eines ‚Tasten-Schalters' für den Fünf-Nadel-Telegraphen diese neue
Lösung auf und entwickelten eine auch für die Bedienung sehr einfache
Anordnung, die in Bild VI. 16 dargestellt ist.

Auf einer hochkant auf einem Grundbrett befestigten Holzleiste wurden nebeneinander fünf längliche Federn aus Messing angeschraubt,
die etwas nach oben durchgebogen waren und sich so mit genügender
Kraft gegen einen Vierkantstab aus Kupfer anlegten, der quer über
die freien Enden der Federn angeordnet war. Dieser Kupferstab bildete
die interne Verbindungsleitung, an die also im Ruhezustand alle fünf
Schaltfedern und damit die zu den Multiplikatoren führenden Leitungen
angeschlossen waren.

Jede der Federn trug zwei Tasten aus Messing, die durch Spiralfedern
in der in Bild VI. 16 gezeichneten Ruhestellung gehalten wurden. Unterhalb dieser Tasten verliefen zwei Stromschienen aus Kupfer, von denen
die eine an den positiven, die andere an den negativen Pol der
Stromquelle angeschlossen war. Um bei der Bedienung der Tasten einen
elektrischen Nebenschluß über die Finger des Telegraphisten zu vermeiden, waren die Tastenköpfe mit Elfenbeinplättchen belegt.

Wurde beispielsweise die Taste 5 negativ niedergedrückt, dann löste
sich zuerst die Feder von dem als Widerlager dienenden Kupferstab, die
Leitung 5 wurde also von der internen Verbindungsleitung abgeschaltet.
Wurde die Taste dann noch weiter nach unten gedrückt, wurde eine
leitende Verbindung zum negativen Pol der Stromquelle hergestellt.
Mit einem einzigen Tastendruck wurden also zwei Schaltfunktionen

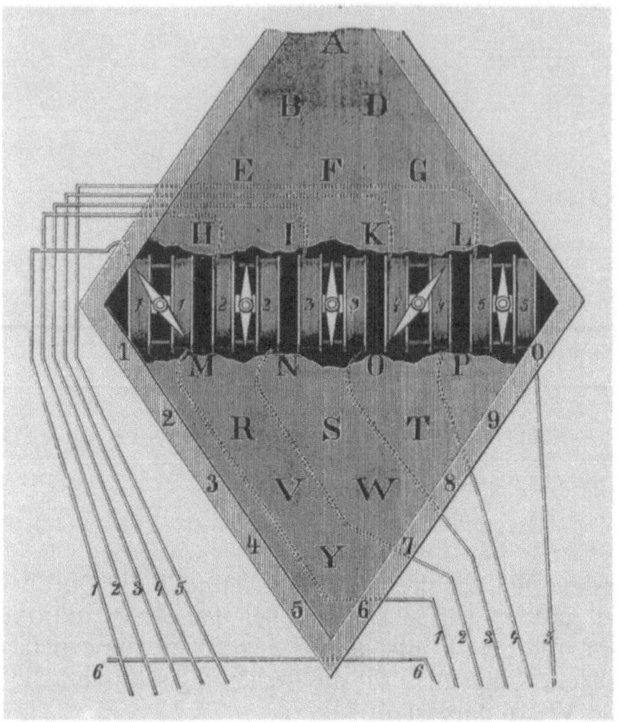

Bild VI.17. Sichtgerät für einen Fünf-Nadel-Telegraphen mit sechs Leitungsdrähten nach Zetzsche [139]

bewirkt, so daß die Bedienung nicht schwieriger wurde als bei dem einfachen Schema nach Bild VI. 14.[16]

Wenn die internen Verbindungsleitungen der Sichtgeräte am Sende- und Empfangsort durch einen sechsten Leitungsdraht miteinander verbunden wurden und durch je zwei zusätzliche Schalter an den positiven oder negativen Pol der Stromquelle angeschlossen werden konnten, ergab sich zusätzlich die Möglichkeit, nur eine Multiplikator-Nadel

---

[16] Man kann wohl nicht ausschließen, daß bei der Konstruktion dieses ganz neuartigen Schalters Wheatstones Erfahrungen als „musical instrument maker" eine Rolle gespielt hat. In dem schon in Fußnote 13 erwähnten zeitgenössischen Bericht über den Fünf-Nadel-Telegraphen heißt es in diesem Zusammenhang: „Um den Telegraphen spielen zu lassen, braucht man bloß auf kleine messingene Tasten, die mit den Klappen eines Klapphorn Ähnlichkeit haben, zu drücken; . . ." Die für die damalige Zeit noch völlig ungewohnte Konstruktion des Tastenschalters eröffnete im übrigen eine neue Entwicklungslinie, die rund 50 Jahre später in Form der Kontaktfedersätzen von Kippschaltern und Fernsprechrelais eine entscheidende Rolle bei der Entwicklung der Vermittlungstechnik spielen sollten.

nach rechts oder links ausschlagen zu lassen. Cooke und Wheatstone benutzen diese Möglichkeit, um mit dem Fünf-Nadel-Telegraphen auch die zehn Ziffern des dekadischen Zahlensystems übertragen zu können. Bild VI. 17 zeigt die Frontplatte eines solchen Telegraphen, bei dem die Zahlen 1 bis 0 in der unteren Hälfte des Rhombus auf den Rahmenleisten angebracht sind.

Der vorstehend beschriebene Fünf-Nadel-Telegraph erfüllte erstmals die Forderungen, die man hinsichtlich seiner Leistungsfähigkeit einerseits und der Bedienungs- und Wartungsfreundlichkeit andererseits an ein Hilfsmittel des Eisenbahnbetriebes stellen mußte. Er wurde daher der erste elektromagnetische Telegraph, der von einer Eisenbahngesellschaft praktisch eingeführt wurde und zwar gegen Ende des Jahres 1838 an der Great-Western-Bahn zwischen Paddington und West-Dreyton. Bei der Errichtung dieser Anlage erwies sich allerdings bald, daß sowohl die Erfinder als auch der Benutzer die Schwierigkeiten und Kosten weit unterschätzt hatten, die die Verlegung und Unterhaltung einer mehrdrähtigen Leitung bei dem damaligen Stand der Technik mit sich brachten (siehe dazu auch die Ausführungen von Jacobi auf Seite 143). Der ursprüngliche Plan, die Telegraphenlinie bis Bristol weiterzuführen, mußte wieder aufgegeben werden, und zwar offenbar nicht nur wegen der zu hohen Kosten, sondern auch wegen einer nicht vorhergesehenen technischen Schwierigkeit, über die Jacobi einige Jahre später der Akademie in Petersburg berichtet hat.

In einem Referat über galvanische Leitungen (hier zitiert nach [69]) geht Jacobi auf die Nachteile der „natürlichen Nebenschließungen" ein, die sich erst zeigten, als Steinheil und Wheatstone „ihre Linien auf größere Entfernungen auszudehnen begannen." Nach einem Hinweis auf Steinheils Bericht über die von ihm beobachteten „Nebenleitungen" (Seite 120) fährt Jacobi fort:

„Dieselben Erscheinungen fand Wheatstone, der seine gut isolierten Drähte in gußeisernen Röhren über der Erde, an einigen Stellen auch unter derselben fortgeführt hatte, und er fand sie in so hohem Maße, daß er dadurch genötigt war, sein erstes System der elektromagnetischen Telegraphierung, das in combinierten astatischen Magnetnadeln bestand, die durch besondere Leitungsdrähte und Multiplicatoren activiert wurden, aufzugeben. Es fand sich nämlich, wie es die Nebenverbindungen bewirkten, daß bei Schließung der Hauptkette auch *die* Systeme von Nadeln in Bewegung gesetzt wurden, die ganz außer der Verbindung lagen. Ich spreche es bei dieser Gelegenheit aus, wie sehr es zu bedauern ist, daß *Hr. Wheatstone* die schätzbaren theoretischen und praktischen Erfahrungen, die er bei Anlegung seiner Telegraphen gemacht, bis jetzt der Welt vorbehalten hat."

Nach diesem Bericht von Jacobi wurde also bei dem Fünf-Nadel-Telegraph zwischen Paddington und West-Dreyton erstmals der Effekt einer unerwünschten Kopplung zwischen benachbarten Leitungen beobachtet, der ein halbes Jahrhundert später bei der Einführung der elektrischen Telephonie über größere Entfernungen als ,Nebensprechen'

so störend in Erscheinung trat, und der erst nach intensiven Forschungs-
und Entwicklungsarbeiten auf dem Gebiet des Leitungsbaues und der
Kabelherstellung in tragbaren Grenzen gehalten werden konnte.

Die praktische Einführung des konstruktiv und funktional so fort-
schrittlichen Fünf-Nadel-Telegraphen scheiterte demnach bei größeren
Entfernungen einerseits an den zu hohen Kosten und andererseits in
den damals noch nicht beherrschbaren galvanischen Kopplungser-
scheinungen mehrdrähtiger Leitungen. Cooke und Wheatstone sahen
sich dadurch vor die Aufgabe gestellt, nach neuen Konzepten zu
suchen, die bei einem noch weiter reduzierten Leitungsaufwand den
Bedürfnissen des Eisenbahnbetriebes ebenfalls gerecht werden konnten.

Dabei verfolgten sie zuerst weiterhin das Ziel, die zu übertragenden
Buchstaben auf der Empfängerseite direkt anzuzeigen. Eine mögliche
Lösung fanden sie in dem Prinzip der Zeigertelegraphen, bei denen
ein Zeiger schrittweise vor den auf einem Kreis angeordneten Buchstaben weiterbewegt wird. Bild VI. 18 zeigt das Prinzip einer solchen
Anordnung. Diese Entwicklungslinie wird in Kap. VII ausführlich
behandelt werden; hier genügt der Hinweis, daß die Telegraphier-
geschwindigkeit bei diesen Geräten wesentlich geringer war als bei dem
Fünf-Nadel-Telegraphen, bei dem ja zur Anzeige eines bestimmten
Buchstabens nur das einmalige gleichzeitige Drücken von zwei Tasten
notwendig gewesen war.

Als Kompromiß zwischen dem Fünf-Nadel-Telegraphen und dem
Zeigertelegraphen bot sich schließlich an, die Buchstaben nicht mehr
direkt, sondern mit Hilfe eines Serien-Codes anzuzeigen, also ähnlich
vorzugehen wie Gauß, Weber, Steinheil einerseits und Schilling von
Canstatt bei seinem Ein-Nadel-Telegraphen andererseits.

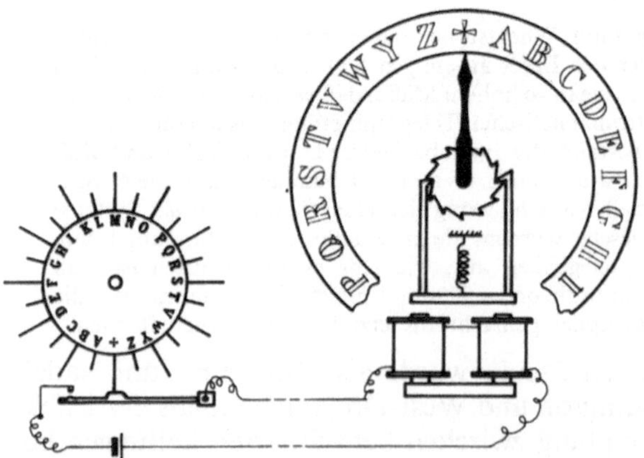

Bild VI.18. Prinzip eines Zeigertelegraphen von Wheatstone um 1840

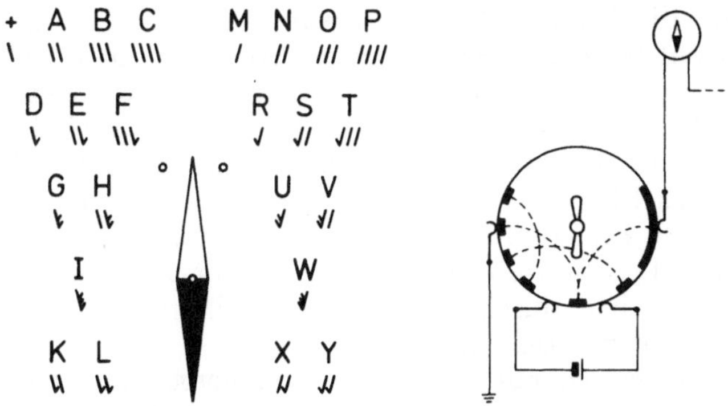

Bild VI.19. Ein-Nadel-Telegraph von Cooke und Wheatstone 1845

Dazu bot der von Cooke und Wheatstone für den Fünf-Nadel-Telegraphen entwickelte Multiplikator mit horizontal gelagerter Magnetnadelachse ein auch für die Anzeige serieller Signale bestens geeignetes Bauelement, mit dem man leicht einen aus Kombinationen von rechten und linken Nadelausschlägen (bezogen auf die obere Nadelspitze) gebildeten Serien-Code einführen konnte.

Aus der Sorge, daß das Auswendiglernen eines solchen Codes die Benutzer überfordern könnte, entwarfen Cooke und Wheatstone eine Art von symbolischer Darstellung, die auf der Frontplatte eines Ein-Nadel-Telegraphen rechts und links von der Magnetnadel angebracht werden konnte.

Bild VI. 19 zeigt das Beispiel einer solchen ‚Code-Tafel'. Links von der Magnetnadel waren alle Kombinationen zusammengestellt, die mit einem linken Nadelausschlag endeten, auf der rechten Seite entsprechend die Kombinationen, die mit einem rechten Ausschlag endeten. In der obersten Zeile stehen die Kombinationen, die nur aus gleichgerichteten Ausschlägen zusammengesetzt sind, in den folgenden Zeilen Kombinationen aus unterschiedlich gerichteten Ausschlägen, wobei links die rechtsgerichteten, rechts die linksgerichteten Ausschläge durch kürzere Striche angezeigt werden. Gelesen wurde dieser Code immer von der Magnetnadel aus, also z. B. E = rechts — links — links, W = links — links — links — rechts.

Für die Bedienung eines solchen Ein-Nadel-Telegraphen entwickelten Cooke und Wheatstone eine Schaltwalze mit sieben metallischen Kontaktstücken, die nach dem Schema von Bild VI. 18 miteinander verbunden waren. Durch Drehung der Schaltwalze um jeweils 22,5 Grad nach rechts oder links wurde die Stromquelle über federnde Schleifkontakte in der einen oder anderen Polarität an die nur noch einadrige Leitung einerseits und an Erde andererseits angeschlossen.

Der Aufbau dieses Ein-Nadel-Telegraphen war so einfach, daß er sich in England sowohl bei den Eisenbahnen als vor allem auch bei den Staatstelegraphen schnell durchsetzen konnte. In der Praxis zeigte sich dann, daß das Erlernen eines Telegraphen-Codes nicht so schwierig war, als man zuvor befürchtet hatte. Dabei half, daß das Anschlagen der Nadeln an den aus Elfenbein gefertigten Anschlagstiften gehört werden konnte und viele Telegraphisten mehr mit dem Gehör als mit dem Auge aufnahmen. Das führte dazu, daß bei einigen Anwendern später die Elfenbeinstäbchen durch metallische Hohlkörper ersetzt wurden, die den Hörempfang erleichtern[17].

Unbefriedigend war eigentlich nur, daß die Telegraphiergeschwindigkeit des Ein-Nadel-Telegraphen zwar wesentlich größer als die der Zeiger-Telegraphen, aber immer noch geringer als bei dem Fünf-Nadel-Telegraphen war. Cooke und Wheatstone versprachen sich hier eine weitere Verbesserung durch die Kombination von zwei Ein-Nadel-Telegraphen in einem gemeinsamen Gehäuse; bei diesen Zwei-Nadel-Telegraphen konnten nicht nur Kombinationen von rechten und linken Ausschlägen einer Magnetnadel, sondern auch Kombinationen zwischen den Ausschlägen von zwei Magnetnadeln gebildet werden, die Code-Worte wurden also kürzer. Da dies aber mit einer komplizierten Bedienung erkauft werden mußte, wurde von dieser Möglichkeit in der Praxis nicht allzuviel Gebrauch gemacht[18].

D Schlußbemerkung

Cooke und Wheatstone meldeten die vorstehend beschriebenen Ein- und Zwei-Nadel-Telegraphen am 6. Mai 1845 zum Patent an, also rund 25 Jahre nach Oersteds Entdeckung der Ablenkung einer Kompaßnadel durch den elektrischen Strom und Ampères Vorschlag, diesen Effekt auch für telegraphische Zwecke zu nutzen. Innerhalb dieses Vierteljahrhunderts waren wichtige Voraussetzungen geschaffen worden, um diese Idee zur praktischen Anwendung zu bringen, so z. B. Schweiggers Multiplikator, Nobilis astatisches Nadelpaar und Schillings Idee einer zweiwertigen Nutzung des Multiplikators.

---

[17] Siehe in diesem Zusammenhang Steinheils grundsätzliche Ausführungen über die Eignung des Gehörs als Empfänger telegraphischer Signale in Kap. V. E.

[18] Als erfolgreicher erwies sich ab Mitte der 60er Jahre die Übernahme des inzwischen auf dem europäischen Kontinent eingeführten Morse-Codes, der häufig vorkommenden Buchstaben möglichst kurze Code-Wort zuordnet. Die kurzen und langen Signale des Morse-Codes wurden dabei durch rechte und linke Ausschläge der Magnetnadel ersetzt [139].

Für einen endgültigen Durchbruch zum praktischen Erfolg bedurfte es aber vieler zusätzlicher Detailarbeit und einer an den Bedürfnissen eines potentiellen Marktes orientierten Zielsetzung. Auf dem speziellen Gebiet der ‚Nadel'-Telegraphen haben Cooke und Wheatstone entscheidend zu dem erfolgreichen Abschluß dieser Entwicklungslinie beigetragen. Wie die beiden nächsten Kapitel zeigen werden, sollten sich aber schließlich andere Lösungswege für eine elektromagnetische Telegraphie als noch erfolgreicher erweisen.

VII   Die Entwicklung der Zeigertelegraphen

A   Vorbemerkung

In Kap. VI war kurz darauf hingewiesen worden, daß sich Cooke und Wheatstone nach dem Mißerfolg des Fünf-Nadel-Telegraphen zuerst darum bemühten, auch mit einem möglichst geringen Aufwand an Leitungsdrähten eine direkte Anzeige des jeweils zu übertragenden Buchstaben am Empfangsort zu ermöglichen. Sie lösten dies Problem mit einer Anordnung, für die sich später im deutschen Schrifttum die Bezeichnung „Zeiger-Telegraph" eingebürgert hat. In den folgenden Ausführungen wird dieser terminus technicus auf solche Telegraphen angewandt, bei denen empfängerseitig

entweder ein aus der Ferne gesteuerter oder bewegter Zeiger nacheinander auf einzelne Elemente eines begrenzten Zeichenvorrates (z. B. die Buchstaben eines Alphabetes oder die Ziffern eines Zahlensystemes) eingestellt werden kann

oder diese Elemente auf einer drehbar gelagerten Scheibe angebracht sind und aus der Ferne mit einer feststehenden Markierung in Deckung gebracht werden können.

Bild VII. 1 zeigt schematisch diese beiden Grundanordnungen.

Die Idee einer solchen alpha-numerischen Nachrichtenübertragung war schon vor der Entwicklung der elektrischen Telegraphie mehrfach

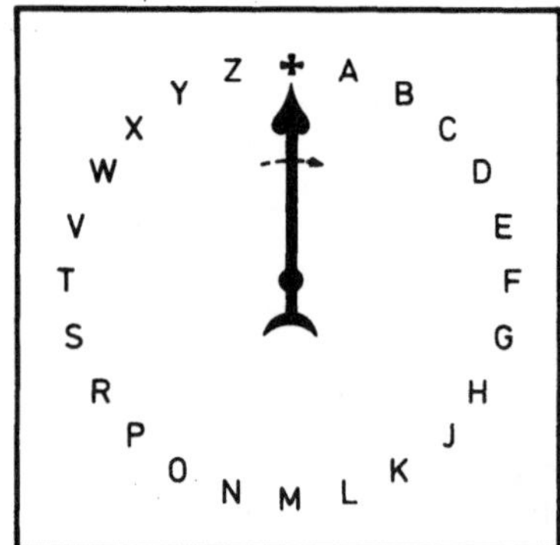
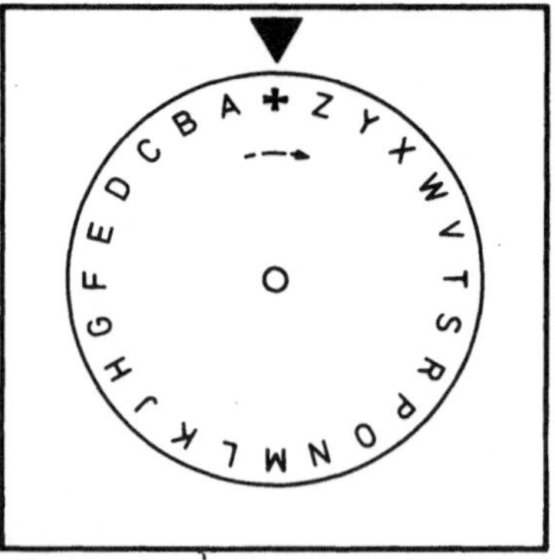

Bild VII.1. Die beiden Grundformen der Zeigertelegraphen

aufgegriffen worden. Spätestens seit Giambattista della Porta (Band 1, Kap. VII. D) wurde immer wieder der Vorschlag gemacht, Schiffskompasse statt mit der Windrose mit den Buchstaben des Alphabetes zu beschriften und die Kompaßnadeln durch sympathetische Kräfte miteinander zu koppeln. So utopisch diese Pläne auch waren, so zeigen sie doch, daß man schon damals nach Möglichkeiten suchte, Nachrichten durch das aufeinanderfolgende Anzeigen von Buchstaben in die Ferne zu übertragen.

Über eine erste praktische Realisierung eines Zeigertelegraphen hatte *Halle* 1784 berichtet (Band 1, Kap. IX. F). Der Uhrmacher Christin hatte damals in Berlin das Modell eines — wie man später gesagt haben würde — Telegraphen vorgeführt, bei dem ein mit einem Handgriff versehener Zeiger drehbar über einer kreisförmig mit den Buchstaben des Alphabetes beschrifteten Tischplatte angeordnet war. Dieser Zeiger war durch eine unterirdisch geführte eiserne Welle mechanisch mit dem Zeiger eines entsprechend ausgerüsteten Empfangsgerät gekoppelt. An eine Anwendung über große Entfernungen war aber auch hier nicht zu denken.

Nach der Erfindung des Elektromagneten war es naheliegend, die Idee des Zeigertelegraphen erneut aufzugreifen, da man jetzt eine Möglichkeit sah, die zur Steuerung oder Bewegung des Zeigers (oder der Buchstabenscheibe) notwendigen mechanischen Kräfte durch elektrische Ströme auszulösen. Welche Wege dabei beschritten wurden und welche Schwierigkeiten zu überwinden waren, soll in den folgenden Abschnitten wenigstens exemplarisch aufgezeigt werden.

B   Cookes „Mechanical Telegraph"

In seinem schon in Kap. IV erwähnten Statement zu dem Prioritätsstreit mit Wheatstone hat Cooke im Anschluß an die Beschreibung der „Invention of the Alarum" folgende Beschreibung seiner ersten Erfindung eines „mechanical telegraph" gegeben [35]:

> "The principle of removing a detent by magnetic attraction, and replacing it by mechanical reaction, was not however confined to the Alarum, but on the contrary it was the basis of my Mechanical Telegraph itself. The first idea of it suggested itself to my mind on the 17th March 1836, during my journey from Heidelberg to Frankfort, when reading Mrs. Somerville's work on the Physical Sciences[1]; and the Arbitrators will find that I immediately afterwards

---

[1] Mary Somerville (1780 ... 1872), Ehrenmitglied der Roy. Astronom. Society, hatte 1834 in London unter dem Titel „On the connexion of physical sciences" einen allgemeinverständlichen Überblick über den zeitgenössischen Stand der Naturwissenschaften veröffentlicht. Eine deutsche Übersetzung erschien 1835 in Berlin [121].

applied the idea to a musical snuff-box, being almost the only piece of mechanism I was then acquainted with. The striking advantage held out by the mechanical, in comparison with the galvanometer form was, that whereas the mode of giving signals by combinations of magnetic needles, each acted upon directly and separately by an electric current, involved the necessity of using several circuits, and consequently the expense of several wires; on the other hand, if the electric agency could be confined to the office of causing suitable interruptions or divisions in any kind of motion derived from an independent source, the necessity of a plurality of circuits would be avoided, for the diversity of the signals would then depend upon the mechanism."

Wenn diese Aussage zutrifft, hatte Cooke also schon im Frühjahr 1836 erkannt, daß man den Leitungsaufwand eines elektrischen Telegraphen wesentlich verringern könne, wenn man den elektrischen Strom zur Unterbrechung oder Einteilung irgendeiner Art von unabhängig bewirkter Bewegung benutzen würde. Er verfolgte diese Idee gleich nach seiner Rückkehr nach England und hat das Ergebnis seiner ersten Entwicklung später [35] in einer sehr vereinfachten Zeichnung dargestellt (Bild VII. 2). Links im Bild sind diejenigen Teile hervorgehoben, die sendeseitig benötigt wurden, rechts im Bild diejenigen Teile, die empfängerseitig in Aktion traten.

Nimmt man Cookes erläuternden Text zu Hilfe, ergibt sich folgende Wirkungsweise: Sender und Empfänger enthielten eine Walze, auf derem Umfang 8 gleichmäßig auf einer Schraubenlinie verteilte Stifte angebracht waren. Die Walzen wurden durch (in der Zeichnung nicht dargestellte) Uhrwerke angetrieben, die einen Windfang zur Drehzahlregulierung und ein Zahnrad zur Sperrung enthielten. Die Achsen der Walzen ragten an einem Ende aus den Gehäusen heraus und trugen

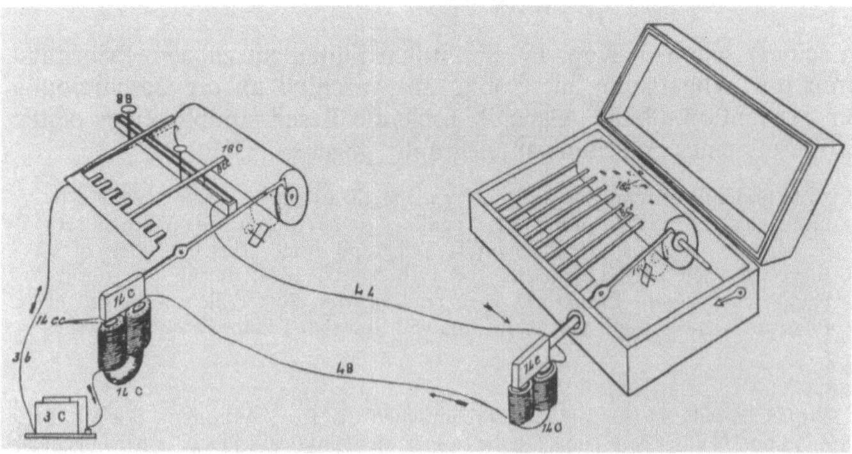

Bild VII.2. „Mechanical Telegraph" von Cooke 1836

dort einen Zeiger, der sich vor einem (nicht gezeichneten) Zifferblatt bewegten. Im Ruhezustand waren die Uhrwerke durch den Haken eines zweiarmigen Hebels gesperrt; das andere Ende des Hebels trug einen Weicheisen-Anker, der von einem Elektromagneten angezogen werden konnte.

Über den Walzen waren 8 Tastenhebel angebracht, die (in der Zeichnung nicht erkennbar) so an dem Gehäuse befestigt waren, daß sich jeder einzelne mit einer gewissen Reibung auf die Walze niederdrücken ließ. An den Tastenhebeln waren metallische Stifte angebracht, die beim Niederdrücken in eine mit Quecksilber gefüllte Wanne tauchten. Wurde eine der Tasten niedergedrückt, wurde dadurch ein Stromkreis geschlossen, der beide Elektromagnete ihre Anker anziehen ließ. Die Uhrwerke begannen die Walzen zu drehen und zwar so lange, bis der zugeordnete Walzenstift die Taste wieder nach oben drückte und damit den Stromkreis unterbrach. Beide Zeiger waren dann um einen (annähernd) gleichen Teil des Kreisumfanges weitergerückt.

Cookes Konzept strebte also die Realisierung eines Zeigertelegraphen an, der nach dem Prinzip eines Synchrontelegraphen mit Start- und Stop-Signalen zur Anzeige einer bestimmten von mehreren möglichen Nachrichten arbeiten sollte, eine Lösung, die Aineias der Taktiker schon im 4. Jh. v. Chr. mit zwei synchron auslaufenden Wassergefäßen vorgeschlagen hatte (Band 1, Kap. IV. B). Da Cooke diesen mehr als zwei Jahrtausende zurückliegenden Vorschlag wohl kaum gekannt haben dürfte, kann man auch hier auf einen Archetypus der erfinderischen Phantasie schließen (Band 1, Kap. VIII. D).

Für die spezielle Geschichte der elektromagnetischen Telegraphie ist vor allem wichtig, daß Cooke 1836 zwar das Prinzip eines Elektromagneten verstanden hatte, aber weder die Arbeiten von Henry (Kap. III. J) noch das Ohmsche Gesetz (Kap. III. F) kannte. Das hatte zur Folge, daß die von ihm für den mechanical telegraph gebauten Elektromagnete (ebenso wie beim Alarum) nicht anzogen, wenn eine längere Leitung zwischen Stromquelle und Magnetwicklung eingeschaltet wurde. Auch ein zweites Zeigertelegraphenkonzept, bei dem zwei in Reihe geschaltete Elektromagnete auf eine Pendeluhr mit Ankerhemmung einwirken sollten, scheiterte an dieser Schwierigkeit.

Wie schon in Kap. IV. C ausgeführt, veranlaßte das Versagen der Elektromagnete Cooke dazu, sich zuerst an Faraday und dann an Wheatstone zu wenden. Die daraus folgende Zusammenarbeit zwischen Cooke und Wheatstone führte zuerst zur Entwicklung von Nadeltelegraphen (Kap. IV), löste aber bei Wheatstone auch ein wachsendes Interesse an dem Problem der richtigen Dimensionierung von Elektromagneten aus.

C   Wheatstone und das Ohmsche Gesetz

Wheatstone hatte im Frühjahr 1837 sehr schnell erkannt, daß man mit Hilfe des Ohmschen Gesetzes das Zusammenwirken von Stromquelle, Übertragungsleitung und Multiplikator optimieren könne. In dem späteren Prioritätsstreit mit Cooke hat er am Ende einer Aufzählung aller seiner Beiträge zum Konzept des Fünf-Nadel-Telegraphen ausdrücklich auf diesen entscheidenden Punkt hingewiesen (Prof. Wheatstone's Case in [35]):

> "But the most important point of all was my application of the theory of Ohm to telegraphic circuits, which enabled me to ascertain the best proportions between the length, thickness, &c. of the multiplying coils and the other resistances in the circuit, and to determine the number and size of the elements of the battery to produce the maximum effect. With this law and its applications no persons who had before occupied themselves with experiments relating to Electric Telegraphs had been acquainted."

Anläßlich eines Besuches von Joseph *Henry* bei Wheatstone im April 1837 dürfte wohl auch Henrys Arbeit über effiziente Elektromagnete (Kap. III. J) zur Sprache gekommen sein und Wheatstone erkannt haben, daß das Ohmsche Gesetz eine quantitative Erklärung für die von Henry nur experimentell gefundenen Zusammenhänge liefern könne[2]. Damit eröffnete sich der Weg zu einer systematischen Entwicklung von Elektromagneten, der bald auch von anderen „Telegraphen-Ingenieuren" beschritten werden sollte.

Wenn man aus heutiger Sicht Wheatstones Überlegungen als eine selbstverständliche Schlußfolgerung aus dem Ohmschen Gesetz ansehen wollte, dann übersieht man, daß die Situation vor 150 Jahren eine so einfache Beurteilung nicht zuläßt. Weder war damals das Ohmsche Gesetz schon allgemein anerkannt, noch bestanden einheitliche Vorstellungen (und Begriffe) über die Vorgänge in — wie wir heute sagen würden — elektrischen Stromkreisen. Die praktischen Erfolge, die Wheatstone in den folgenden Jahren durch sein Vorgehen erzielen konnte, haben zweifellos sehr viel zur Klärung dieser Fragen und zur Anerkennung des Ohmschen Gesetzes beigetragen. Im engeren Bereich der elektromagnetischen Telegraphie wurden jedenfalls Wheatstones Überlegungen schnell aufgegriffen. So schrieb schon 1844 William

---

[2] Daß das Ohmsche Gesetz bei diesem Besuch zur Sprache kam, läßt sich aus einem Eintrag in Henrys Reisetagebuch entnehmen [64]. Dort heißt es am 1. April 1837: „Prof. W. loaned me a pamphlet by M. H. Jacobi ... which contains an exposition of the theorie of Ohm (1827) ...". Der dann folgende ausführliche Auszug aus Jacobis Darstellung des Ohmschen Gesetzes (mit Formeln) läßt den Schluß zu, daß Henry die Arbeit von Ohm „Die galvanische Kette, mathematisch behandelt" bis dahin noch nicht gekannt hatte.

Fardely (siehe Abschnitt E) in einer in Mannheim erschienenen Schrift „Der elektrische Telegraph" [44]:

> „Die scheinbare Unmöglichkeit Electromagnete für telegraphische Zwecke direct in Anwendung bringen zu können, führte Herrn Professor Wheatstone zuerst auf den Gedanken sich indirecter Mittel {Relais} zu bedienen ...
>
> In der letzteren Zeit jedoch ist es ihm gelungen, seine Instrumente durch eine Drahtstrecke von vielen Meilen in Bewegung zu setzen, mit Batterien von sehr geringer Dimension.
>
> Es würde hier zu weit führen, eine ausführliche Auseinandersetzung der wissenschaftlichen Untersuchungen zu geben, wodurch Professor Wheatstone zu diesen werthvollen practischen Resultaten gelangte; sie gründen sich auf Ohms Theorie des voltaischen Stroms, bekannt unter dem Namen des Ohm'schen Gesetzes*, und lassen sich in folgendem zusammenfassen: Die Wirkungskraft eines Electromagnets hängt ab von drei Ursachen: sie verhält sich direct wie die electromotorische Kraft, indirect wie der Widerstand in den Schliessungsdrähten, und wieder direct wie die Anzahl der Drahtwindungen um die Stäbe von weichem Eisen. Hieraus folgt dass, wenn die Anzahl der Drahtwindungen bei einem Electromagnet vergrößert wird, auch die Kraft desselben zunimmt; aber sie wird auch wieder vermindert durch den Widerstand den die hinzugefügte grössere Drahtlänge verursacht. Ist der Widerstand in den anderen Theilen des Schliessungsdrahtes gering, so wird durch Vermehrung der Anzahl der Drahtwindungen der Widerstand des ganzen Kreises vergrössert, und es erfolgt daraus eine verminderte Wirkung; wohingegen da, wo der Widerstand in den anderen Theilen sehr gross ist (wie diess bei einer Drahtlänge von vielen Meilen offenbar der Fall seyn muss), der durch die zugefügte Anzahl der Drahtwindungen verursachte grössere Widerstand nur einen sehr geringen Theil des Totalwiderstandes ausmacht, und die Wirkung dadurch nur in sehr geringem Grade vermindert wird, während auf der anderen Seite diese Wirkung wieder sehr vergrößert wird durch die vervielfältigte Einwirkung der Umwindungen.
>
> Hieraus erklärt sich der scheinbare Widerspruch, dass die nämlichen Ursachen, welche die Wirkung eines in einem kleinen Kreis eingeschlossenen Electromagnets vermindern, eben diese Wirkung vergrössern, da wo dieser Kreis von sehr grossem Umfange ist. Die Electromagnete des Herrn Wheatstone sind, in Uebereinstimmung mit diesen Regeln, von nur sehr geringer Grösse, und mit feinem isolierten Draht von beträchtlicher Länge umwunden, welche Länge und Dünne des Drahts in einem Verhältnis zu den Entfernungen steht durch welche die Apparate wirken sollen. Man wendet desshalb feinen Draht an, weil, obgleich hierdurch der Widerstand grösser wird, dennoch dieser Nachtheil, da wo der andere Widerstand sehr gross ist, beseitigt, und weit überwogen wird durch die hinzugefügte Anzahl der Drahtumwindungen, welche auch einen um so kleinern Raum einnehmen.
>
> Das Erkenntniss dieser Thatsachen hat Herrn Wheatstone in den Stand gesetzt, nicht nur allein sehr wirksame Telegraphen mit Electromagneten zu construiren, sondern dieselben auch ohne jene indirecte Mittel in Bewegung zu setzen, die er früher für nöthig erachtete."

---

* Siehe: Die galvanische Kette, mathemathisch bearbeitet von Dr. G. S. Ohm, Berlin 1827.

Diese Ausführungen zeigen deutlich, daß Wheatstone zum mindesten für den Bereich der elektromagnetischen Telegraphie den Weg vom Probieren zum Projektieren, von der zufälligen Erfindung zur planmäßigen Entwicklung, kurz von der handwerklichen Empirie zu den Ingenieur-Wissenschaften geöffnet hatte.

D   Wheatstone und Cooke 1838 ... 1840

Die Entwicklung von Zeigertelegraphen mit effizienten Elektromagneten durch Wheatstone und Cooke[3] erfolgte in den Jahren 1838 bis 1840 in drei Schritten, die in Bild VII. 3 (stark schematisiert) dargestellt sind.

A) Die erste Lösung benutzte zur schrittweisen Bewegung des Zeigers einen durch eine Ankerhemmung (Echappement) gesteuerten Gewichtsantrieb. Der in das Gangrad eingreifende Anker wurde

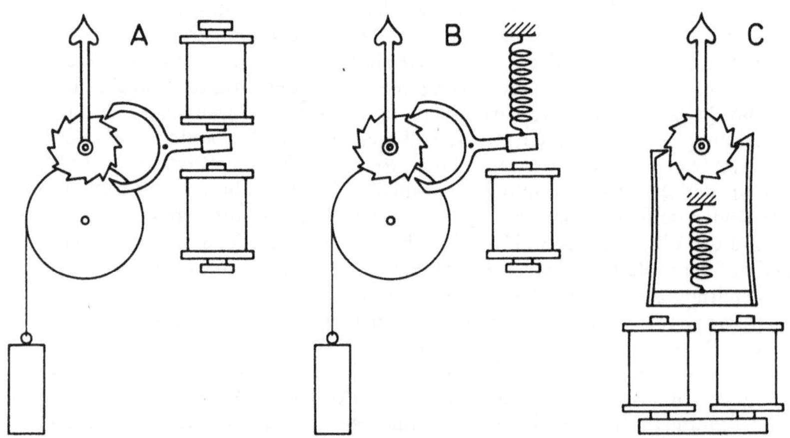

Bild VII.3. Prinzip der Zeigertelegraphen von Wheatstone und Cooke 1838 ... 1840: A. Gewichtsantrieb, zwei Elektromagnete; B. Gewichtsantrieb, ein Elektromagnet und Rückholfeder; C. Direkter Antrieb durch Elektromagnet mit Rückholfeder

---

[3] In der einschlägigen Literatur werden die in diesem Abschnitt behandelten Zeigertelegraphen meist Wheatstone zugeschrieben. Nun stammen die zum Bau dieser Telegraphen benötigten Elektromagnete wohl sicher von Wheatstone, die Entwicklung der Geräte erfolgte aber in der seit 1837 bestehenden Partnerschaft zwischen Cooke und Wheatstone. Das am 21. Juli 1840 beantragte englische Patent (das später unter der Nummer 8345 erteilt wurde) nennt als Erfinder die Namen Wheatstone und Cooke (also in der umgekehrten Reihenfolge wie in dem ersten gemeinsamen Patent für den Fünf-Nadel-Telegraph vom 12. Juni 1837). In der Überschrift dieses Abschnittes werden daher beide Namen genannt und zwar in der Reihenfolge der Patentanmeldung, ohne daß damit zu den Prioritätsfragen Stellung genommen werden soll.

abwechselnd von zwei Elektromagneten angezogen. Jeder dieser beiden Magnete brauchte nur die Kraft zur Bewegung des Ankers aufzubringen, die Bewegung des Zeigers erfolgte durch den Gewichtsantrieb. Nachteilig bei dieser Lösung war, daß zum abwechselnden Einschalten der beiden Magnete mindestens drei Leitungen nötig waren.

B) In einer zweiten Entwicklungsstufe wurde der eine der beiden Magnete durch eine Rückholfeder ersetzt. Jetzt waren zwar nur noch zwei Leitungen notwendig, der Elektromagnet mußte aber zusätzlich die Kraft zum Spannen der Rückholfeder aufbringen.

C) In einem dritten Schritt zu einer rein elektromagnetischen Lösung entfiel der Gewichtsantrieb. Ein Elektromagnet (in Wechselwirkung mit einer Rückholfeder) wirkte direkt auf das Gangrad ein. Jetzt mußte also der Elektromagnet sowohl die Kraft zum Spannen der Rückholfeder als auch zur Bewegung des Zeigers aufbringen.

Diese Entwicklung zeigt, daß Wheatstone nicht nur durch die Anwendung des Ohmschen Gesetzes die theoretischen Voraussetzungen für den Bau effizienter Elektromagnete geschaffen hatte, sondern daß in den Jahren 1838 bis 1840 (durch die Wahl geeigneter Baustoffe und die Formgebung des magnetischen Kreises) auch wesentliche praktische Fortschritte erzielt werden konnten.

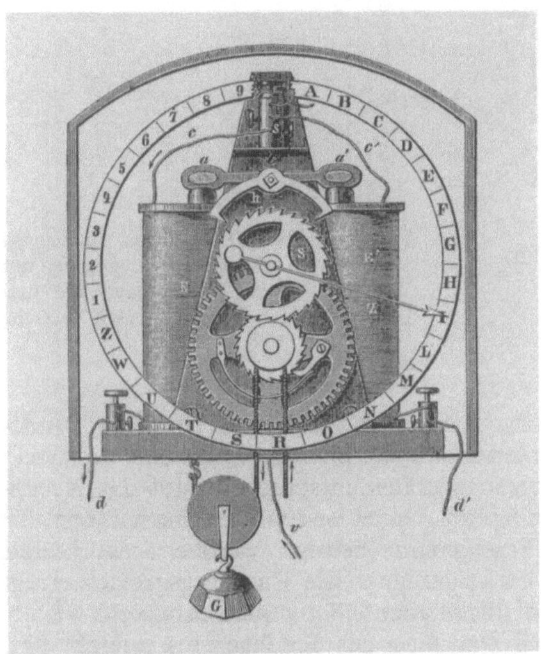

Bild VII.4. Zeigertelegraph mit Gewichtsantrieb und zwei Elektromagneten nach Zetzsche [139]

Eine Vorstellung von dem konstruktiven Aufbau dieser Telegraphen vermitteln die Bilder VII. 5—VII. 8, die der „Geschichte der elektrischen Telegraphie" von *Zetzsche* [139] entnommen sind.

Bild VII. 4 zeigt den Zeigertelegraphen mit Gewichtsantrieb und zwei Elektromagneten. Der Zeiger bewegt sich vor einer ringförmigen Skala, die mit 19 Buchstaben, 10 Ziffern und einem Kreuz beschriftet ist. Das Gangrad mußte demnach 30 Zähne haben (die Zeichnung ist hier nicht ganz korrekt). Auf dem Grundbrett sind rechts und links außen die Klemmschrauben für die beiden Zuleitungen angebracht, am oberen Ende der rückseitigen Platine die Klemmschraube für die gemeinsame Rückleitung. Die Wirkungsweise erklärt Bild VII. 3 A.

Als Sendegerät diente ein mit 30 Speichen („Finger Pins") bestücktes Kontaktrad (Bild VII. 5), an dessen 15 Segmente sich abwechselnd die rechte oder linke Schleiffeder anlegt. Die Beschriftung des Kontaktrades entspricht der des Empfangsgerätes, nur in umgekehrter Reihenfolge. Aus dem Grundbrett ragt ein Anschlag P senkrecht nach oben.

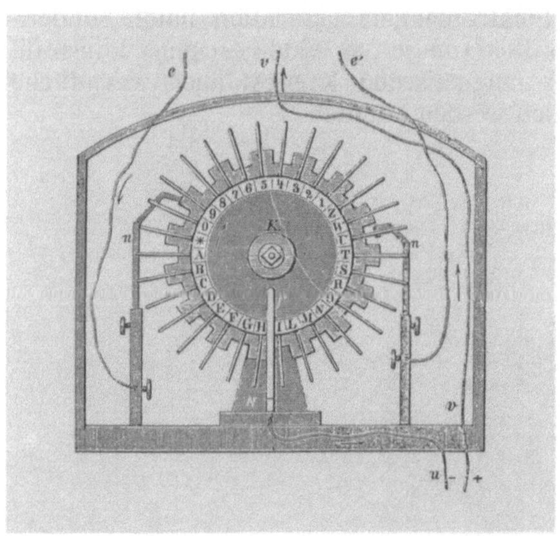

Bild VII.5. Das Sendegerät für den Zeigertelegraphen mit zwei Elektromagneten und drei Leitungen nach Zetzsche [139]

Vor Beginn jeder Nachrichtenübertragung muß bei dem Sendegerät die mit dem Kreuz gekennzeichnete Speiche hinter dem Anschlag stehen, der Zeiger des Empfangsgerätes entsprechend auf das Kreuz-Feld zeigen. Wird jetzt die Speiche eines bestimmten Buchstaben mit gestrecktem Finger im Uhrzeigersinn bewegt, werden abwechselnd der eine oder der andere Elektromagnet des Empfangsgerätes erregt und der Zeiger solange von Buchstabenfeld zu Buchstabenfeld weitergerückt, bis der Finger den Anschlag des Sendegerätes erreicht hat.

Der Zeiger des Empfangsgerätes bleibt dann auf demjenigen Buchstaben stehen, dessen Speiche man ergriffen hatte. Auf die möglichen Schwierigkeiten dieses Verfahrens wird am Ende dieses Abschnittes eingegangen werden.

Bild VII. 6 zeigt einen Zeigertelegraphen mit nur einem Elektromagneten und einer Rückholfeder f. Anstelle einer Ankerhemmung wird hier eine Stifthemmung benutzt, anstelle eines Zeigers eine kreisförmige Scheibe, die durch ein Fenster F beobachtet werden kann. Die Scheibe war mit 22 Buchstaben, Punkt und Kreuz beschriftet, in einem zweiten Kreis waren Ziffern angebracht.

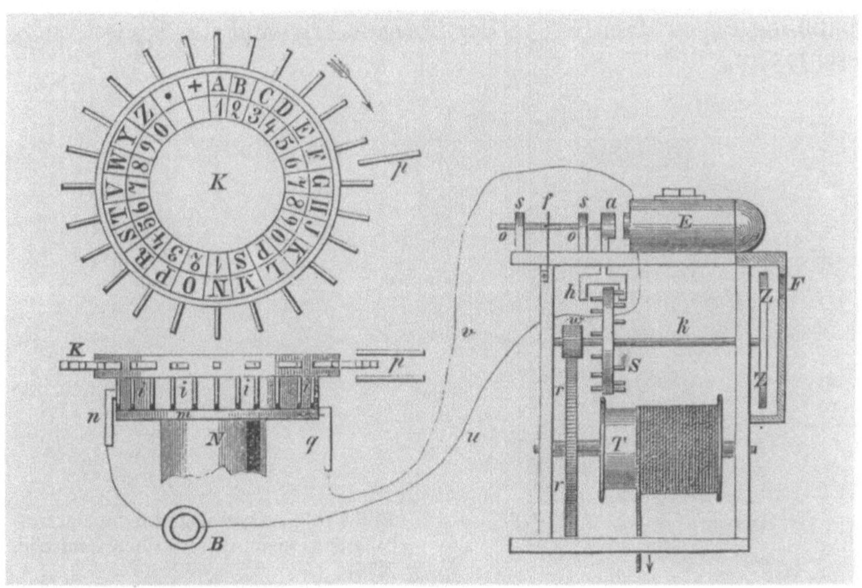

Bild VII.6. Zeigertelegraph mit Gewichtsantrieb und einem Elektromagneten nach Zetzsche [139]

Die prinzipielle Wirkungsweise ergibt sich aus Bild VII. 3 B. Das Zeichenfeld mit dem Kreuz diente zur richtigen Einstellung der Sende- und Empfangsgeräte vor Beginn einer Nachrichtenübertragung, das Zeichenfeld mit dem Punkt gab an, daß von jetzt an Ziffern statt Buchstaben (oder umgekehrt) abzulesen sind.

Bild VII. 7 zeigt schließlich einen Ausschnitt aus einem Zeigertelegraphen mit rein elektromagnetischem Antrieb nach dem Schema

von Bild VII. 3 C. Auch hier wurde anstelle eines Zeigers eine Buchstabenscheibe benutzt.

In der Patentschrift vom Juli 1840 ist schließlich auch ein Induktor
aufgeführt, der bei den Zeigertelegraphen vom Typ B und C anstelle
einer galvanischen Batterie verwendet werden konnte. Bild VII. 8
zeigt den Aufbau. Ein horizontales Speichenrad ist über ein Zahnradgetriebe mit zwei Induktorspulen gekoppelt, die sich vor den Polen
eines hufeisenförmigen Dauermagneten drehen können. Wird das
Speichenrad um eine Speichenteilung gedreht, machen die Induktor-
spulen eine halbe Umdrehung. Ein Kommutator sorgt dafür, daß die
Induktorspulen bei aufeinanderfolgenden Drehungen stets Stromstöße
gleicher Polarität an die Leitung abgeben, und zwar — ähnlich wie
bei Steinheil (Kap. V. E) — jeweils nur dann, wenn die induzierte
Spannung am größten ist; in der übrigen Zeit sind die Spulen kurz-
geschlossen.

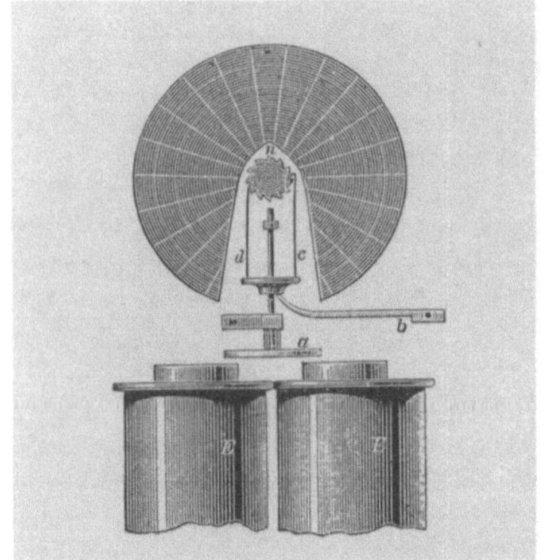

Bild VII.7. Zeigertelegraph mit elektromagnetischem Antrieb nach Zetzsche
[139]

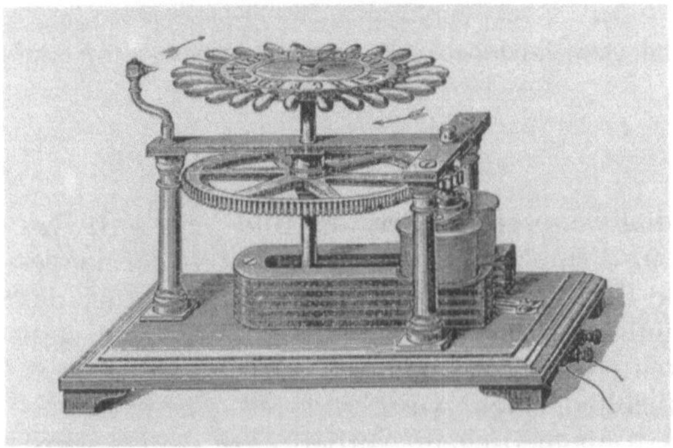

Bild VII.8. Wheatstones Induktor nach Zetzsche [139]

Mit dieser Entwicklung war nach rund 250 Jahren der utopische Zeigertelegraph von Giambattista della Porta Wirklichkeit geworden, allerdings nicht mehr mit Hilfe sympathetischer Fernwirkung, sondern auf der soliden Grundlage der inzwischen gewonnenen naturwissenschaftlichen Erkenntnisse über das Zusammenwirken von Elektrizität und Magnetismus. Dabei hatten Wheatstone und Cooke einen Telegraphentyp geschaffen, dessen generelle Funktion sehr einfach zu verstehen war und der sich deshalb für den Eisenbahnbetrieb sehr gut eignete. Nachteilig war allerdings die geringe Telegraphier-Geschwindigkeit und die Gefahr, daß bei einem zu schnellen Drehen des Speichenrades Sender und Empfänger ‚außer Tritt‘ kommen konnten.

E Von Fardely zu Siemens und Halske

Die guten Marktchancen der Zeigertelegraphen bei den sich schnell ausbreitenden Eisenbahnen einerseits und der Wunsch nach einer Minderung der am Ende des vorstehenden Abschnittes genannten Nachteile andererseits regten viele Erfinder an, sich mit der Weiterentwicklung dieses Telegraphentypes zu befassen. Schon 1850 beschrieb Schellen in der 1. Auflage seines Handbuches [109] auf nahezu 100 Seiten weiterentwickelte Zeigertelegraphen von *Bain, Mapple & Brown, Nott, Barlow, Bréguet, Garnier, Fardely, Leonhard, Drescher, Kramer, Siemens & Halske* sowie *Stöhrer*. Die 1877 erschienene „Geschichte der der Elektrischen Telegraphie" von Zetzsche [139] enthält ausführliche Beschreibungen von nicht weniger als 38 verschiedenen Ausführungsformen von Zeigertelegraphen und nennt darüber hinaus noch 8 weitere Erfinder, die sich mit diesem Telegraphentyp befaßt hatten. Es würde den Rahmen dieses Beitrages zur Geschichte der Nachrichtentechnik sprengen, wenn auf alle diese Varianten eingegangen würde. Um aber wenigstens exemplarisch die Tendenzen aufzuzeigen, die bei der Weiterentwicklung der Zeigertelegraphen verfolgt wurden, soll hier (mit unterschiedlicher Ausführlichkeit) auf einige Entwicklungen in Deutschland in der Mitte der 40er Jahre näher eingegangen werden.

Wir beginnen mit *William Fardely* (1810 ... 1869), dem Sohn eines Engländers und einer deutschen Mutter, der mit seinen Eltern schon in jungen Jahren nach Mannheim gekommen war und dort aufwuchs [49]. Als Dreißigjähriger ging er für zwei Jahre nach London, um sich dort als „Telegraph Engineer" zu spezialisieren[4]. Nach Mannheim

---

[4] Die Ausbildung zum „Civil-Engineer" erfolgte damals in England meist durch erfahrene Fachgenossen, bei denen man in die Lehre ging.

zurückgekehrt, veröffentlichte er 1844 eine Schrift: „Der electrische Telegraph, mit besonderer Berücksichtigung seine practischen Anwendung für den gefahrlosen und zweckmäßigen Betrieb der Eisenbahnen; nebst Beifügung der neuesten Einrichtungen und Verbesserungen, und einer ausführlichen Beschreibung eines electromagnetischen Drucktelegraphen." [44]

Zwei Drittel dieses Buches enthalten die Übersetzung einer 1842 von Cooke veröffentlichten Schrift „Telegraphic Railways ..." [36], in der ausführlich auf die Bedeutung der elektrischen Telegraphen für die Sicherheit vor allem auf eingleisigen Eisenbahnstrecken eingegangen wird (ein früher Hinweis auf die später allgemein eingeführten Blocksignalsysteme). Nach dieser Übersetzung folgt eine Beschreibung des „Drucktelegraphen des Herrn Bain" und der „Signaltelegraphen des Herrn Prof. Wheatstone" (siehe dazu das wörtliche Zitat in Abschnitt C., Seite 167). Schließlich geht Faradely noch kurz auf einen von ihm entwickelten „Electromagnetischen Typotelegraphen" ein, bei dem er ferngesteuerte Schalter nach dem Prinzip von Bild VI. 11 rechts als — wie wir heute sagen würden — polarisierte Relais verwendete, um mit einer einzigen Leitung auskommen zu können (siehe Abschnitt F).

Mit dieser Schrift hatte sich Fardely als kenntnisreicher Fachmann auf dem Gebiet der elektromagnetischen Telegraphie ausgewiesen. Die erste Möglichkeit, sein Können auch in der Praxis unter Beweis zu stellen, bot sich ihm bei der Taunus-Eisenbahn, deren technische Leiter Direktor *Beil* und Inspektor *Meller* schon frühzeitig von der künftigen Bedeutung der elektrischen Telegraphie für den Eisenbahnbetrieb überzeugt waren [137] Inspektor Meller richtete 1844 zwischen Kastel und Wiesbaden eine oberirdische eindrähtige Telegraphenleitung ein [45] und Fardely experimentierte dort mit seinem Typotelegraphen. 1845 wurden neue, von Fardely entwickelte Zeigertelegraphen erprobt, und Inspektor Meller berichtete über das Ergebnis in der „Eisenbahnzeitung" [81]:

> „*Elektrische Telegraphen*: Auf der 11 600 Meter langen Strecke der Taunus-Eisenbahn zwischen Kastel-Biebrich und Wiesbaden, wo bekanntlich seit länger als einem Jahre ein elektro-magnetischer Telegraph mit nur einem Leitungsdrahte besteht, wurden die Stazions-Apparate neuerer Konstrukzion des Herrn Fardely vor einigen Tagen versucht, und es ergab sich, daß selbige sehr leicht gehen und bei Einschließung von drei Stazions-Apparaten nur dreier kleinen Batterie-Elementen mit Zinkplättchen von 10 Quadrat-Centimeter bedürfen. Hierbei entsteht natürlich der größte Kraftverlust durch die eingeschalteten Apparate, welche sämmtlich mitarbeiten, d. h. die von jeder einzelnen Stazion gegebenen Nachrichten werden an den übrigen ebenfalls angezeigt.
>
> Mit den bemerkten Apparaten können in einer Stunde über tausend Zeichen gegeben werden, ohne Störungen an denselben besorgen zu müssen. Bei einem Leitungsdrahte von $1^1/_2$ Millimeter Stärke und einer Leitungsstrecke von 150 Kilo-

meter (beiläufig 20 deutsche Meilen) dürften nach unserer Rechnung nur 13 Batterie-Elemente, wovon jedes 10 Quadrat-Centimeter Zinkfläche hat, erforderlich seyn.

Auch wurde ein portativer Apparat, welcher auf den Zügen mitgeführt werden soll und an jeder beliebigen Stelle einer elektro-magnetischen Telegraphenlinie (mit einem Leitungsdrahte) eingeschaltet werden kann, versucht. Man hatte sich dabei als Aufgabe gestellt, blos den Leitungsdraht zu trennen. Auch dieser Versuch gelang vollkommen, und man konnte sowohl von dem beliebig gewählten Punkte auf der Bahn eine vollständige Korrespondenz nach den anderen Stazionen, als auch von denselben nach dem eingeschalteten Apparate zurückgeben.

Es ist zu bedauern, daß der elektro-magnetische Telegraph, bei den verhältnismäßig geringen Kosten, welche er verursacht, bis jetzt so wenig Eingang gefunden hat. Es war vor kurzem zwar in öffentlichen Blättern die Rede von einem in Deutschland beabsichtigten elektro-magnetischen Telegraphen mit unterirdischer Leitung, aber dieses ist gerade ein Mittel, um davon abzuschrecken; denn entsteht an dem Isolirungsmittel eine Schadhaftigkeit, oder wird ein Muthwille an der Leitung verübt, so ist die schadhafte Stelle schwer aufzufinden. Ueberdies verursacht eine solche unterirdische Anlage so bedeutende Kosten, daß eine Eisenbahn-Gesellschaft sich schwerlich dazu verstehen wird.

Nach der hier gemachten Anlage und den dabei gewonnenen Erfahrungen, kann der Kilometer elektro-magnetische Telegraphen-Anlage bei Eisenbahnen für 80 fl. hergestellt werden, mithin würde für eine Länge von 150 Kilometer (circa 20 deutsche Meilen) ein Kostenaufwand von 12,000 fl. erforderlich sein. Kastel bei Mainz, den 13. Nov. 1845.

Meller,
Ingenieur; Hauptmann a. D., Inspektor der Taunus-Eisenbahn."

Über die Konstruktion der neuen „Stazions-Apparate" hat Fardely 1856 in einer Schrift „Der Zeigertelegraph für den Eisenbahndienst…" berichtet [46]. Diese Schrift ist in erster Linie als „Anleitung für Telegraphen-Aufseher, Telegraphen-Bedienstete und alle, welche sich für dies Fach interessieren" gedacht, sie läßt aber auch erkennen, welche Ziele sich Fardely bei der Entwicklung gesetzt hatte: möglichst geringe Investitionskosten[5], bewährte Konstruktionselemente, einfache Wartung und Bedienung. Als Ausgangspunkt wählte Fardely den Zeigertelegraphen von Wheatstone und Cooke mit Gewichtsantrieb, einem Elektromagneten und Rückholfeder nach Bild VII. 3. B.

Fardely ließ seine Zeigertelegraphen in einer Schwarzwälder Uhrenfabrik[6] herstellen. Seine Entwicklung fußt daher weitgehend auf den damals üblichen Bauweisen von Standuhren. Bild VII. 9 zeigt links

---

[5] Wie man bei Cooke [36] nachlesen kann, spielte der Preis von Zusatzeinrichtungen (zu denen auch die Telegraphen gehörten) eine wichtige Rolle auf den Aktionärsversammlungen der damals meist privaten Eisenbahngesellschaften.

[6] Nach [75] könnte es sich hier um die 1828 gegründete Uhrenfabrik des Lorenz Bob in Furtwangen gehandelt haben, in der nach 1840 neben Achttagezugfederuhren „auch Telegraphen-Apparate" gefertigt wurden. Der Verfasser verdankt diesen Hinweis G. Bender [21].

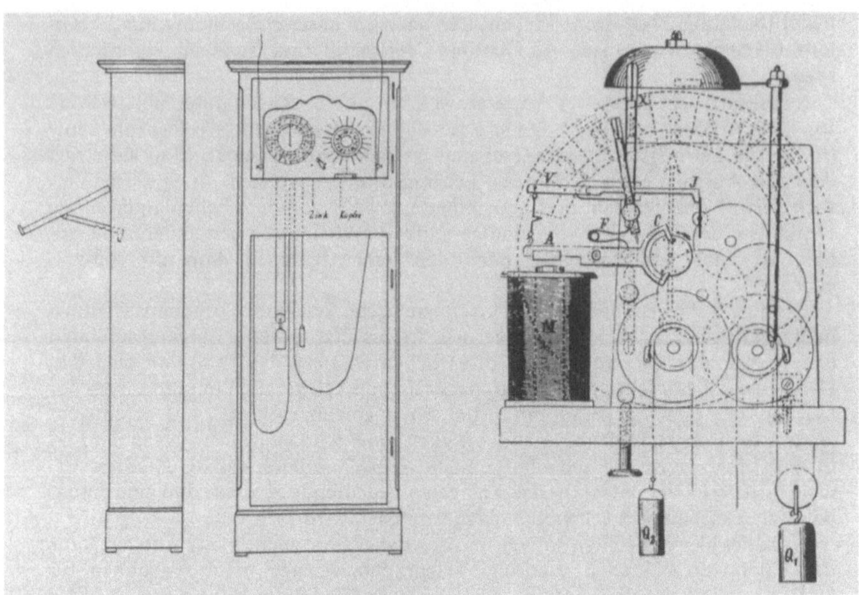

Bild VII.9. Zeigertelegraph von Fardely 1845

die Ansicht eines Stationsapparates: Sendegerät (Speichenrad) und Empfangsgerät („Zeigerwerk") sind nebeneinander in dem oberen Teil eines Standuhrgehäuses untergebracht. Da das eigene Zeigerwerk auch beim Senden mitlief, konnte das ‚Schritthalten' beim Drehen des Speichenrades leicht verfolgt werden, und zwar nicht nur mit den Augen, sondern auch durch das hörbare Anschlagen des Ankers beim Anziehen und Abfallen. In dem unteren Teil des Gehäuses bewegten sich die Gewichte, außerdem waren dort die Batterien untergebracht.

Bild VII. 9 rechts zeigt einen Schnitt durch das Empfangsgerät. Es enthielt neben dem Gewichtsantrieb für die Zeigerbewegung und die zugehörige Hemmung noch einen weiteren Gewichtsantrieb für ein Glockenschlagwerk, „das sich nicht wesentlich von dem Schlagweek einer gewöhnlichen Uhr unterscheidet". Sende- und Empfangsgerät trugen eine in 22 Felder geteilte kreisrunde Skala; in der Grundausstattung waren diese Felder mit 21 Buchstaben eines etwas gekürzten Alphabetes und mit einem Punkt beschriftet.

Bild VII. 10 zeigt die Ausführungsform der Hemmung, bei der eine Stiftscheibe benutzt wird. Sowohl beim Anziehen des Ankers als auch bei seinem Abfallen rückt diese Scheibe jeweils um den 22. Teil ihres Umfanges weiter. Jedesmal, wenn der Anker anzieht, wird über einen Kettenzug die Windfangsperre des Schlagwerkes aufgehoben. Die

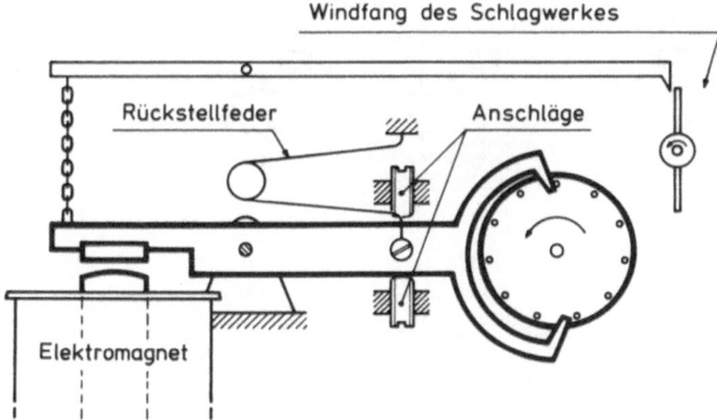

Bild VII.10. Stifthemmung und Windradsperre des Zeigertelegraphen von Fardely 1845

Glocke schlägt daher auch während des Telegraphierens an, wenn der Anker längere Zeit angezogen bleibt. Diese Anordnung hatte Fardely gewählt, um nicht eine zusätzliche Leitung für das Anrufzeichen vorsehen zu müssen.

Die Taunusbahn hatte (einschließlich Frankfurt und Wiesbaden) sieben Stationen. Da der Hauptanteil der Investitionskosten für die Verbindungsleitungen aufgebracht werden mußte, stand Fardely also — wenn er billig bleiben wollte — vor der Aufgabe, mit nur einer einzigen Leitung die Möglichkeit zu schaffen, daß jede dieser Stationen mit jeder anderen telegraphieren konnte. Fardely löste diese Aufgabe durch eine besondere Konstruktion des Sendegerätes, das neben dem Impulskontakt zur Weiterschaltung des Zeigers noch einen zusätzlichen Kontakt erhielt, der nur in der Stellung ‚Punkt' geschlossen war. Bild VII. 11 zeigt oben das Schaltschema am Beispiel einer Leitung mit vier Stationen.

Wenn alle Sendegeräte auf ‚Punkt' standen, waren die Magnetwicklungen aller Empfangsgeräte in Reihe geschaltet und über der Erde als Rückleiter in Empfangsbereitschaft. Wurde das Speichenrad auf einer der Stationen gedreht, wurde in dieser Station der ‚Punkt'-Kontakt geöffnet, die Batterie eingeschaltet und die Zeiger aller Empfangsgeräte schrittweise weiterbewegt.

Bild VII. 12 zeigt die konstruktive Ausführung der Kontaktscheibe in den Sendegeräten und das zugehörige Kontakt-Schema. Da alle Empfangsgeräte in demselben Stromkreis lagen, konnte die gesendete Nachricht an jeder Station mitgelesen werden; da es sich meist um Informationen handelte, die mit dem Bahnbetrieb zusammenhingen, war dies kein Nachteil. War die Nachricht für einen bestimmten

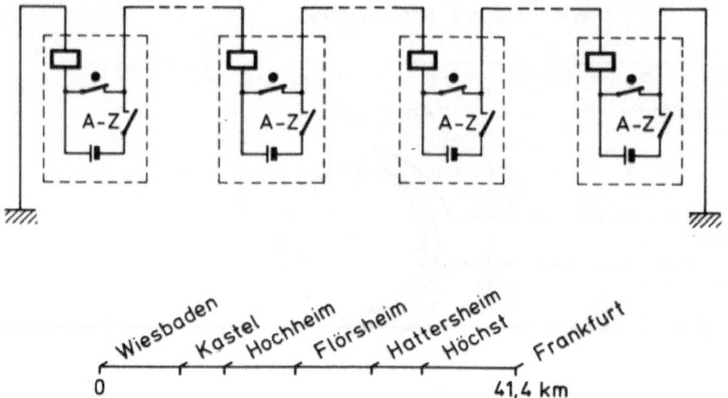

Bild VII.11. Telegraphenlinie von Fardely 1845

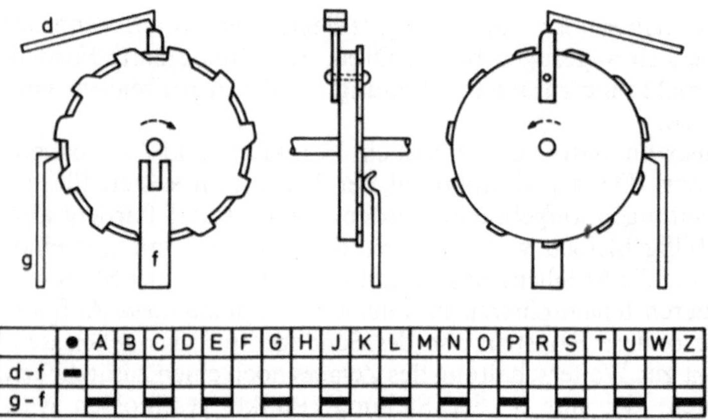

Bild VII. 12. Kontaktrad des Sendegerätes von Fardely 1845

Empfänger gedacht, konnte dies zu Beginn der Übertragung mitgeteilt werden[7].

Die auch heute noch lesenswerte Schrift von Fardely geht dann noch auf viele Einzelheiten ein, so auf einen „Ausschalter", mit dem der Stationsapparat während Wartungsarbeiten von der Telegraphen-

---

[7] Für Sonderfälle war ein (in Bild VII. 11) nicht eingezeichneter) Handschalter vorgesehen, durch den (nach vorhergehender telegraphischer Anweisung) die Empfangsgeräte bestimmter Stationen überbrückt und so von dem ‚Gemeinschaftsempfang' ausgeschlossen werden konnten.

linie getrennt werden konnte, ohne daß diese dadurch unterbrochen wurde, auf „Blitzplatten zum Schutz gegen die atmosphärische Electricität", auf die Benutzung von Galvanometern als Prüfgeräte, auf die Bedeutung des remanenten Magnetismus in den Kernen der Elektromagnete usw.

In seinen „Schlußbemerkungen" faßt Fardely dann noch einmal seine Zielsetzung in folgenden Worten zusammen:

> „Ein guter Eisenbahn-Telegraph muss (als Hauptbedingung zum praktischen Erfolg) möglichst einfach in seiner mechanischen Construction sein, damit derselbe möglichst selten in Unordnung gerathen könne, und somit auch verhältnissmässig weniger Aufsicht erfordert; zugleich muss die Telegraphir-Art möglichst leicht zu erlernen sein, damit nicht dazu besonders eingeübte Telegraphisten nöthig werden, sondern vielmehr fast jeder Bahnbedienstete nöthigenfalls zu telegraphiren im Stande sei . . .
>
> Aus dem Gesagten geht hervor, dass die Herstellung eines Telegraphs, welcher allen Erfordernissen einer Eisenbahn auf das Vollkommenste entsprechen soll, eine Aufgabe ist, deren Lösung mit Schwierigkeiten verbunden ist, und es sollte nicht vergessen werden, dass die Eisenbahn es war, welche den electrischen Telegraphen zuerst in's praktische Leben rief, dass sie die Wiege und die Schule desselben war und letztere auch noch ist, und dass wir von ihr, eben weil sie strenge Anforderungen stellt, auch noch eine fernere Ausbildung ihres Zöglings zu erwarten haben."

Daß Fardely aus der Sicht seiner Zeit mit dieser Zielsetzung recht hatte, bestätigte M. M. Freih. von Weber rund 20 Jahre später in seinem Buch „Das Telegraphen- und Signalwesen der Eisenbahnen" [137]. Nach einem kurzen Hinweis auf das erste Auftreten eines elektrischen Telegraphen an der geneigten Ebene bei Aachen (siehe Kap. IX F) schreibt er über den Zeigertelegraphen von Fardely:

> „Eine für die Verbreitung der elektrischen Telegraphie sehr förderliche Tugend besass die Telegraphenherstellung der Taunusbahn. — Sie war sehr wohlfeil! — Die leichte Ausführung der Leitung, der billige Preis der Apparate, die in einer schwarzwälder Uhrenfabrik hergestellt waren, liess den Aufwand für das Ganze, eine Station auf jede Meile Bahnlänge gerechnet, und incl. dreier transportabler Apparate, sich auf nur 442 Thlr. 12 Gr. pr. Meile Bahn erheben.
>
> Die Voraussetzung, dass die dem Eisenbahnbetrieb dienende Telegraphie durchaus keine schwieriger zu erwerbenden Fertigkeiten beanspruchen dürfe, als die zum Drehen eines Zeigers oder zum Drücken einer Taste und zum Ablesen eines Buchstaben auf der Zeigerscheibe gehören, wurde beinah zum Axiom und zur Grundlage fast aller Konstruktionen von Eisenbahn-Telegraphen-Apparaten, die in den hierauf folgenden 8 Jahren entstanden. Mochten dieselben nun von Kramer, Leonhardt, Siemens und Halske, Stöhrer oder sonst wem herrühren, so wechselte nur die Anordnung der Theile und die Natur der angewandten Ströme; das Princip der Zeigerbewegung aber, die Hauptgestalt des Ganzen als Vorrichtung, die mit Zeigern direkt auf Lettern deutete, aus ihnen die Depeschen buchstabirend, blieben dieselben."

Daß es nach der erfolgreichen Einführung des Zeigertelegraphen von Fardely zu so vielen weiteren Konstruktionen kam, hatte wohl vor allem zwei Gründe: das plötzlich erwachte Interesse an einer aussichtsreichen neuen Technik einerseits und andererseits, daß die verschiedenen Eisenbahngesellschaften noch keineswegs einheitliche Vorstellungen über die speziellen Anforderungen hatten, die sie an dies neue Hilfsmittel des Eisenbahnbetriebes stellen sollten. Zwar hielten sie alle in der zweiten Hälfte der 40er Jahre an dem „Prinzip der Zeigerbewegung" fest, aber wie diese zu bewerkstelligen sei ließen sie offen.

Der folgende Überblick erhebt weder Anspruch auf Vollständigkeit, noch nimmt er zu Prioritätsfragen Stellung. An einigen charakteristischen Beispielen soll lediglich gezeigt werden, wie vielfältig die Lösungsmöglichkeiten waren, die von den verschiedenen Erfindern aufgegriffen und — mit mehr oder weniger Erfolg — realisiert wurden[8].

So entwickelte der Berliner Uhrmacher *Leonhardt* einen Zeigertelegraphen, bei dem das Sendegerät nicht mehr von Hand betätigt, sondern gleichmäßig durch ein Uhrwerk angetrieben wurde, um so ein ‚Außertrittfallen' durch ein zu schnelles Drehen des Speichenrades zu verhindern.

Der Leipziger Mechaniker *Stöhrer*, der schon 1844 das Prinzip des ‚Induktors' von Gauß wieder aufgegriffen und zum Betrieb von Nadeltelegraphen eingesetzt hatte, entwickelte einen Zeigertelegraphen mit Induktionsgeber. Die vor den Polen eines hufeisenförmigen Dauermagneten drehbar angeordneten Induktor-Spulen wurden von einem Gewichtsantrieb in Bewegung versetzt, wenn eine mechanische Bremse gelöst wurde. Bei jeder halben Umdrehung wurde im Anzeigegerät über einen polarisierten Anker ein Steigrad (an dem der Zeiger befestigt war) um eine halbe Zahnteilung weiterbewegt; war der zu sendende Buchstabe erreicht, wurde die Bremse wieder eingelegt.

Bei den bisher behandelten Zeigertelegraphen war jede Station sowohl mit einem Sendegerät (z. B. Speichenrad mit Kontaktscheibe) als auch mit einem Empfangsgerät (z. B. Zeiger vor einer Buchstabenskala mit Gewichtsantrieb und elektromagnetisch gesteuerter Hemmung) ausgerüstet. *Kramer* in Nordhausen ·faßte beide Funktionen in einem gemeinsamen Gerät zusammen, dessen Aufbau dem Empfangsgerät von Fardely ähnelte: ein Gewichtsantrieb mit elektromagnetisch gesteuerter Hemmung bewegte schrittweise einen Zeiger vor einer kreisförmigen Skala. Das abwechselnde Ein- und Ausschalten des Elektromagneten erfolgte selbsttätig mit Hilfe eines Kontaktes, der durch ein auf der Zeigerachse befestigtes Zahnrad geöffnet und ge-

---

[8] Technische Einzelheiten sowie Hinweise auf weitere Zeigertelegraphen von Geiger, Pelchrizim, Seidmacher, Drescher, Braun, Gundolf und Schellen findet man bei Zetzsche [139].

| | Stromquelle | | Sende-u. Empfangsgerät getrennt | | | | | Sende- und Empfangsger. kombiniert | |
| | | | Antrieb Sendegerät | | | Antrieb Empfangsger. | | | |
	galvanische Batterie	Induktor	manuell	Gewichtsantrieb mit Hemmung	Gewichtsantrieb mit Bremse	Gewichtsantrieb mit Hemmung	Elektromagnet und Steigrad	Gewichtsantrieb mit mittelb. Selbstunterbr.	Elektromagnet mit Selbstunterbrechung
Fardely	x		x			x			
Leonhardt	x			x			x		
Stöhrer		x			x		x		
Kramer	x							x	
Siemens & Halske	x								x

Bild VII.13. Beispiele von Zeigertelegraphen 1845 ... 1847

schlossen wurde. Der Zeiger bewegte sich aufgrund dieser Selbstunterbrechung[9] solange schrittweise weiter, bis ihn eine durch Tastendruck betätigte mechanische Hemmung über dem jeweils gewünschten Buchstaben anhielt und damit das Wechselspiel zwischen Ankeranzug und Selbstunterbrechung beendete.

Jede Station war mit einer Orts- und einer Linienbatterie ausgerüstet. Sollte der Kramersche Zeigertelegraph als Sendegerät dienen, steuerte der Ortsstromkreis im Takt der Selbstunterbrechung auch ein Relais (von Kramer „Pendel" genannt), daß die Linienbatterie an die Leitung zur Gegenstation anschloß (oder einen Ruhestrom in dieser Leitung unterbrach). In der Gegenstation übertrug das Relais die auf der Leitung ankommenden Signale in den Ortsstromkreis und bewirkte dort eine mit dem Sendegerät übereinstimmende schrittweise Bewegung des empfängerseitigen Zeigers.

In Bild VII. 13 sind die verschiedenen Ausführungsformen der vorstehend behandelten Zeigertelegraphen noch einmal stichwortartig in einer Tabelle zusammengefaßt, um die vielartigen Lösungsmöglichkeiten zu veranschaulichen. Die letzte Zeile dieser Tabelle

---

[9] Da sich das Wechselspiel: Anziehen und Abfallen des Ankers — schrittweise Drehung der Zeigerachse — Öffnen und Schließen des Unterbrecherkontaktes nur in dem Steuerkreis der Hemmung abspielte, spricht Zetzsche [139] hier von einer „mittelbaren Selbstunterbrechung".

ordnet auch den Zeigertelegraphen von Siemens und Halske in dies Schema ein. Auf diese Entwicklung soll im folgenden etwas ausführlicher eingegangen werden.

Werner *Siemens* (1816 ... 1892) war schon in jungen Jahren an den Naturwissenschaften und deren Anwendung in der Technik interessiert. Seine erste wissenschaftliche Ausbildung erhielt er als angehender Offizier an der vereinigten Artillerie- und Ingenieurschule zu Berlin. In seinen Lebenserinnerungen [118] nennt er vor allem „den Mathematiker Ohm[10], den Physiker Magnus und den Chemiker Erdmann . . ., deren Unterricht mir eine neue, interessante Welt eröffnete". Von 1838 bis 1842 diente er als Seconde-Leutnant in Magdeburg und Wittenberg. 1842 wurde er zur Artillerie-Werkstatt nach Berlin kommandiert. Dort hatte er Gelegenheit, „Collegia an der Berliner Universität" zu hören, er freundete sich mit jungen Naturforschern an (Du Bois-Reymond, Helmholtz, Clausius u. a.) und nahm an der Gründung der physikalischen Gesellschaft teil, vor allem aber verfolgte er eifrig die Verhandlungen der polytechnischen Gesellschaft über aktuelle technische Probleme.

Eine Zusammenarbeit mit Leonhardt (siehe Seite 180), der neben der Entwicklung einer Uhr zur Messung von Geschoßgeschwindigkeiten auch mit der Frage der Ersetzbarkeit der optischen Telegraphie durch elektrische Lösungen beschäftigt war, brachte Siemens im Sommer 1846 mit diesem Themenkreis in Berührung. In seinen Lebenserinnerungen schreibt er:

> „Mein Interesse für elektrische Versuche wurde durch die Betheiligung an den Arbeiten Leonhardts auf das lebhafteste angeregt. Im Hause des Hofraths Soltmann, des Vaters eines mir enger befreundeten Brigadekameraden, hatte ich Gelegenheit, das Modell eines Wheatstone'schen Zeigertelegraphen zu sehen, und hatte mich an den Versuchen betheiligt, ihn zwischen dem Wohnhause und der durch einen großen Garten von ihm getrennten Anstalt für künstliche Mineralbrunnen in sicheren Gang zu bringen. Dies wollte aber niemals recht gelingen, und ich erkannte bald die Ursache dieser Mißerfolge. Sie lag wesentlich im Constructionsprincipe des Apparates, welches verlangte eine Kurbel so gleichmäßig durch die Hand zu drehen, daß die erzeugten, einzelnen Stromimpulse stets hinreichende Stärke hatten, um das Zeigerwerk des Empfangsapparates fortzubewegen. Das war schon nicht sicher zu erreichen, wenn die Apparate im Zimmer arbeiteten, und war ganz unmöglich; wenn ein wesentlicher Theil des Stromes durch die damaligen, unvollkommen isolierten Leitungen verloren ging.
>
> Leonhardt suchte diesen Uebelstand im Auftrage der Commission dadurch zu beseitigen, daß er die Stromimpulse durch ein Uhrwerk, also in ganz regelmäßigen Zeitintervallen, ausführen ließ, was immerhin eine Verbesserung war,

---

[10] Martin Ohm (1792 ... 1872) (der jüngere Bruder von Georg Simon Ohm; letzterer war 1833 an die polytechnische Schule nach Nürnberg berufen worden).

aber bei wechselndem Stromverluste doch nicht ausreichte. Dies machte mir klar, daß die Aufgabe am sichersten zu lösen sei, wenn man aus den Zeigertelegraphen selbstthätig laufende Maschinen machte, von denen jede selbstthätig die Strom-leitung unterbräche und herstellte. Wurden zwei oder mehrere solcher elektri-schen Maschinen in einen elektrischen Kreislauf gebracht, so konnte ein neuer Stromimpuls erst eintreten, wenn alle eingeschalteten Apparate ihren Hub voll-endet und dadurch die Stromleitung wieder geschlossen hatten. Es erwies sich das in der Folge als ein sehr fruchtbares Princip für unzählige elektrotechnische Anwendungen. Alle heute verwendeten selbstthätig wirkenden Wecker oder Klingelapparate beruhen auf der hier zuerst eingeführten Selbstunterbrechung nach vollendetem Hube."

Bild VII. 14 zeigt das Funktionsschema der „selbstthätig laufenden Maschine" (in der folgenden Beschreibung beziehen sich die Hinweise links, rechts, oben und unten nur auf die für dieses Bild gewählte stark vereinfachte zeichnerische Darstellung): ein zweiarmiger in der Mitte drehbar gelagerter Hebel trägt am linken Ende einen vor den Polen eines Elektromagneten angeordneten Anker. Fließt Strom durch die Wicklung des Elektromagneten, wird der Anker angezogen und die Rückholfeder gespannt. Der rechte Hebelarm bewegt sich dabei nach oben und schiebt den Zughaken über den nächsten Zahn des Steig-rades. Das Ende des rechten Hebelarmes bewegt sich zuerst frei zwi-schen den Begrenzungswänden eines Schiebers („Schiffchen") nach oben. Erst kurz vor dem Ende des Ankerhubes legt er sich an die obere Begrenzungswand des Schiebers an und hebt ihn gegen einen Anschlag; durch diese kurze Bewegung des Schiebers wird der Unter-brecherkontakt geöffnet, die Wicklung des Elektromagneten wird stromlos, die Rückholfeder zieht den Anker nach oben und der Zug-haken dreht das Steigrad (und mit ihm den Zeiger) um eine Zahnteilung

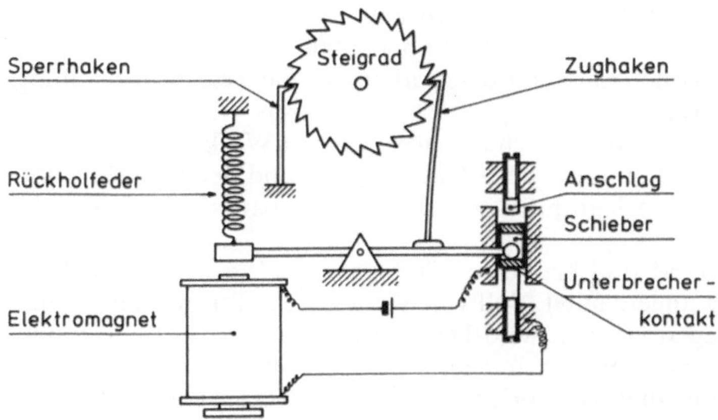

Bild VII.14. Funktionsschema des Zeigertelegraphen mit Selbstunterbrechung von Siemens & Halske 1846/47

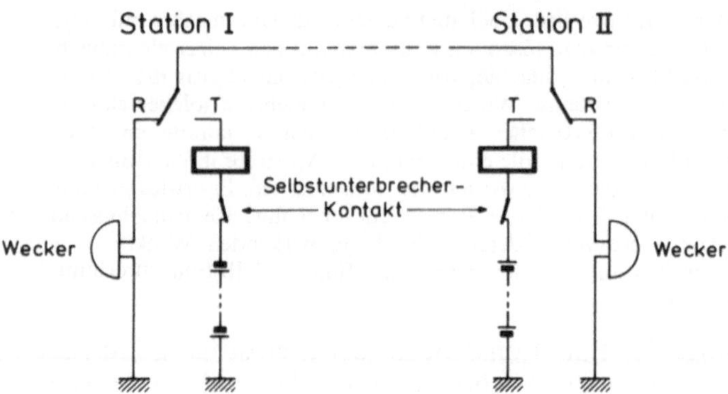

Bild VII.15. Zusammenarbeit von zwei Zeigertelegraphen mit Selbstunterbrechung, Siemens & Halske 1846/47

weiter. Kurz vor dem Ende dieses zweiten Arbeitstaktes legt sich das Ende des rechten Hebelarmes an die untere Begrenzungswand des Schiebers und schiebt diesen wieder nach unten, der Unterbrecherkontakt wird geschlossen und der Anker erneut angezogen.

Dieses Wechselspiel zwischen Anzug und Abfall des Ankers einerseits und Öffnen und Schließen des Unterbrecherkontaktes kurz vor dem Ende des jeweiligen Bewegungsablaufes andererseits erfolgt solange, bis eine mechanische (durch Tastendruck betätigte) Sperre das Steigrad festhält und den Anker am Abfallen hindert. Der Zeiger bleibt stehen, bis die Sperre wieder aufgehoben wird und damit die schrittweise Drehung des Zeigers erneut beginnt.

Bild VII. 15 zeigt das Zusammenwirken von zwei Zeigertelegraphen mit Selbstunterbrechung. Jede Station enthält zwei Stromkreise, die wahlweise mit Hilfe eines Betriebsschalters an die Telegraphenleitung angeschlossen werden können: einen Stromkreis R, der nur einen (ebenfalls mit Selbstunterbrechung arbeitenden) Wecker enthält, und einen Stromkreis T, in dem der Elektromagnet und der Unterbrecherkontakt des Zeigertelegraphen mit der Stationsbatterie in Reihe geschaltet sind.

Im Ruhezustand sind bei beiden Stationen die Wecker an die Telegraphenleitung angeschaltet. Soll von Station I ein Telegramm an Station II übertragen werden, wird bei I der Betriebsschalter auf T umgelegt. Da der Wecker eine hochohmige Wicklung hat und nur eine Batterie eingeschaltet ist, spricht zwar der Wecker von II an, der Zeigertelegraph von I kann aber seinen Anker noch nicht anziehen (Fehlstrom). Schaltet nun auch Station II auf T um, liegen beide Zeigertelegraphen mit ihren Stationsbatterien in Reihe und das Wechselspiel zwischen Ankeranzug und Ankerabfall beginnt gleichzeitig bei beiden Stationen. Da auch die Unterbrecherkontakte in Reihe geschaltet sind, kann dies Wechselspiel immer erst dann fortgesetzt werden, wenn in beiden Stationen die Anker wieder abgefallen sind, beide Zeiger also in Übereinstimmung miteinander um eine Zahnteilung weitergerückt sind[11].

Über die erste Realisierung seiner Idee schreibt Siemens in seinen Lebenserinnerungen:

> „Die Ausführung dieser Zeigertelegraphen mit Selbstunterbrechung übertrug ich einem mir aus der physikalischen Gesellschaft bekannten jungen Mechaniker, namens Halske, der damals in Berlin eine kleine mechanische Werkstatt unter der Firma Böttcher & Halske betrieb. Da Halske anfänglich Zweifel hegte, ob mein Apparat auch functioniren würde, so stellte ich mir selbst aus Cigarrenkisten, Weißblech, einigen Eisenstückchen und etwas isolirtem Kupferdraht ein paar selbstthätig arbeitende Telegraphen her, die mit voller Sicherheit zusammen gingen und standen. Dieses unerwartete Ergebniß enthusiasmirte Halske so sehr für das schon mit so mangelhaften Hilfsmitteln durchführbare System, daß er sich mit größtem Eifer der Ausführung der ersten Apparate hingab und sich sogar bereit erklärte, aus seiner Firma auszutreten und sich in Verbindung mit mir gänzlich der Telegraphie zu widmen.“

Die Zusammenarbeit zwischen Siemens und Halske[12] führte nicht nur zu einem Zeigertelegraphen, der sich später in der Praxis bewährte, sie hatte auch eine grundsätzliche Konsequenz, auf die hier kurz hingewiesen werden soll. Während bisher bei der Entwicklung von Zeigertelegraphen meist auf die seit langer Zeit bewährte Uhrentechnik zurückgegriffen worden war, wurde bei dem Zeigertelegraphen mit Selbstunterbrechung von Siemens & Halske erstmals eine eigenständige Konstruktionsweise angewendet, die speziell auf die Anforderungen eines optimalen Zusammenwirkens zwischen Elektromagneten und mechanischen Baugruppen ausgerichtet war. Bild VII. 16 vermittelt eine Anschauung von dieser für die damalige Zeit ganz neuartige Bauweise, für die sich später die Bezeichnung „Elektromechanik“ einbürgern sollte[13].

---

[11] Dieses sehr einfache Konzept setzt allerdings voraus, daß die Signallaufzeit auf der Verbindungsleitung vernachlässigbar klein gegenüber dem Arbeitstakt der Selbstunterbrecherkreise ist.

[12] Johann Georg Halske (1814 ... 1890) war 1827 mit seinen Eltern von Hamburg nach Berlin gekommen und absolvierte dort eine Mechanikerlehre. Auf seiner anschließenden Wanderschaft arbeitete er bei dem berühmten Instrumentenbauer Repsold in Hamburg. 1844 kehrte er nach Berlin zurück und gründete dort eine eigene Werkstatt Bötticher und Halske, in der vor allem wissenschaftliche Geräte für chemische Laboratorien hergestellt wurden. Im Oktober 1847 überließ er diese Werkstatt seinem Sozius, um mit Werner Siemens die „Telegraphenbauanstalt Siemens & Halske“ zu gründen (aus der sich später ein Unternehmen entwickelte, daß auf allen Gebieten der Elektrotechnik erfolgreich tätig wurde).

[13] Siehe S. 186

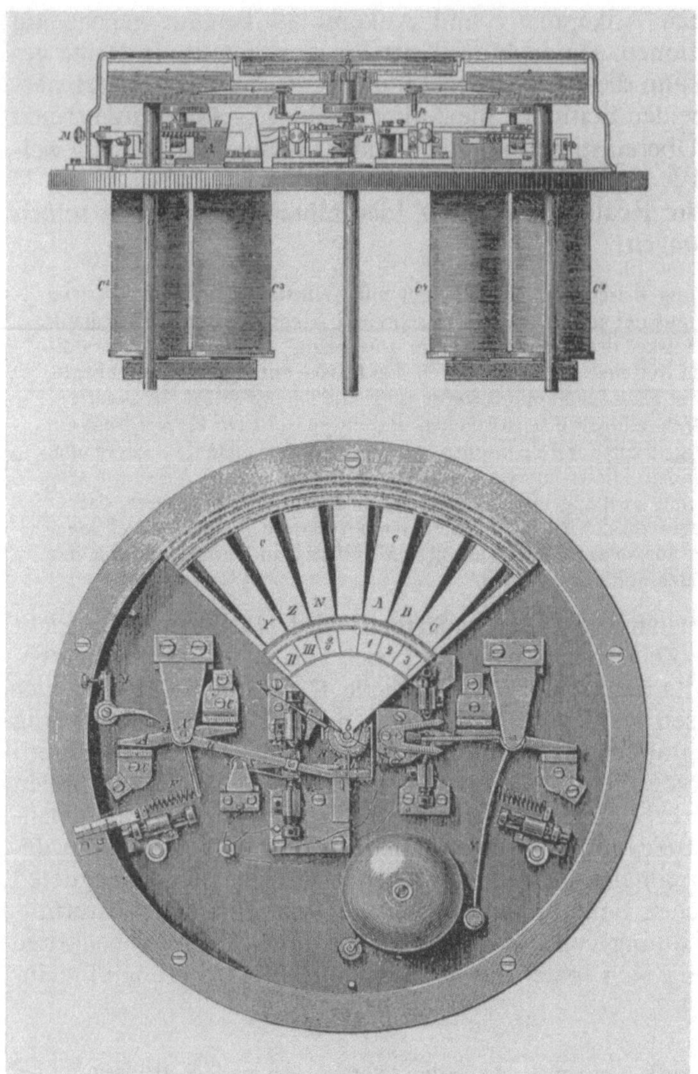

Bild VII.16. Zeigertelegraph von Siemens und Halske nach Zetzsche [139]

---

[13] Das Institut für Elektrische Nachrichtentechnik der TH Aachen besitzt einen Zeigertelegraphen von Siemens & Halske mit der Fertigungsnummer 611. Nach Auskunft
des Siemens-Archives ist dies Gerät im Jahre 1853 an die Berliner Verbindungsbahn
geliefert worden. Als mehr als 100 Jahre später Aachener Studenten mit diesem Exponat
einen Lehrfilm zur Geschichte der elektrischen Telegraphie drehen wollten, konnte das
Gerät auf Anhieb wieder in Betrieb gesetzt werden und Zeitlupenaufnahmen zeigten
eindrucksvoll das sichere Zusammenwirken zwischen dem Elektromagnet und den mechanischen Baugruppen.

Doch zurück zur Geschichte der Zeigertelegraphen; ihre in diesem Abschnitt behandelte Entwicklung in Deutschland sollte nur dazu dienen, die vielseitigen möglichen Varianten dieses Telegraphentypes aufzuzeigen. Auch die Entwicklung in anderen Ländern zeigen ein ähnliches Bild, in manchen Fällen sogar weitere Lösungsmöglichkeiten, so der Zeigertelegraph von *Bréguet*, bei dem der Gewichtsantrieb durch ein Federzugwerk ersetzt wurde, oder die Ausführung von *Froment*, der als Sendegerät nebeneinander angeordnete Tasten einführte, die (ähnlich wie bei Cookes „Mechanical Telegraph") auf eine quer darunter angebrachte Stiftwalze einwirkten. Gemeinsam war allen diesen Entwicklungen nur das Prinzip, die Elemente einer alphanumerischen Nachricht ohne Benutzung eines Codes am Empfangsort direkt zur Anzeige zu bringen.

F   Die ersten Typendruck-Telegraphen

Wenn man schon in der Lage war, die einzelnen Buchstaben und/ oder Ziffern eines Telegrammes am Empfangsort direkt anzuzeigen, dann mußte der Wunsch nahe liegen, aus dem ‚Zeigen' auch eine ‚Niederschrift' abzuleiten, also das Zeigerwerk um ein Druckwerk zu erweitern (oder sogar das Zeigerwerk durch ein Druckwerk zu ersetzen). Tatsächlich entwickelten viele der in den vorhergehenden Abschnitten behandelten oder erwähnten Erfinder in den 40er Jahren des 19. Jh. „Typendruck-Telegraphen", bei denen ein Typenrad schrittweise weiterbewegt wurde und der jeweils gewünschte Buchstabe (bei vorübergehendem Stillstand des Typenrades) durch eine Druckvorrichtung auf ein Papierblatt oder einen Papierstreifen abgedruckt werden konnte.

Bild VII. 17 zeigt schematisch die beiden Grundformen solcher Druckvorrichtungen. Links im Bild sind die Typen auf dem zylindrischen Mantel einer massiven Scheibe angeordnet; das zu bedruckende Papier wird durch eine elektromagnetisch betätigte Druckrolle gegen die jeweils gewünschte Type angedrückt. Rechts im Bild besteht das Typenrad aus einem dünnen vielfach geschlitzten Bronzeblech; die Typen sind auf der Rückseite der durch die Schlitze voneinander getrennten federnden Armen befestigt; ein elektromagnetisch betätigter Hammer schlägt die jeweils gewünschte Type gegen das zu bedruckende Papierband.

Wie schon bei den Zeigertelegraphen selbst findet man auch bei den Typendruck-Telegraphen eine Vielfalt konstruktiver Lösungen. So wurden anfangs meist besondere Leitungen für das Einschalten der Druckmagnete benötigt; Fardely reduzierte den Leitungsaufwand wieder auf eine einzige Leitung durch den Einsatz stromrichtungs-

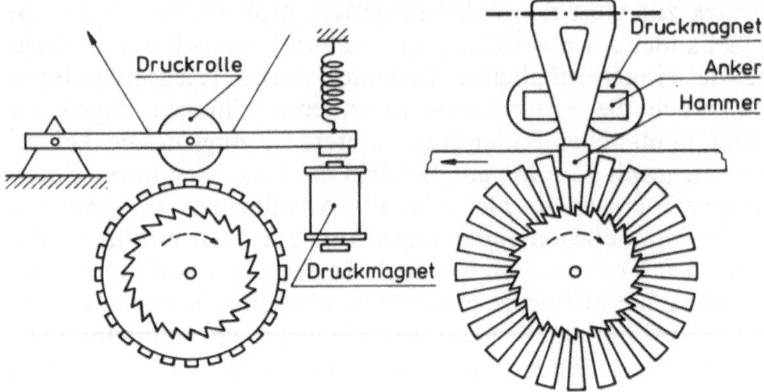

Bild VII.17. Schematische Darstellung der Druckvorrichtungen für Zeigertelegraphen

abhängiger ferngesteuerter Schalter („polarisierte Relais')[14], Siemens & Halske lösten diese Aufgabe durch zeitabhängige Schaltungen, die zwischen den kurzen schnell aufeinanderfolgenden Stromschritten der Selbstunterbrecherkreise und der langen Pause bei Stillstand des Typenrades unterscheiden konnten. Ein weiterer Unterschied bestand — in unserer heutigen Ausdrucksweise — zwischen ‚Blattdruckern' und ‚Streifendruckern'. Auch das Einschwärzen der Druckertypen wurde sehr verschieden gelöst. Technische Einzelheiten findet man bei Schellen [109] und Zetzsche [139].

G Schlußbemerkung

In der Mitte des 19. Jh. hatten sich auf dem europäischen Kontinent die Zeigertelegraphen vor allem bei den Eisenbahnen als brauchbare Lösung für eine schnelle Nachrichtenübertragung erwiesen. Obwohl auch sie, ähnlich wie die Nadeltelegraphen (Kap. VI), später weitgehend durch die Morse-Telegraphen (Kap. VIII) verdrängt wurden, spielt ihre Entwicklung in der Geschichte der elektrischen Nachrichtentechnik eine wichtige Rolle: die Anwendung des Ohmschen Gesetzes auf die Dimensionierung der Stromkreise und auf die Wicklungen der Elektromagnete schuf die ingenieurwissenschaftliche Voraussetzung für eine eigenständige *Elektrotechnik*, deren praktische Realisierung zu der speziellen Konstruktionsweise der *Elektromechanik* führte. In dem

---

[14] Siehe Abschnitt E, Seite 174.

vorstehenden Beitrag wurde versucht, diese grundsätzliche Entwicklung wenigstens exemplarisch aufzuzeigen.

Im übrigen blieb den Zeigertelegraphen bis in die Neuzeit ein spezielles Anwendungsgebiet erhalten: die Maschinentelegraphen, die auf Dampf- und Motorschiffen die Befehle von der Brücke zum Maschinenraum und die Rückmeldung über die Ausführung des jeweiligen Befehls vom Maschinenraum zur Brücke zu übertragen haben, beruhten bis in die jüngste Zeit auf dem Prinzip der vorstehend beschriebenen Zeigertelegraphen, auch wenn die funktionellen und konstruktiven Ausführungsformen im Lauf der Zeit manche Weiterentwicklungen erfahren haben. Auf diese spezielle Anwendung soll aber hier nicht näher eingegangen werden.

VIII Von der Zackenschrift zum Morse-Alphabet

A Morses Schreibtelegraph von 1837

Wie in Kap. IV. D. ausgeführt, hat *Samuel F. B. Morse* am 4. Sept. 1837 ein Modell des von ihm entwickelten Schreib-Telegraphen in der New-York City-University öffentlich vorgeführt. Wie hatte dies Gerät ausgesehen? Nach Feyerabend [49] hat Morses Universitätskollege Prof. Dr. *Leonhard Gale* (der Morse beim Bau geholfen hatte) im Rahmen der späteren Morseschen Patentprozesse 1850 dem Gericht eine Zeichnung dieses ersten „Morse-Telegraphen" vorgelegt, die Morse selbst später in seiner Verteidigungsschrift „Modern Telegraphy . . ." [82] veröffentlicht hat. Diese bildliche Darstellung ist dann auch in der Sekundärliteratur immer wieder übernommen worden, so z. B. bei Zetzsche [139], aus dem hier Bild VIII. 1 übernommen wurde.

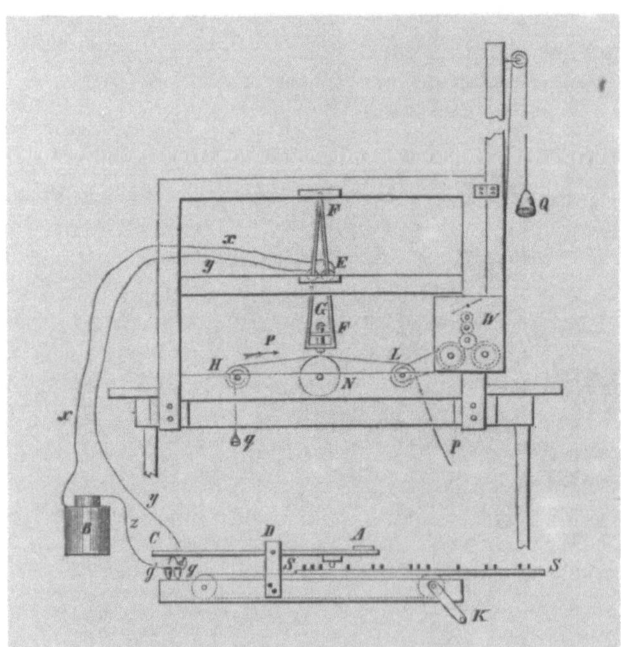

Bild VIII.1. Der Morse-Telegraph von 1837

In einem an einem Tisch angeschraubten hölzernen Rahmen ist eine Querleiste angebracht, in deren Mitte ein Elektromagnet E befestigt ist. In der Mitte der oberen Randleiste ist ein Pendel F drehbar gelagert, das am unteren Ende einen Schreibstift F trägt. Gegenüber den Polschuhen des Elektromagneten ist an dem Pendel ein Weicheisenanker befestigt; wird der Elektromagnet erregt, zieht er das Pendel an und der Schreibstift wird (senkrecht zur Zeichnungsebene) nach hinten bewegt.

Unterhalb des Schreibstiftes ist eine Rolle N angebracht, über die durch ein Uhrwerk W ein Papierstreifen P von links nach rechts bewegt wird. Wenn ein kurzer Stromstoß durch die Wicklung des Elektromagneten geschickt wird, dann ‚schreibt' der Telegraph eine Zacke, bei mehreren aufeinanderfolgenden Stromstößen eine entsprechende Zahl aneinandergereihter Zacken. Diese Zacken dienten zur Darstellung dekadischer Zahlen, die mit einem telegraphischen Wörterbuch korrespondierten.

Um eine möglichst gleichmäßige Zick-Zack-Schrift zu erreichen, wurden die aufeinanderfolgenden Stromstöße von einem besonderen Sendegerät ausgelöst, das in Bild VIII. 1 unterhalb des Schreibgerätes gezeigt wird: in der Rinne eines Stabes S sind „Typen" aneinandergereiht, die mit einer der jeweiligen Ziffer entsprechenden Zahl von Nocken versehen sind. Wird der Stab mit den Typen durch ein von einer Kurbel angetriebenes Transportband gleichmäßig weiterbewegt, dann wird das Ende A eines zweiarmigen Hebels bei jeder Nocke etwas angehoben; dadurch taucht ein am anderen Ende des Hebels angebrachter Drahtbügel d in zwei mit Quecksilber gefüllte Näpfchen gg und schließt kurzzeitig die Batterie B an den Elektromagneten an.

Diese Art der Kontaktgabe entspricht dem Stand der Technik im Jahre 1837, die Benutzung dekadischer Ziffern in Korrespondenz mit einem telegraphischen Wörterbuch wird durch das Telegramm bestätigt, das nach der erfolgreichen Vorführung am 4. Sept. 1837 noch im gleichen Jahr an mehreren Stellen veröffentlicht wurde (siehe Bild IV. 11). Beides spricht dafür, daß die Darstellung in Bild VIII. 1 zum mindesten die Funktionsweise des ersten Morse-Telegraphen richtig wiedergibt.

Was immer auch Morse sich seit der Überfahrt auf der Sully im Herbst 1832 ausgedacht haben mag, bei der Vorführung am 4. Sept. 1837 war nach dem Obenstehenden von einer buchstabenweisen Nachrichtenübertragung offenbar nicht die Rede.

B Die Telegraphenlinie Washington—Baltimore

Die erfolgreiche Vorführung seines ersten Telegraphen veranlaßte Morse dazu, am 27. Sept. 1837 dem Secretary of the Treasury ein

Memorandum einzureichen. Unter Bezugnahme auf dessen Auftrag „to report to the House of Representatives at it next session, upon the propriety of establishing a system of telegraphs for the United States", ging Morse in diesem Schreiben ausführlich auf die naturgegebenen Mängel der optischen Telegraphen ein und bot stattdessen seine eigene Erfindung eines electromagnetischen Telegraphen an [132]:

"As I have contracted with Mr. Alfred Vail to have a complete apparatus made to demonstrate at Washington by the 1st of January, 1838, the practicability and superiority of my mode of telegraphic communication by means of electromagnetism, (an apparatus which I hope to have the pleasure of exhibiting to you,) I will confine myself in this communication to a statement of its peculiar advantages.

First. The fullest and most precise information can be almost instantaneously transmitted between any two or more points, between which a wire conductor is laid: that is to say, no other time is consumed than is necessary to write the intelligence to be conveyed, and to convert the words into the telegraphic numbers. The numbers are then transmitted nearly instantaneously, (or if I have been rightly informed in regard to some recent experiments in the velocity of electricity, two hundred thousand miles in a second,) to any distance, where the numbers are immediately recognised, and reconverted into the words of the intelligence.

Second. The same full intelligence can be communicated at any moment, irrespective of the time of day or night, or state of the weather. This single point establishes its superiority to all other modes of telegraphic communication now known.

Third. The whole apparatus will occupy but little space, (scarcely six cubic feet, probably not more than four;) and it may, therefore, be placed, without inconvenience, in any house.

Fourth. The record of intelligence is made in a permanent manner, and in such a form that it can be at once bound up in volumes convenient for reference, if desired.

Fifth. Communications are secret to all but the persons for whom they are intended."

Obwohl das zur Prüfung dieses Vorschlages eingesetzte „Committee on Commerce" am 6. April 1838 ein sehr positives Urteil abgab [132], sollten noch fünf Jahre vergehen, bis der Kongreß endlich im März 1843 die Mittel für den Bau einer ersten Versuchslinie zwischen Washington und Baltimore[1] bewilligte, und es dauerte ein weiteres

---

[1] Daß gerade diese Verbindung für den ersten praktischen Großversuch ausgewählt wurde, dürfte mehrere Gründe gehabt haben. Die Entfernung zwischen beiden Städten betrug rund 65 km, war also groß genug, um die technische Brauchbarkeit testen zu können. Baltimore war eine wichtige Industrie- und Handelsstadt und für Washington der nächstgelegene Atlantikhafen; so konnte hier mit einem genügenden Bedarf an einem schnellen Nachrichtentransportsystem gerechnet werden, um auch die Wirtschaftlichkeit prüfen zu können. Schließlich konnte im Falle eines Erfolges die Telegraphenlinie Washington—Baltimore als erstes Teilstück einer weitergehenden Verbindung über Philadelphia nach New York genutzt werden.

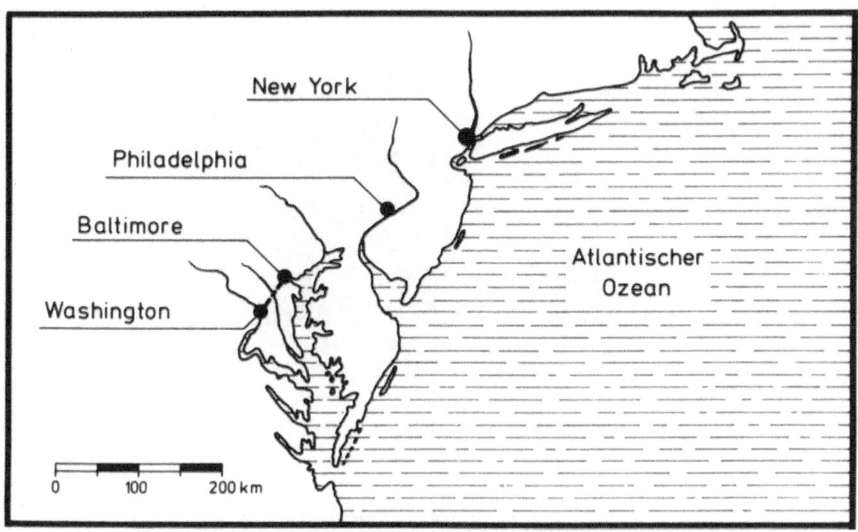

Bild VIII.2. Lageskizze der Telegraphenlinie Washington—Baltimore 1844

Jahr, bis diese erste Telegraphenlinie in den USA am 24. Mai offiziell in Betrieb genommen werden konnte (Bild VIII. 2).

In den fast sechs Jahren, die seit der ersten Vorführung eines Morse-Telegraphen vergangen waren, hatte dieser eine völlig andere Form und auch eine andere ,Schrift' erhalten, vor allem aber hatten Morse und seine Mitarbeiter die mit einem telegraphischen Wörterbuch korrespondierenden Ziffern durch einen Code ersetzt, der eine — wie wir heute sagen würden — alphanumerische Nachrichtenübertragung erlaubte. Im folgenden soll nicht untersucht werden, auf wessen Anregungen hin jeweils die einzelnen Schritte dieses Entwicklungsweges zurückzuführen sind, sondern zuerst nur über das Endergebnis berichtet

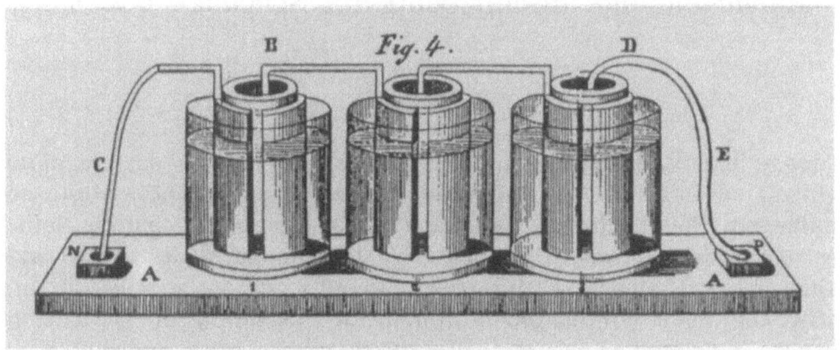

Bild VIII.3. Die Stromquelle des Telegraphen Washington—Baltimore nach Vail [132]

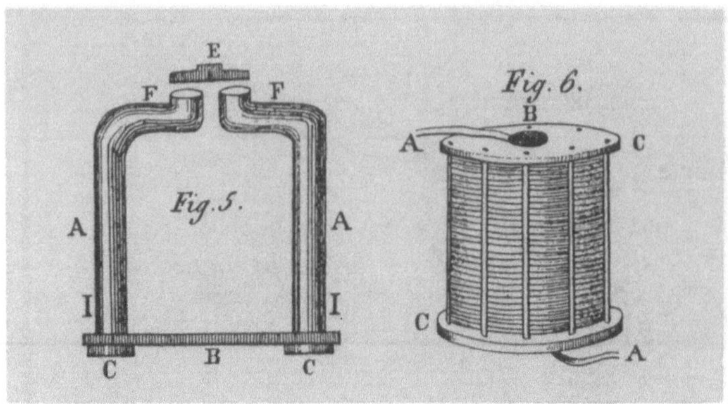

Bild VIII.4. Der Elektromagnet nach Vail [132]

werden, und zwar anhand einer Beschreibung, die *Alfred Vail* (siehe Kap. IV. D) 1845 in Washington veröffentlicht hat.

Vail beginnt seine „Description of the American Electro Magnetic Telegraph, now in operation between the Cieties of Washington und Baltimore" [131] mit einer Erläuterung der benutzten Stromquelle (Bild VIII. 3). Die einzelnen Elemente bestehen aus je einer Zink- und einer Platin-Elektrode, die — durch einen porösen Tontopf von- einander getrennt — in ein Glasgefäß eingesetzt werden. Der Tontopf wird mit Salpetersäure gefüllt, das Glas außerhalb des Tontopfes mit verdünnter Schwefelsäure (1 Teil Schwefelsäure auf 12 Teile Wasser).

Es folgt dann eine Beschreibung des Elektromagneten als „the basis upon the whole invention rests". Bild VIII. 4 zeigt links die beiden Magnetkerne, die unten durch ein Joch miteinander verbunden werden können. Die oberen Enden sind so umgebogen, daß sie zwei nebenein- anderliegende Polschuhe bilden. Rechts im Bild sieht man eine der beiden Spulen, die von unten her auf die Kerne aufgeschoben werden können. Ihre Wicklungen bestehen aus Kupferdraht, der sorgfältig mit Baumwollgarn umwickelt und anschließend mit Schellack bestrichen worden war[2].

---

[2] William Baxter, der zu jener Zeit Lehrling in den Speedwell Iron Works war, erinnerte sich später [97]: „Insulated wire was then unknown in the market, the best substitute obtainable being milliner's {Putzmacherin} wire, such as was used to give outline to the skyscraper bonnets of the day. It was of copper, that it might be made to take and retain any form that the deft fingers of the artist chose to give it, and was found to serve sufficiently well as a conductor, although the insulation of the cotton covering was somewhat imperfect. However, it was the best obtainable, and the entire New York market was drained for our experiments."

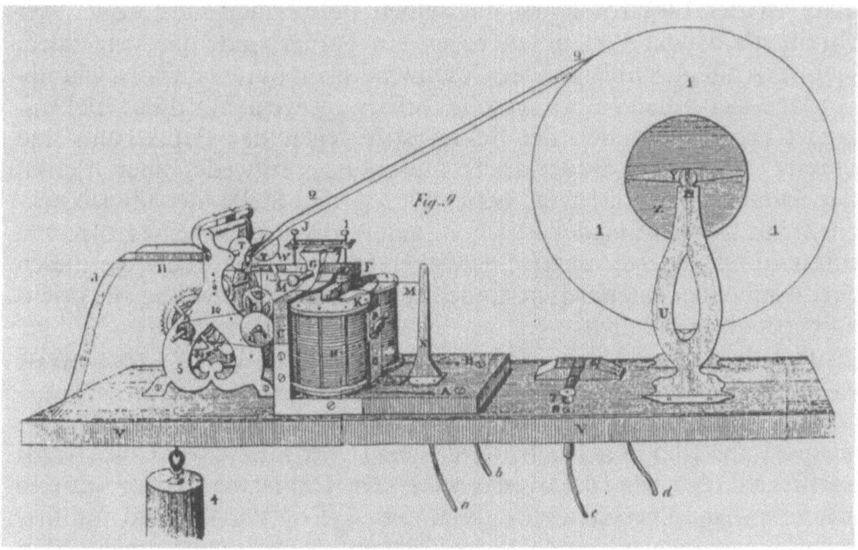

Bild VIII.5. Das Empfangsgerät nach Vail [132]

Das Empfangsgerät (das Vail „register" nennt) zeigt Bild VIII. 5 in einer perspektivischen Darstellung. Ein um eine horizontale Achse drehbar gelagerter zweiarmiger Hebel trägt an einem Ende einen Weicheisenanker, am anderen Ende einen Schreibstift[3]. Unter dem

---

[3] Über die Schreibvorrichtung äußert sich Vail in einer Fußnote: „The first working model of the Telegraph was furnished with a lead pencil, for writing its characters upon paper. This was found to require too much attention, as it needed frequent sharpening, and in other respects was found inferior to a pen of peculiar construction, which was afterwards substituted. This pen was supplied with ink from a reservoir attached to it. It answered well, so lang as care was taken to keep up a proper supply of ink, which, from the character of the letters, and sometimes the rapid, and at others the slow rate of writing, was found to be difficult and troublesome. And then again, if the pen ceased writing for a little time, the ink evaporated and left a sediment in the pen, requiring it to be cleaned, before it was again in writing order. These difficulties turned the attention of the inventor to other modes of writing, differing from the twoo previous modes. A variety of experiments were made, and among them, one upon the principle of the manifold letter writers; and which answered the purpose very well, for a short time. This plan was also found objectionable, and after much time and expense expended upon it, it was thrown aside for the present mode of marking the telegraphic letter. This mode has been found to answer in every respect all that could be desired. It produces an impression upon the paper, not to be mistaken. It is clean, and the points making the impression being of the very hardest steel, do not wear, and renders the writing apparatus always ready for use." Bei der „present mode of marking" war die Transportrolle mit einer Rille versehen, in die der aus Stahl gefertigte Schreibstift das Papierband eindrücken konnte. Für diese Art der Schreibvorrichtung bürgerte sich später die Bezeichnung „Relief-Schreiber" ein.

Anker ist der Elektromagnet mit seinen Polschuhen angeordnet, der Schreibstift drückt von unten gegen ein Papierband, das von einem Triebwerk mit gleichbleibender Geschwindigkeit unter einer als Schreibunterlage dienenden Führungsrolle fortbewegt wird. Wird der Elektromagnet erregt, legt sich der Schreibstift gegen das Papierband und ‚schreibt' je nach der Dauer des Stromschlusses entweder einen ‚Punkt' oder kürzere oder längere ‚Striche'. An die Stelle der Zick-Zack-Schrift zur Darstellung dekadischer Zahlen tritt also hier eine Folge von Punkten und Strichen unterschiedlicher Länge. Bildet man aus diesen Schriftelementen einen Serien-Code, ist eine buchstabenweise Nachrichtenübertragung möglich.

Außer dieser gegenüber 1837 grundsätzlich geänderten Arbeitsweise des Schreibgerätes erläutert Vail dann noch eine sehr sinnvolle Zusatzeinrichtung des neuen „register", nämlich eine Bremse, die den Papiertransport abstellt, wenn nicht telegraphiert wird. Erst wenn ein Signal eintrifft und über den Elektromagneten den Hebelarm mit dem Schreibstift in Bewegung versetzt, wird die Bremse gelöst, und sie wird automatisch wieder eingelegt, wenn längere Zeit keine Signale mehr eingetroffen sind. Diese Zusatzeinrichtung erspart ein besonderes Alarmgerät und ermöglicht die Übermittlung eines Telegrammes auch dann, wenn in der Gegenstation gerade kein Telegraphist anwesend sein sollte.

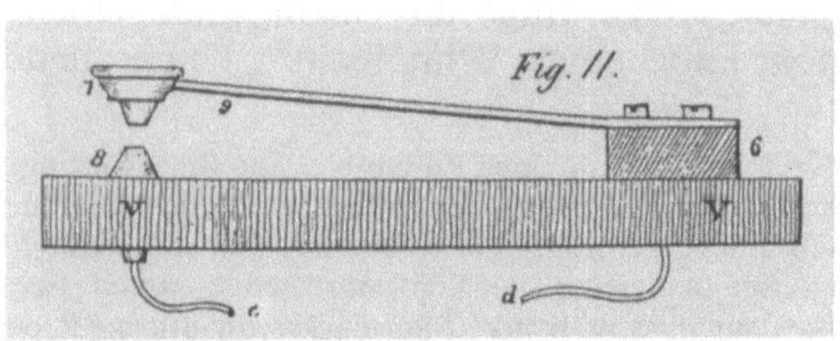

Bild VIII.6. Erste Ausführung der „Morse-Taste" nach Vail [132]

Besonders einfach ist das Sendegerät ausgebildet, das Bild VIII. 6 zeigt. Vail nennt es „Key" oder „correspondent" und beschreibt es wie folgt:

"V and V is the platform. 8 is a metallic anvil, with its smaller and appearing below, to which is soldered the copper wire c. 7 is the metallic hammer, attached to a brass spring, 9, which is secured to a block, 6, and the whole to the platform, V V, by screws. A copper wire passes through the whole, and is soldered to the brass spring at 6. The key or correspondent is used for writing upon the register at the distant station, and both it and the register are usually upon the same table."

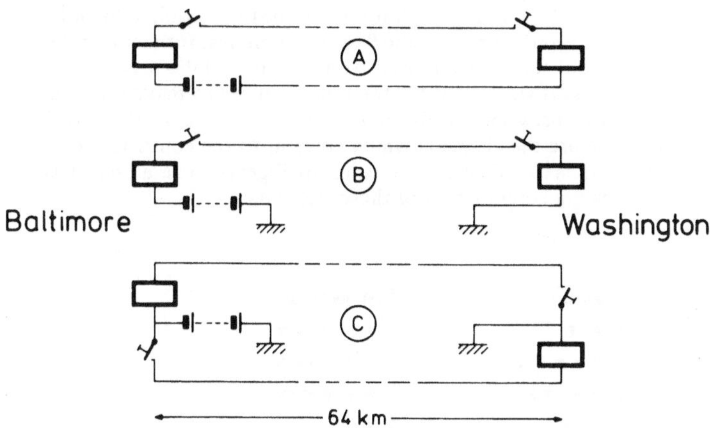

Bild VIII.7. Entwicklung der Übertragungsleitung 1843/44 nach Vail [132]

Als nächstes erläutert Vail, wie die Stationen in Baltimore und Washington zusammengeschaltet wurden. In einem ersten Entwicklungsschritt (Bild VIII. 7A) war mit Hilfe einer zweidrähtigen Leitung ein einziger Stromkreis gebildet worden, in dem eine in Baltimore aufgestellte Batterie und die Sende- und Empfangsgeräte beider Stationen in Reihe geschaltet waren. Um telegraphieren zu können, mußte auch das Sendegerät der Gegenstation geschlossen sein; das wurde dadurch erreicht, daß in den Betriebspausen auf beiden Stationen ein kupferner Keil zwischen Amboss und Hammer des „key" eingeschoben wurde. Die Station, die ein Telegramm übermitteln wollte, zog bei ihrem „key" den Keil heraus und konnte jetzt das eigene Sendegerät in Betrieb nehmen.

Später wurde eine der beiden Leitungen durch kupferne Erdplatten in Baltimore und Washington ersetzt (Bild VIII. 7B). Nachdem sich die Benutzung der Erde als Rückleitung bewährt hatte, wurde im Juni 1844 der zweite Leitungsdraht wieder in Betrieb genommen, so daß zwei voneinander unabhängige Stromkreise zur Verfügung standen (Bild VIII. 7C). Erst jetzt konnte gleichzeitig in beide Richtungen telegraphiert werden, und erst jetzt konnte der automatische Start des Papiervorschubes benutzt werden.

Schließlich beschreibt Vail, wie das „Alphabet" gebildet wurde:

"By examining the telegraphic alphabet, the characters will be found to be made up of dots: short and long lines and short and long spaces. A single touch of the key, answers to a single dot one the paper of the register; which represents the letter, E. One touch of the key prolonged, that is, the contact at the key continued for about the time required to make two dots, produces a short line, and represents T. A single touch for about the time required to make four dots, is a long line, and represents L. A single touch for about the time required to make six dots, is a still longer line and represents the 0 of the numerals. If the use of the key be suspended for about the time required to make three dots, it is a short space, used between letters. If suspended for the time required to make six dots, it is a long space, used between words, and a longer space is that used between sentences. These are the elements which enter in to the construction of the telegraphic characters, as used in transmitting intelligence. The alphabet is represented by the following combination of these elements."

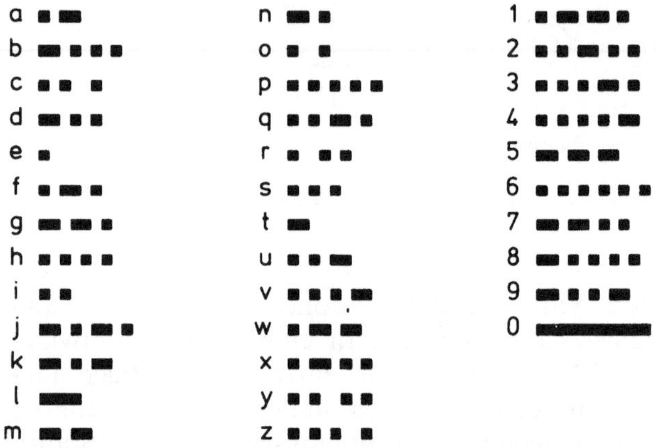

```
a  ▪ ▬          n  ▬ ▪          1  ▪ ▬ ▬ ▪
b  ▬ ▪ ▪ ▪      o  ▪ ▪          2  ▪ ▪ ▬ ▪ ▪
c  ▪ ▪ ▪        p  ▪ ▪ ▪ ▪ ▪    3  ▪ ▪ ▪ ▬ ▪
d  ▬ ▪ ▪        q  ▪ ▪ ▬ ▪      4  ▪ ▪ ▪ ▪ ▬
e  ▪            r  ▪ ▪ ▪        5  ▬ ▬ ▬
f  ▪ ▬ ▪        s  ▪ ▪ ▪        6  ▪ ▪ ▪ ▪ ▪ ▪
g  ▬ ▬ ▪        t  ▬            7  ▬ ▬ ▪ ▪
h  ▪ ▪ ▪ ▪      u  ▪ ▪ ▬        8  ▬ ▪ ▪ ▪ ▪
i  ▪ ▪          v  ▪ ▪ ▪ ▬      9  ▬ ▪ ▪ ▬
j  ▬ ▪ ▪ ▪      w  ▪ ▬ ▬        0  ▬▬▬▬
k  ▬ ▪ ▬        x  ▪ ▬ ▪ ▪
l  ▬▬           y  ▪ ▪ ▪ ▪
m  ▬ ▬          z  ▪ ▪ ▪ ▪
```

Bild VIII.8. Das Morse-Alphabet nach Vail [132]

Bild VIII. 8 zeigt dies Alphabet. Die Elemente des — wie wir heute sagen würden — Serien-Codes sind Punkte und Striche unterschiedlicher Länge. Code-Worte, die aus mehreren Elementen zusammengesetzt sind, enthalten entweder nur Punkte, die durch kürzere oder längere Pausen voneinander getrennt sind, oder Punkte und kurze Striche mit konstanten Zwischenräumen. Die Stellenzahl der Code-Worte schwankt bei den Buchstaben zwischen 1 und 5, bei den Zahlen zwischen 1 (für die Null) und 6. Auf den für den späteren weltweiten Erfolg des Morse-Alphabetes so wichtigen Einfall, häufig vorkommenden Buchstaben möglichst kurze Code-Worte zuzuordnen, weist Vail in seiner Beschreibung nicht ausdrücklich hin. Zur Erfindungsgeschichte schreibt er abschließend:

"This convential alphabet was originated on board the packet Sully, by Prof. Morse, the very first elements of the invention, and arose from the necessity of the case; the motion produced by the magnet being limited to a single action."

Als loyaler Mitarbeiter übernimmt Vail hier Morses eigene Aussagen; aber er relativiert diese Darstellung bis zu einem gewissen Grad, wenn er fortfährt:

"During the period of thirteen years, many plans have been devised by the inventor
to bring the telegraphic alphabet to its simplest form. The plan of using the common letters of the alphabet, twenty-six in number, with twenty-six wires, one
wire to each letter, has received its due share of his time and thought. Other
modes of using the common letters of the alphabet, with a single wire, has also
been under his consideration. Plans of using two, three, four, five and six wires
to one registering machine, have, in their turn, received proportionate study and
deliberation. But these, and many other plans, after much care and many experiments, have been discarded; he being satisfied that they do not posses that
essential element, simplicity, which longs to his original first thought, and the one
which he has adopted."

C Die Vorgeschichte der Morse-Taste

Der Weg bis zur „simplicity" des in dem vorangehenden Abschnitt
behandelten Morse-Telegraphen von 1844 war auch apparativ keineswegs so einfach gewesen, wie man aufgrund des Endergebnisses vermuten könnte. Vail hat in einer zweiten Veröffentlichung „The American
Electro Magnetic Telegraph" ausführlich darüber berichtet [132]. Auf
diese Schrift, die (ebenfalls im Jahre 1845) in Philadelphia erschien[4],
soll in den beiden nächsten Abschnitten näher eingegangen werden.

Nach einer Beschreibung des Washington—Baltimore-Telegraphen
(die wörtlich mit der in Washington erschienenen „Description . . ."
übereinstimmt) geht Vail in der Philadelphia-Veröffentlichung vor allem
auf die Vorgeschichte des „key" ein. Danach waren Morse und seine
Mitarbeiter bei dem Übergang zu einer Code-Schrift zuerst — genau
wie die Eisenbahn-Gesellschaften in Europa — davon ausgegangen,
daß man die Codierung eines alphanumerischen Textes nicht der
menschlichen Intelligenz und der Geschicklichkeit eines Telegraphisten
überlassen könne, sondern einen mechanischen „correspondent" entwickeln müsse, der diese Aufgabe mit der notwendigen Genauigkeit
übernehmen sollte.

Der erste Schritt zur Lösung dieser Aufgabe war der Ersatz der
mit einfachen Nocken versehenen Typen für den Pendel-Schreiber
durch sägezahnförmige Typen nach Bild VIII. 9[5]. Die spitzen Zähne
korrespondierten mit den Punkten, die breiten Zähne mit den Strichen
des Morse-Codes. Das Gerät zur Abtastung dieser Typen wurde gemäß
Bild VIII. 10 mechanisch dadurch verbessert, daß das Transportband
durch einen Zahnbetrieb ersetzt wurde.

---

[4] Ein Reprint der beiden Veröffentlichungen von Vail aus dem Jahre 1845 erschien 1974
bei der Arno-Press in New York [41].

[5] Vail schreibt an dieser Stelle, daß Morse die sägezahnförmigen Typen schon 1832 an
Bord der Sully erfunden habe. Auf die Frage, ob dieser Hinweis nur mit Rücksicht
auf die schwebenden Patentprozesse erfolgte, soll hier nicht eingegangen werden.

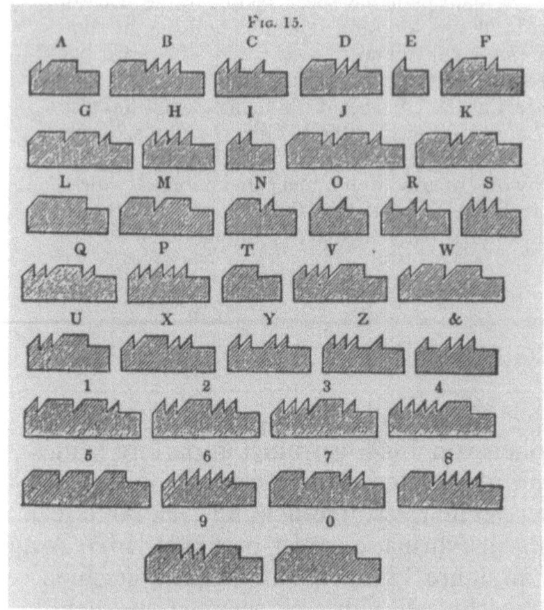

Bild VIII.9. Code-Typen nach Vail [132]

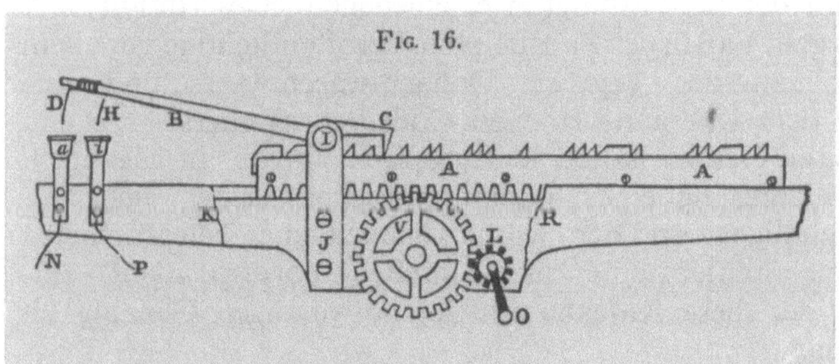

Bild VIII.10. Das erste Sendegerät für die Code-Typen nach Vail [132]

In einem weiteren Entwicklungsschritt wurde die Zusammenstellung der Typen vereinfacht (Bild VIII. 11). Sie wurden in der durch den Text der zu übertragenden Nachricht vorgegebenen Reihenfolge in einer Aufnahme mit schrägabfallendem Boden gestapelt. Ein von einem Uhrwerk angetriebenes mit Stiften versehenes Rad zog nacheinander die einzelnen Typen ab und bewegte sie gleichmäßig unter dem Abtastarm eines zweiarmigen Hebels weiter. Die Kontaktgabe erfolgt auch hier noch durch Eintauchen eines Drahtbügels in zwei mit Quecksilber gefüllte Näpfchen.

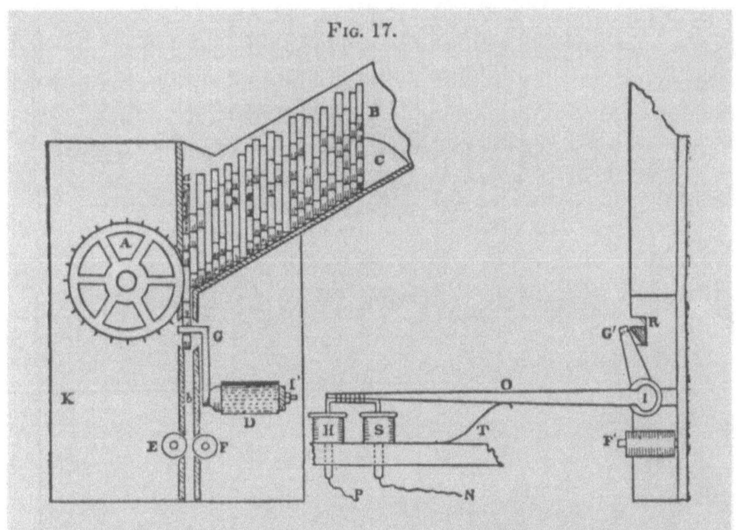

Bild VIII.11. Ein verbessertes Sendegerät für die Code-Typen nach Vail [132]

Der Übergang zu einer Kontaktgabe zwischen festen Metallen führte (über eine Zwischenlösung) zu der in Bild VIII. 12 gezeigten Anordnung eines „keyed correspondent". Auf dem Umfang einer horizontal gelagerten drehbaren Walze waren nebeneinander in eine Isolierschicht Messingstreifen in Form der Code-Worte eingelassen, die bei einer Drehung der Walze mit einer Kontaktfeder abgetastet werden konnten. Der Antrieb der Walze erfolgte durch ein Uhrwerk mit Gewichtsantrieb (links im Bild), das durch Druck auf eine Starttaste (mit dem Daumen der linken Hand) gekoppelt wurde und die Walze solange drehte, bis die gleichzeitig (mit der rechten Hand) gedrückte Buchstabentaste das Code-Wort bis zum Ende abgetastet hatte. Dann wurde die Walze durch einen Seilzug (rechts im Bild) in ihre Ausgangslage zurückgedreht.

Der nächste Entwicklungsschritt verzichtete auf alle komplizierten mechanischen Zusatzeinrichtungen (Bild VIII. 13)[6]. Die Code-Worte waren hier nebeneinander durch Metallstreifen in einer ebenen Platte mit isolierender Oberfläche eingelassen und (ebenso wie bei der Walze) leitend mit einer metallischen Unterlage verbunden. Über dieser „Code-Platte" war in einigem Abstand eine Metallplatte mit Führungsschlitzen angeordnet. Das zeitgerechte Schließen und Öffnen des Stromkreises geschah dadurch, daß der Telegraphist einen Metallstift C entlang einer Kante des zugehörigen Führungsschlitzes mit gleichbleiben-

---

[6] Auf diesem Bild sind zum ersten Mal metallische Klemmschrauben (F und D) gezeichnet, wie sie Poggendorff 1840 vorgeschlagen hatte [93].

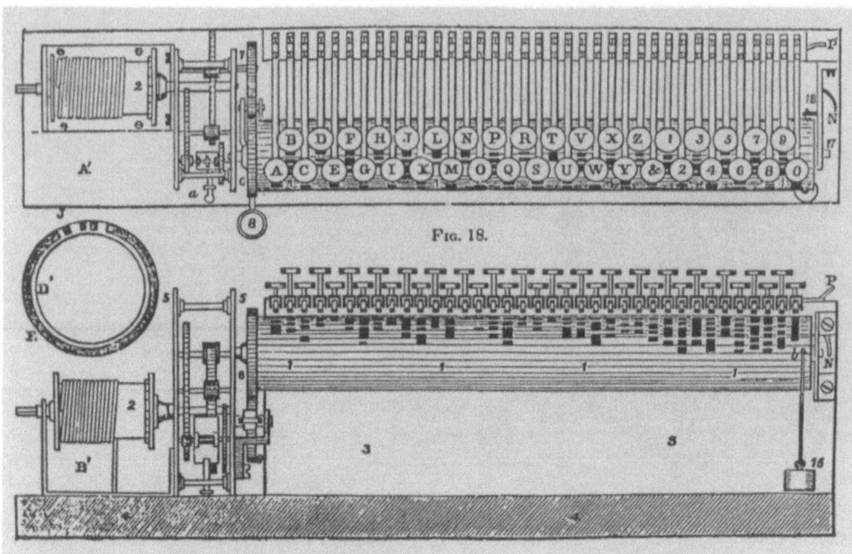

Bild VIII.12. Tasten-Sender nach Vail [132]

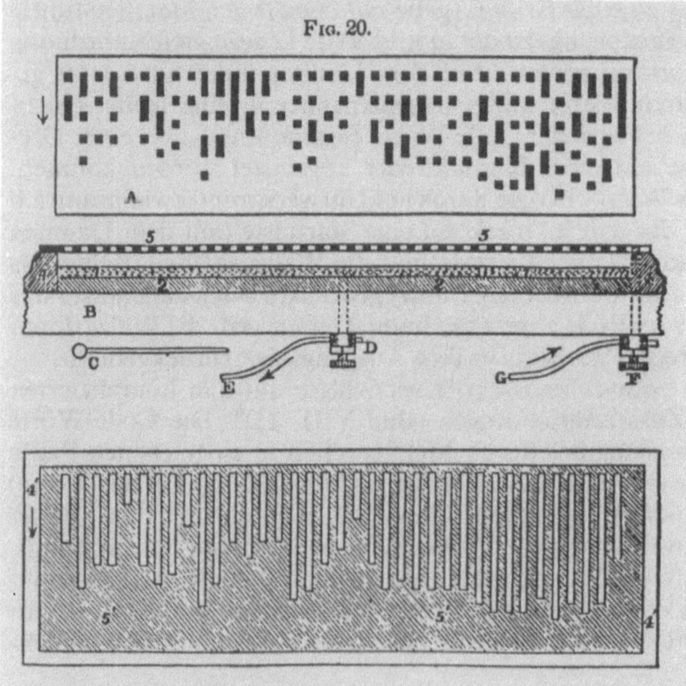

Bild VIII.13. Der „flat correspondent" nach Vail [132]

der Geschwindigkeit über die Metallstreifen des Code-Wortes hinweg-
führte.

Alle vorstehend beschriebenen Sendegeräte dienten dazu, einen elektrischen Stromkreis mit mechanischen Hilfsmitteln in bestimmten,
durch das jeweilige Code-Wort vorgegebenen zeitlichen Abständen zu
schließen und zu öffnen. Vail äußert sich nicht dadrüber, wann und von
wem zum ersten Mal der Vorschlag gemacht wurde, allen Vorurteilen
zum Trotz doch einmal zu versuchen, diese Aufgabe einem Menschen
zu übertragen[7]. Er beschränkt sich darauf, über das Ergebnis zu
berichten:

"The seventh plan is that heretofore explained as being now in use, of which
there are several varieties. This mode of writing requires that the operator should
be perfectly familiar with the alphabet, as he is obliged to spell the word,
and measure the time, required by the various parts of each character making the
latter. It might seem difficult, yet experience has proved it to be superior to
every other method yet devised. By this method, intelligence is transmitted faster
than it can be written down by reporters; and after a little practice, with so
perfect a formation of the characters, that mechanical accuracy can alone be
compared to it. As this is the simplest in its construction, it will doubtless supercede
all the others."

Wie in Abschnitt B berichtet, wurde die Telegraphenlinie Washington
—Baltimore von Anfang an mit handbedienten „keys" betrieben. Die
in Abschnitt B in Bild VIII. 5 gezeigte einfachste Form eines solchen
Tasten-Schalters wurde aber bald durch die in Bild VIII. 14 gezeigte

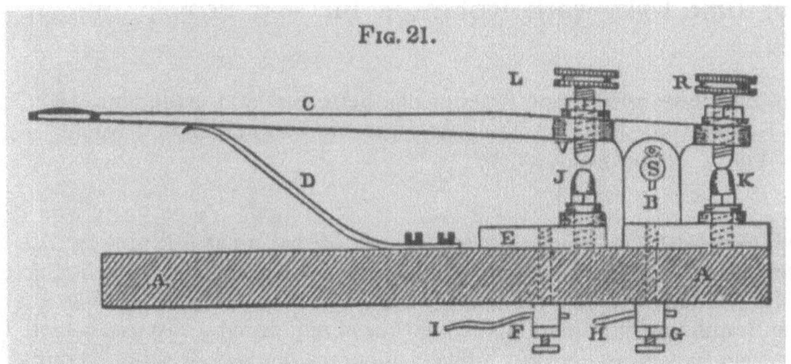

Bild VIII.14. Der „lever key" nach Vail [132]

---

[7] Die Entwicklung und der Bau der vorstehend beschriebenen Sendegeräte erfolgte
in den Jahren 1837 bis 1844 unter Vails Leitung in den Speedwell Iron Works
(Kap. IV. D). Man wird wohl annehmen dürfen, daß in dieser Zeit eine ganze Reihe von
Mitarbeitern (Konstrukteure, Mechaniker und Lehrlinge) über längere Zeiten hinweg
ständig mit dem „Morse-Alphabet" zu tun hatten und dies — bewußt oder unbewußt
— auswendig lernten. Vielleicht führte dies dann bei dem einen oder anderen zu ersten
Versuchen, die jeweiligen Signalkombinationen auch einmal durch einfache Betätigung
eines Schalters ‚von Hand' zu bilden.

Ausführung mit einem zweiarmigen Hebel ersetzt; Vail schreibt darüber:

> "The following figure {Bild VIII. 14} represents a key, where the lever is taken advantage of to make a more perfect connection, with less application of power. A key of the above form has been used during the past winter for reporting the proceedings of Congress, and has been found to operate with ease, with certainty, and with great rapidity."[8]

Heute würde man sagen, daß diese endgültige Form des „lever key" ergonomisch optimiert war; später erwies es sich dann als zusätzlicher Vorteil, daß man auch den Anschlag K als zusätzlichen elektrischen (Ruhe-)Kontakt nutzen konnte. Tatsächlich sollte sich die „Morse-Taste" in dieser Form später weltweit bewähren.

D Die Weiterentwicklung des Morse-Alphabetes in Europa

Im Frühjahr 1847 versuchte der Amerikaner *William Robinson*, den Morse-Telegraphen in Europa einzuführen, ohne allerdings von Morse oder seinen Mitarbeitern dazu ermächtigt worden zu sein[9]. Nach vergeblichen Bemühungen in England und Frankreich gelang ihm in Hamburg die Gründung einer „Electromagnetischen Telegraphenkompagnie", die anstelle des 1838 für den Schiffsmeldedienst zwischen Cuxhaven und Hamburg eingerichteten optischen Telegraphen einen „electromagnetischen Telegraphen nach der amerikanischen Methode" anlegen und betreiben sollte. In einer Anzeige in den Hamburger Zeitungen vom 30. Juni 1847 warb Robinson für sein Projekt mit der Begründung [49]:

> „Das amerikanische System ist ohne Zweifel das beste bis jetzt erfundene, ist ökonomisch in Kosten und sicher in seinen Erfolgen, und kann Tag und Nacht, sowie in jedem Wetter angewandt werden."

---

[8] Die große Schnelligkeit, die Vail hier ausdrücklich betont, hat nicht nur in Amerika, sondern auch jenseits des Atlantik in weiten Bevölkerungskreisen großes Aufsehen erregt. So schreibt der Pianist und Komponist Frédéric Chopin am 20. Juli 1845 aus Frankreich an seine Familie nach Polen [34].: „Sagt Barteczek, daß der elektromagnetische Telegraph zwischen Baltimore und Washington außergewöhnliche Resultate ergibt. Oft werden die Aufträge, die um eins aus Baltimore erteilt werden, schon nachmittags ausgeführt, und die Waren und Pakete sind um drei zum Fortschicken aus Washington bereit — und die kleinen Pakete, die um halb fünf verlangt werden, kommen mit dem 5-Uhr-Convoi um halb acht aus Washington in Baltimore an. 75 englische Meilen — 25 französische. Das geht schnell, will ich meinen!! —"

[9] Morse teilte dies dem Wiener US-Botschafter H. Stiles in einem Brief vom 12. Mai 1847 mit und bat um Nachricht, falls Robinson sich auch an die österreichische Regierung wenden sollte. In dem letzten Absatz dieses Briefes schreibt Morse (3 Jahre nach der Eröffnung der Washington—Baltimore-Linie): „. . . I have the gratification of seeing my Telegraphic system in complete operation over one thousand miles already; while over Sixthousand miles are in process of construction." [74]

Der zuletzt genannte Vorteil war für den Schiffsmeldedienst (vor allem im Zusammenhang mit der schnell wachsenden Zahl der einlaufenden Dampfschiffe) von großer Bedeutung. Das mag mit dazu beigetragen haben, daß *Friedrich Clemens Gerke*[10] als Inspektor in den Dienst der neuen Gesellschaft trat, nachdem er 6 Jahre lang Erfahrungen mit dem optischen Telegraphen hatte sammeln können.

Gerke informierte sich über sein neues Arbeitsgebiet anhand der „Description ..." von Vail, die er sogleich ins Deutsche übersetzte und 1848 bei Hoffmann und Campe in Hamburg veröffentlichte [133]. Gerke schließt diese Veröffentlichung mit den Worten:

> „Der Uebersetzer dieser Schrift hatte die Ehre, von der Direction dieses neu zu etablirenden Instituts, zum Inspector und technischen Leiter desselben berufen zu werden, da er bereits 6 Jahre lang eine ähnliche Funktion bei dem optischen Telegraphen versah, und derselbe glaubt Hamburgs Handelswelt einen Erfolg von dieser neuen Anlage voraussagen zu dürfen, der allen Erwartungen entsprechen, capriciöse Gegner und Zweifler beschämen, und die Unvollkommenheit des optischen Telegraphen erst recht herausstellen wird, was für ihn selbst freilich, als mehrjährigen Verwaltern desselben, in keiner Beziehung nothwendig ist."

Außer diesem Schlußwort enthält die Übersetzung von Gerke noch einen zweiten persönlichen Hinweis; im Zusammenhang mit Vails Ausführungen über das „telegraphic alphabet" schreibt er:

> „. . . für unseren Gebrauch zur gewöhnlichen deutschen Correspondenz habe ich ein anderes bequemeres System — natürlich mit denselben Elementen der Charaktere — aufgestellt."

Dieses „bequemere System" benutzt zwar ebenfalls Punkte und Striche; Gerke beschränkt aber die Strichlänge auf einen einzigen Wert: 1 Strich = 3 Punkte[11], und er läßt innerhalb der Codeworte nur Pausen von der Länge eines Punktes zu. Damit wurden zwei wesentliche Vorteile erreicht: das Lernen des Codes wurde erleichtert, und die Code-Elemente konnten deutlicher voneinander unterschieden werden, die Gefahr von Irrtümern bei nicht ganz sorgfältiger Betätigung der Sendetaste wurde also verringert. Bild VIII. 15 zeigt das Morse-Alphabet nach Gerke[12]. Wo immer möglich, hatte er die Kombinationen des „ameri-

---

[10] *Friedrich Clemens Gerke* (1801 ... 1888) war in ärmlichen Verhältnissen als Bedienter und Schreiber in Hamburger Kaufmannshäusern aufgewachsen. Mit 19 Jahren ließ er sich als Soldat anwerben und diente 3 Jahre als Musiker bei der britischen Kolonialarmee in Montreal. 1823 konnte er sich freikaufen und nach Hamburg zurückkehren, wo er sich als Privatmusikus und Journalist betätigte. 1841 wurde er zum Inspektor der 1838 eingerichteten optischen Telegraphenlinie Hamburg—Cuxhaven berufen und wechselte 1847 zu der neu einzurichtenden elektromagnetischen Telegraphenlinie über. Später trat er als Inspektor des Hamburger Staatstelegraphen in den Dienst des Norddeutschen Bundes [18].

[11] Als einzige Ausnahme übernahm Gerke den langen Strich für die Ziffer Null.

[12] Siehe S. 206

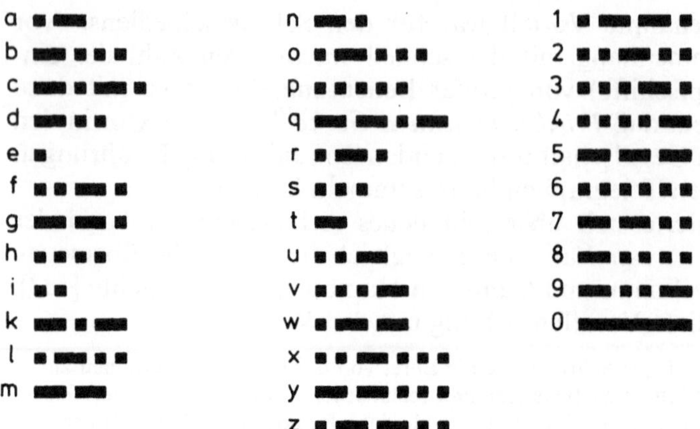

Bild VIII.15. Auszug aus dem Morse-Alphabet nach Gerke 1848

kanischen Alphabetes" übernommen, also vor allem auch dessen Vorzug, häufig vorkommenden Buchstaben möglichst kurze Code-Worte
zuzuordnen.

Damit war zwar ein wesentlicher Schritt zur weiteren Vereinfachung
des Morse-Systems getan. Als in den nächsten Jahren bei der Einführung von Staatstelegraphen in Preußen, Sachsen, Württemberg,
Baden und Österreich auch Morse-Telegraphen erprobt (und später
eingeführt) wurden, behielt man Gerkes Beschränkung auf nur zwei
Code-Elemente bei, wählte aber zum Teil andere Kombinationen für die
Code-Worte. Das hatte zur Folge, daß bei den ersten grenzüberschreitenden Telegraphenlinien die Telegramme beim Übergang in ein ande-
res Land umtelegraphiert werden mußten.

Diese und andere (rechtlichen und tariflichen) Schwierigkeiten führten 1850 zur Gründung des Deutsch-Österreichischen Telegraphenvereins, der 1852 eine Vereinheitlichung und zusätzliche Systematisierung
des Morse-Code beschloß: Code-Elemente sind der Punkt und der
Strich; Buchstaben werden durch ein- bis vierstellige, Ziffern durch
fünfstellige und Satzzeichen durch sechsstellige Code-Worte gebildet.
Bei den Buchstaben wurden Gerkes Kombinationen übernommen,
soweit sie in dies Schema paßten, nur o, p. x, y und z (denen bei

---

[12] Gerke hat sein Alphabet 1851 in einem Buch „Der praktische Telegraphist ..."
[55] veröffentlicht. Im Rahmen eines Vergleiches mit einem Gegenvorschlag von Steinheil [126] geht er dort davon aus, daß theoretisch „auf einen Strich die Zeitdauer
von zwei Punkten zu rechnen sei". Aber er betont dann ausdrücklich, daß man in der
Praxis, „wie es von jedem guten Telegraphisten geschieht", für jeden Strich die Zeitdauer
von drei Punkten annehmen müsse. Im übrigen lüftet Gerke in diesem Buch das von
Robinson streng gehütete Geheimnis, daß auf der Telegraphenlinie Hamburg—Cuxhaven schon „Relay's" verwendet wurden (siehe Seite 208).

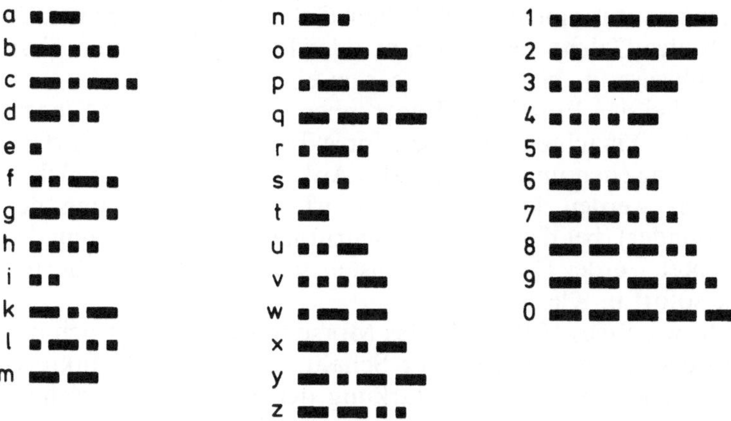

Bild VIII.16. Auszug aus dem internationalen Morse-Alphabet 1865

Gerke noch fünfstellige Code-Worte zugeordnet waren) mußten geändert werden. Die Code-Worte für die Ziffern wurden nach mnemotechnischen Gesichtspunkten neugebildet und sechsstellige Code-Worte für Satzzeichen eingeführt.

Dies 1852 beschlossene Morse-Alphabet wurde (mit einigen Ergänzungen [130]) von immer mehr Ländern übernommen und 1865 in Paris durch den ersten internationalen Telegraphenvertrag endgültig festgeschrieben. Bild VIII. 16 zeigt einen Ausschnitt aus diesem seither gültigen internationalen Morse-Alphabet, das sich weltweit durchsetzen sollte und bis heute noch benutzt wird.

Parallel zu der vorstehend behandelten Weiterentwicklung des Morsealphabetes erfuhr das Morsesystem in Amerika und Europa auch apparativ manche Verbesserung und Erweiterung. Da dies im wesentlichen erst in der zweiten Hälfte des 19. Jh. erfolgte, soll hier nur stichwortartig auf einige wesentliche Punkte eingegangen werden[13].

Bei den *Schreibgeräten* wurde der Gewichtsantrieb durch Federantriebe ersetzt, die schließlich auch wieder aufgezogen werden konnten, wenn das Schreibgerät in Betrieb war. Neben den Reliefschreibern bewährten sich Farbschreiber, bei denen am Ende des Schreibarmes ein kleines Rädchen angebracht war, das im Ruhezustand in ein Gefäß mit Spezialtinte eintauchte und beim Andrücken an das Papierband eine farbige Spur hinterließ. Da es sich als zweckmäßig erwies, je nach dem Anwendungszweck einer Telegraphenlinie entweder mit Arbeits-Strom oder mit Ruhe-Strom zu arbeiten, entstanden Schreibgeräte,

---

[13] Zahlreiche konstruktive Einzelheiten bringen Zetzsche [139] und Karass [74], die verschiedenen Betriebsweisen der Telegraphie sind in dem Handwörterbuch des elektrischen Fernmeldewesen [61] zusammengestellt.

deren Schreibarm mit einem zusätzlichen Gelenk versehen waren. Je nachdem, ob dies Gelenk festgeklemmt oder lose war, konnten diese Schreiber wahlweise für beide Betriebsarten eingesetzt werden.

Ähnlich wie bei den Ein-Nadel-Telegraphen von Cooke und Wheatstone (Kap. VI. C) machten auch die Morse-Telegraphisten die Erfahrung, daß das Anziehen und Abfallen des Ankers auch mit dem Gehör wahrgenommen werden konnte. Das führte zur Entwicklung der „*Klopfer*" (sounder), bei denen auf die schriftliche Protokollierung des Codes verzichtet wurde. Die Telegraphisten schrieben die abgehörten Code-Worte sofort in Klartext nieder.

Als ein sehr wichtiges Hilfsmittel des Morse-Systems erwies sich das *Telegraphen-Relais*, das entweder zur Schaltung von Ortsstromkreise als Empfangs-Relais oder zur Verstärkung der Signale in Zwischenstationen sehr langer Telegraphenleitungen als Übertragungsrelais eingesetzt werden konnte. Polarisierte Relais mit stromrichtungsabhängigen Umschaltkontakten ließen einen Doppelstrom-Betrieb zu, Differential-Relais mit zwei Wicklungen erlaubten Gegensprech-Betrieb (Duplex).

Da auf sehr langen Unterwasserkabeln (Transatlantikkabel seit 1866) keine Zwischenstationen zur Verstärkung der Signale eingesetzt werden konnten, mußten wegen der großen Dämpfung *Spiegel-Galvanometer* und *Heber-Schreiber* als Empfangsgeräte sehr hoher Empfindlichkeit entwickelt werden. Die Laufzeit-Verzerrungen auf diesen langen Kabeln führten außerdem zu einer Modifikation des Morse-Alphabetes: an die Stelle der Code-Elemente Punkt und Strich traten hier positive und negative Stromstöße (*Kabel-Schrift*).

Dieser sehr knappe Ausblick auf die weitere Geschichte der Morse-Telegraphie zeigt, wie entwicklungsfähig das von Morse und seinen Mitarbeitern erstmals 1844 zwischen Washington und Baltimore realisierte Konzept war. Es steht wohl außer Frage, daß es der „Morse"-Telegraph war, der der elektromagnetischen Telegraphie zum weltweiten Durchbruch verhalf und damit auch die Voraussetzung für spätere Neuentwicklungen geschaffen hatte.

Die Frage, welchen Anteil Morse als „Erfinder" an diesem großen Erfolg hatte, wird hier bewußt ausgeklammert; in dem folgenden Abschnitt soll aber auf einen besonderen Aspekt der Erfindungsgeschichte hingewiesen werden, der in der einschlägigen Literatur bisher wenig behandelt wurde. Wir kehren daher noch einmal in das Jahr 1845 zurück.

E   Vail als Historiograph

Die spätere Literatur zur Geschichte des Morse-Telegraphen vermittelt häufig den Eindruck, als sei dessen Entwicklung in Amerika in der Zeit zwischen der Überfahrt auf der Sully im Herbst 1832 und der Eröffnung der Telegraphenlinie Washington—Baltimore im Sommer 1844 völlig unabhängig und ohne Kenntnis der gleichzeitig in Europa entstandenen elektromagnetischen Telegraphen erfolgt. Wie die folgenden Ausführungen zeigen werden, trifft dies aber — wenn überhaupt — nur für die Zeit bis zur Vorführung des ersten Morse-Schreibers im Herbst 1837 zu.

Schon im darauffolgenden Jahr reiste Morse nach London und Paris, um dort für seine Erfindung zu werben; bei dieser Gelegenheit erfuhr er von Schilling von Canstatt, Gauß und Weber, Steinheil und Wheatstone, die allerdings — im Gegensatz zu Morses Projekt — nicht einen Elektromagneten, sondern die Ablenkung einer oder mehrerer Magnetnadeln in Multiplikatorspulen zur Bildung telegraphischer Zeichen benutzten. Unabhängig von der Frage, ob Morse daraufhin nach seiner Rückkehr Vail dazu angeregt hat, sich mit der Frühgeschichte der elektrischen Telegraphie zu beschäftigen, oder ob Vail dies Thema aus eigener Initiative aufgegriffen hat, er nutzte die Gelegenheit seiner Philadelphia-Veröffentlichung von 1845 [132], um dort der Beschreibung des amerikanischen elektromagnetischen Telegraphen und der Vorgeschichte des key eine „History of Telegraphs, employing Electricity in various ways for the Transmission of Intelligence" folgen zu lassen. Der Inhalt dieser sehr frühen Geschichte der elektrischen Nachrichtentechnik soll hier in knappester Form referiert werden; soweit Vail Quellen angibt, werden diese in eckigen Klammern übernommen.

Vail beginnt mit einer Geschichte der Reibungselektrizität von Gilbert bis Franklin, in der er ausführlich über die wichtigsten Beobachtungen und Erfindungen zwischen 1600 und 1753 berichtet [Priestley's Work upon Electricity]. Als Anwender der Reibungselektrizität zur Telegraphie nennt er Lomond [Young's Travels in France], Reußer (den er Reizen nennt) [Voigt's magazine, vol. 9, p. 1] und Dr. Salva in Madrid [Voigt's magazine, vol. 11, p. 4]. Als nächstes berichtet er über die Entdeckung des Galvanismus, die Erfindung der Voltaschen Säule und die Beobachtung der Wasserzersetzung durch Nicholson und Carlisle [Library of Useful Knowledge]. Vail beschreibt dann sehr ausführlich Soemmerrings „Voltaic Electric Telegraph, invented in 1809", und geht anschließend kurz auf den Vorschlag von Coxe für die Anwendung des Galvanismus auf die Telegraphie ein [Journal of Franklin Institut, vol. 20, page 325].

Nach einer kurzen Beschreibung der Wirkungsweise von Ronalds Telegraph [Encyclopedia Britannica, 7th Edition] folgt dann ein Abriß der Geschichte des Elektromagnetismus von Oersted über Ampére, Arago und Schweigger bis Henry „who was able to lift thousands of pounds weight by his apparatus" [Library of Useful

Knowledge]. An dieser Stelle verweist er auf den Vorschlag von Triboaillet aus dem Jahre 1828, zwischen Paris und Lille einen elektrischen Telegraphen einzurichten [Report of Academy of Industry, Paris] und auf den Vorschlag von Fechner aus dem Jahre 1829, mit 24 Multiplikatoren zwischen Leipzig und Dresden zu telegraphieren [Polytechnic Central Journal 1838].

Es folgt dann eine Beschreibung der Versuche von Faraday, die zur Entdeckung der „Magnetic Electricity" führten [Daniell's Introduction to chemical Philosophy 2d edition], der ersten elektromagnetischen Maschinen von Saxton und Page [Silliman's Journal 1838] und einer (nur als Beispiel gedachten) Ausführungsform eines Polwechslers (Kommutator).

Vail schiebt dann einige Briefe von und an Morse ein, die den Zeitpunkt seiner Erfindung (Rückreise auf der Sully im Herbst 1832) bestätigen sollen, und fährt dann in seiner Geschichte der elektrischen Telegraphie mit Schilling von Canstatt fort. Er zitiert einen Bericht der Academy of Industry, nach der Schilling mit 36 Multiplikatoren gearbeitet habe, und Steinheils Aussage in den London Annales of Electricity, nach der Schilling nur einen Multiplikator benutzt habe. Vail schließt daraus, daß entweder die französische Darstellung unkorrekt sei, oder daß Schilling zwei verschiedene Pläne verfolgt habe.

Über die telegraphischen Versuche von Gauß und Weber berichtet Vail anhand der Beschreibung von Hülsse [Polytechnik Central Journal 1838 No. 31, 32] und schließt diesen Abschnitt mit der Bemerkung: „Of its further succes, we are not informed".

Der nächste Abschnitt trägt die Überschrift: „Electro Magnetic Printing Telegraph, invented bey Alfred Vail, September 1837":

> "Soon after my connection with Professor Morse as copartner, and at the time I was constructing an instrument for exhibiting the advantages of his telegraph to a committee of Congress, it occurred to me, that a plan might be devised, by means of which the letters of the alphabet could be employed in recording telegraphic messages. I immediately gave it my attention, and produced the following plan:"

Es folgen fünf sehr detaillierte Zeichnungen, die Vail als ideenreichen Konstruktuer ausweisen, die aber auch vermuten lassen, daß diese Erfindung nie realisiert wurde. Vail nutzt aber die Beschreibung seines Typendruckers zu einigen grundsätzlichen quantitativen Überlegungen über die beste Methode einer elektrischen Nachrichtenübertragung. Er vergleicht eine buchstabenweise Übertragung mit der Übertragung von Ziffern, die mit einem telegraphischen Wörterbuch korrespondieren, Empfangsgeräte, die Buchstaben drucken, mit solchen, die einen Code („letters of an hieroglyphical character") aufzeichnen, und schließlich Anlagen mit individuellen Leitungen für jeden Buchstaben, mit einem verringerten Leitungsaufwand unter Benutzung eines

Parallel-Codes und mit nur einer Leitung unter Verwendung eines Serien-Codes. Das Ergebnis faßt er wie folgt zusammen:

> "The requirements of a perfect instrument are: economy of construction, simplicity of arrangement, and mechanical movements, and rapidity of transmission. To use one wire is to reduce it to the lowest possible economy. If there is but one movement, and that has all the advantages which accuracy of construction, simplicity of arrangement and lightness, can bestow upon it, we might justly infer that it appeared reduced to its simplest form.
>
> The instrument employed by Professor Morse has but a single movement, and that motion of a vibratory character; is light and susceptible of the most delicate structure, by which rapidity is insured; the paper is continuous in its movement, and requires no aid from the magnet to carry it.
>
> The only object that can be obtained by using the English letters, instead of the telegraphic letters, is, that the one is in common use, the other is not. The one is as easily read as the other, the advantage then is fanciful and is only to be indulged in at the expense of time, and complication of machinery, increasing the expense, and producing their inevitable accompaniments, liability of derangement, care of attendance, and loss of time."

Nach diesem unter Berücksichtigung des Standes der Technik im Jahre 1845 wohl berechtigten Bekenntnis zu Gunsten des Morse-Telegraphen beschreibt dann Vail ausführlich den Fünf-Nadel-Telegraphen von Wheatstone, „invented in 1837" [Hodson, London 1839], den „magneto-electrical telegraph, erected between Munich and Bogenhausen, in 1837, by Dr. Steinheil" [Annals of Electricity, Magnetism and Chemistry, London, April 1839], Davys „Needle and Lamp Telegraph" [London Mechanic's Magazine, vol. 28, page 296 and 327, 1837], Alexanders „Electric Telegraph" [Scotsmen Mechanic's Magazine, Nov. 1837], Edward Davys „Electric Telegraph" [Repertory of Patent Inventions, London, July 1839], und Bains „Printing Telegraph" [An account of some remarkable application of the electric fluid to the useful arts, by Alexander Bain, London 1843]. Vail beschließt seine „History of Telegraphs" mit den neuesten Entwicklungen von Wheatstone, dem „Rotating Disc Telegraph"[14] und dem Zwei-Nadel-Telegraph.

Vails „History of Telegraphs" berichtet aus unterschiedlichen Quellen über 19 elektrische Telegraphen, die zwischen 1787 und 1842 teils vorgeschlagen, teils auch praktisch realisiert worden waren. 11 dieser Telegraphen werden nicht nur im Text beschrieben, sondern auch durch insgesamt 35 Abbildungen zusätzlich erläutert. Einen Teil dieser Abbildungen hat Vail aus den Quellen übernommen, ein Teil wurde aber offenbar in den Speedwell Iron Works nach Vails Angaben neu gezeich-

---

[14] Wheatstones Zeigertelegraph mit Gewichtsantrieb und einem Elektromagneten, siehe Bild VII. 6.

net (auf einen solchen Fall wird in Abschnitt F noch näher eingegangen).
Bis auf seinen eigenen Typendrucktelegraphen kann also Vails „History
of Telegraphs" die Originalquellen nicht ersetzen.

Trotzdem bleiben Vails Bemühungen als Historiograph technikgeschichtlich interessant, zum einen als Beleg dafür, wie gründlich sich
Vail mit den Problemen der elektrischen Telegraphie befaßt hat, zum
anderen aber auch weil sie zeigen, wieviel ein engagierter ‚Telegraphiker'
in Amerika in der Mitte der 40er Jahre des 19. Jahrhunderts über die Entwicklung und den zeitgenössischen Stand seines Faches in Erfahrung
bringen konnte.

F Nachtrag zu Band 1

Die Beschäftigung mit Vails „History of Telegraphs" hat im übrigen
den Verfasser der vorliegenden Beiträge zur Geschichte der Nachrichtentechnik zu einer wenn auch nur hypothetischen Antwort auf eine in
Band 1 auf Seite 134 in Fußnoten 14 gestellten Frage geführt, die hier
kurz angeschlossen werden soll.

Reußer (den Vail „Reizen" nennt) hat 1794 in seinem Brief an Voigt,
den Herausgeber des „Magazin für das Neueste aus der Physik und der
Naturgeschichte", sein Konzept für „eine Art Briefpost" wie folgt beschrieben [78]:

> „Auf einem gemeinen Tisch befestigt man nämlich ein viereckiges Brett senkrecht,
> in welches eine Glastafel eingelassen ist, worauf Striche mit Staniol geleimt und
> durchschnitten sind, damit der elektrische Funken sichtbar werde. Jeder Streifen
> ist mit einem besonderen Buchstaben des Alphabetes bezeichnet . . ."

Nach dieser Formulierung dürfte Reußers Projekt etwa so ausgesehen
haben, wie dies in Bild VIII. 17 angedeutet ist: von den unteren Enden
der Stanniolstreifen führen individuelle Leitungsdrähte und von den
oberen miteinander verbundenen Enden ein gemeinsamer Rückleitungsdraht zur Sendestation. Wird dort eine geladene Leydener Flasche
an einen der individuellen Leitungsdrähte einerseits und an den gemeinsamen Rückleitungsdraht andererseits angeschlossen, dann springt bei
dem Empfänger an der Unterbrechungsstelle des zugehörigen Stanniol-
streifens ein Funke über und zeigt damit an, daß der auf diesem
Streifen bezeichnete Buchstabe notiert werden soll.

Vail zeigt nun auf Seite 122 seiner „History of Telegraphs" eine ganz
andere Anordnung (Bild VIII. 18); bei ihm wird jedem Buchstaben ein
langer, siebenmal hin- und herlaufender Stanniolstreifen mit einer Viel-
zahl von Unterbrechungen zugeordnet. Die Unterbrechungen sind so
angeordnet, daß sie die geometrische Form großer lateinischer Buchstaben nachbilden. Dazu schreibt Vail:

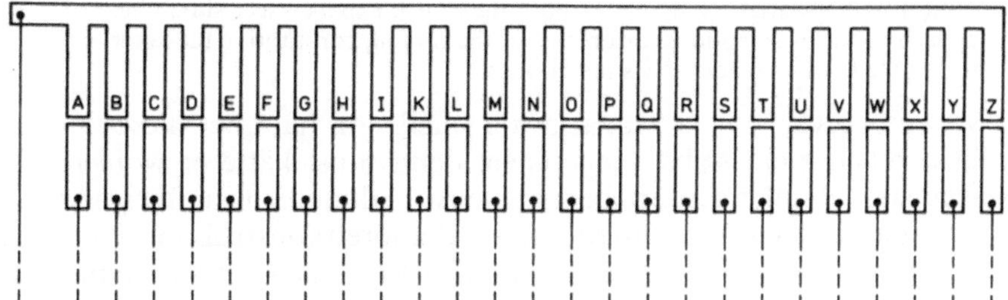

Bild VIII.17. Reußers „Funkentelegraph" nach seiner eigenen Beschreibung in Voigts Magazin

Bild VIII.18. Reußers (Reizens) „Electric Spark Telegraph" nach Vail [132]

"The instant the discharge is made trough the wire, the spark is seen simultaneously at each of the interruptions, or breaks, of the tin foil, constituting the letter, and the whole letter is rendered visible at once."

Vail gibt zwar Voigts Magazin als Quelle an, hat aber diese Quelle offensichtlich nicht selbst eingesehen, denn sonst hätte er wohl nicht Reizen statt Reußer geschrieben. Seine Abbildung läßt im übrigen vermuten, daß es sich hier um eine reine Reißbrettkonstruktion handelt. Nun erinnert der erläuternde Text an den Vorschlag des Anonymus in dem Journal de Paris aus dem Jahr 1782 (Band 1, Seite 130). Dort heißt es:

"Supposons deux fils de fer doré allant d'un de ces lieux à l'autre sous terre dans deux tuyaux de bois garnis de résine, & chacun de ces fils ayant des boules à leurs extrêmités; que dans un des deux endroits on place entre les deux fils une de ces lettres formées de petites lames métallique séparées qu'on emploie dans les jeux électriques; si de l'autre lieu, on décharge une bouteille de Leyde au moyen deux boules qui terminent les fils, la lettre placé à leur extrêmité opposée paroîtra dans l'instant même."

Wie schon im Zusammenhang mit Dom Gautheys Vorschlag einer akustischen Sprachübertragung in die Ferne (Band 1, Kap. IX. E) angeführt, weilte *Benjamin Franklin* als Botschafter der Vereinigten Staaten von 1777 bis 1785 in Paris. Bei seinem großen Interesse an allen Problemen der Reibungselektrizität und deren Anwendung in der Praxis kann man wohl annehmen, daß ihm der Vorschlag des Anonymus nicht unbekannt geblieben ist; außer Reußers Projekt könnte also auch der namenlose Vorschlag von 1782 irgendwann seinen Weg nach Amerika gefunden haben und dort irrtümlicherweise mit Reußers Vorschlag vermengt worden sein. Vielleicht kam dadurch die Anregung zu Vails Zeichnung zustande.

Wie immer dies im einzelnen auch geschehen sein mag, Vails Zeichnung sollte für die Historiographie Folgen haben. Drei Jahre nach dem Erscheinen der „History of Telegraphs" in Philadelphia veröffentlichte F. Stauffert in Försters „Allgemeiner Bauzeitung" in Wien eine umfangreiche Abhandlung „Über Ursprung, Ausbildung und Anwendung der verschiedenen Telegraphen-Systeme auf den Betrieb der Eisenbahnen" [122]. Den zweiten Teil dieser Arbeit, der „Von den elektromagnetischen Telegraphen" handelt, leitet Stauffert mit einer fast wörtlichen Übersetzung der „History of Telegraphs" von Vail ein, und zwar einschließlich aller Abbildungen, aber ohne ausdrücklich auf Vail hinzuweisen. Für Reußers Telegraphen gibt er zwar Voigts Magazin als Quelle an, übernimmt aber Vails Beschreibung und Zeichnung. 1852 veröffentlichte *Eduard Highton* in London „The Electric Telegraph: its History and Progress" [65]. Auf Seite 42 beschreibt er „Reizen's Telegraph" und verweist als Quelle auf das „Magazine de Voight in 1794", übernimmt aber (ohne ihn zu nennen) Vails Beschreibung und Zeichnung. Von da an wurde in der Sekundärliteratur Bild VIII. 8 immer wieder nachgedruckt, und zwar auch, nachdem 1877 Zetzsche [139] und 1884 Fahie [42] zu Recht daraufhingewiesen hatten, daß diese Darstellung durch Reußers Brief an Voigt nicht zu belegen ist.

Nach diesem kurzen Beitrag zur Geschichte der Historiographie kehren wir in dem nächsten Kapitel wieder zur Geschichte der elektrischen Telegraphie zurück.

IX Weitere Telegraphenentwicklungen

A Vorbemerkung

Im Kapitel IV war im Zusammenhang mit der mehr oder minder rhetorischen Frage nach dem Erfinder des elektromagnetischen Telegraphen gezeigt worden, wie in den 30er Jahren des 19. Jahrhunderts die Fortschritte der naturwissenschaftlichen Erkenntnisse einerseits und das Entstehen aufnahmefähiger Märkte andererseits die Zeit für eine ernsthafte Beschäftigung mit dieser Aufgabe so weit hatte reifen lassen, daß — unabhängig voneinander — Schilling von Canstatt in St. Petersburg, Gauß und Weber in Göttingen und Morse in Amerika dazu angeregt wurden, sich mit dem Problem einer elektromagnetischen Nachrichtenübertragung zu befassen. In den folgenden Kapiteln V bis VIII wurde dann näher darauf eingegangen, wie aus den Göttinger Versuchen der Schreibtelegraph von Steinheil entstand, wie sich aus Schillings Anregungen die Nadel-Telegraphen von Cooke und Wheatstone entwickelten, wie die besonderen Anforderungen des Eisenbahnbetriebes zu den Zeigertelegraphen führte und schließlich, wie es Morse und seinen Mitarbeitern gelang, ein System zu entwickeln, das sich dank seiner Einfachheit weltweit durchsetzen konnte.

Nun bliebe eine Geschichte der Telegraphie in der ersten Hälfte des 19. Jahrhunderts unvollständig, wenn in ihr nicht auch gezeigt würde, welche Anregungen von der vorstehend skizzierten Entwicklung auf andere Erfinder ausgingen. Ähnlich wie die Einführung der optischen Telegraphie in Frankreich durch Claude Chappe am Ende des 18. Jahrhunderts zahlreiche Erfinder dazu anregte, sich mit Verbesserungsvorschlägen oder Prioritätsansprüchen zu Wort zu melden (Band 1, Kap. XI), lösten auch die Berichte über die ersten praktischen Erfolge elektromagnetischer Telegraphen eine lebhafte Erfindertätigkeit aus, die ihren Niederschlag in Veröffentlichungen und Patentanmeldungen fand.

Unter bewußtem Verzicht auf Vollständigkeit soll in dem folgenden Kapitel versucht werden, eine Vorstellung von der Vielfältigkeit der erfinderischen Phantasie jener Zeit zu vermitteln, und zwar unabhängig von Prioritätsfragen und unabhängig davon, welche dieser Einfälle sich letztendlich als nützliche Erfindung oder nur als skurriles Gedankenspiel erweisen sollten.

B Individuelle Leitungen

Seit dem Brief des Anonymus C. M. an den Herausgeber von Scot's
Magazine aus dem Jahre 1752 (Band 1, Kap. VIII. B) wurde immer
wieder der Vorschlag gemacht, für eine buchstabenweise elektrische
Nachrichtenübertragung jedem Buchstaben des Alphabetes eine eigene
Leitung zuzuordnen. So hatte Ampère 1820 darauf hingewiesen, daß
man die Ablenkung der Magnetnadel benutzen könne, um „vermittels
ebensovieler Leitungsdrähte und Magnetnadeln, als es Buchstaben gibt,
eine Art Telegraph zu errichten" (Kap. III. C). 1929 hatte Fechner
darauf hingewiesen, daß man ein solches Projekt zweckmäßigerweise
mit Multiplikatoren ausführen solle (Kap. III. G) und 1830 hatte
Ritchie das Modell eines Multiplikator-Telegraphen mit individuellen
Leitungen vorgeführt (Kap. III. H).

Der erste, der ein solches Projekt in einer für den praktischen
Gebrauch bestimmten Form realisierte, dürfte *William Alexander*
gewesen sein, der 1837 vor der Society of Arts in Edinburgh einen
Prototypen seines Telegraphen vorgeführt hat. Bild IX. 1 zeigt die
Funktionsweise, wie sie gleich darauf in dem Mechanics' Magazine in
London beschrieben wurde [80a].

Auf der Rückseite einer senkrecht stehenden Holztafel sind in
6 Reihen je 5 Nadelgalvanometer (Multiplikatoren) angebracht. An
der senkrecht gelagerten Achse der Magnetstäbe sind dünne Drähte
angebracht, die durch Schlitze der Holzwand geführt sind und an ihrem
Ende einen leichten quadratischen Blechschirm (screen) tragen.

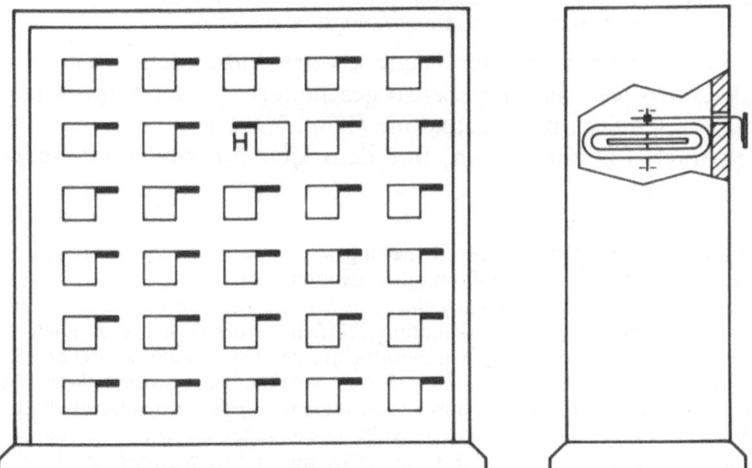

Bild IX.1. Funktionsweise des Telegraphen von Alexander 1837

Auf der Vorderseite der Holztafel sind in 6 Reihen die 26 Buchstaben des Alphabetes und 4 Satzzeichen (Punkt, Komma, Semikolon und Stern) so angeordnet, daß sie im stromlosen Zustand der Galvanometer (Ausrichtung des Gerätes nach dem erdmagnetischem Meridian vorausgesetzt) durch die Blechschirme abgedeckt sind. Wird durch eine der Galvanometerspulen ein elektrischer Strom geleitet, wird der Magnetstab ausgelenkt, der Schirm zur Seite bewegt, und der zugehörige Buchstabe (im Bild als Beispiel der Buchstabe H) wird sichtbar. Als Sendegerät diente eine Klaviatur mit 30 Tasten, die in eine quer unter ihnen verlaufende mit Quecksilber gefüllte Rinne eingetaucht werden konnten. Da Alexander eine gemeinsame Rückleitung vorsah, benötigte er für seinen Telegraphen insgesamt 31 Drähte zwischen Sender und Empfänger.

Technikgeschichtlich interessant ist, wie sehr Alexander die Schwierigkeiten unterschätzte, die die Isolierung von 31 Drähten und deren Verlegung von Edinburgh nach London bereitet haben würde[1]. In einem zweiten Bericht in dem Mechanics' Magazine [80 b] heißt es:

"The best mode of troughing or protecting the metallic conductors, and separating them both from each other, and from the surrounding substances by which the electric or galvanic influence might be diverted, would of course require considerable scientific and mechanical skill; but the object appears perfectly attainable. Insulating or nonconducting substances, as gumlac, sulphur, resin, baked wood, & c., are cheap, and the insulation might be accomplished in many ways. For example, by laying the wires, after coating them with some nonconducting substances, in layers betwixt thin slips of baked wood, similarly coated, the whole properly fastened together and coated externally. These slips might be perhaps ten yards long, and at the joinings precautions for the expansion and contraction of the wire, by the change of temperature, might be adopted. The whole might be enclosed in a strong oblong trough of wood, coated within and pitched without, and buried two or three feet under the turnpike road."

Bei dem damaligen Stand der Technik wäre Alexanders Projekt bei einer praktischen Realisierung ebenso gescheitert wie der Fünf-Nadel-Telegraph von Cooke und Wheatstone (Kap. VI. C).

Das gilt auch für einen Plan, mit dem sich *Eduard Davy*[2] schon

---

[1] Alexander hatte seine Erfindung der Regierung in London für eine telegraphische Verbindung zwischen London und Edinburgh angeboten [42].

[2] Eduard Davy (1806 ... 1885) hatte nach einer Ausbildung als Chirurg und Apotheker um 1830 in London eine Chemikalienhandlung eröffnet, in der er sich u. a. auch mit der Herstellung und dem Vertrieb von Laboratoriumsgeräten befaßte. Zwischen 1836 und 1839 beschäftigte er sich mit der elektrischen Telegraphie, wanderte dann aber plötzlich nach Australien aus, um sich dort wieder seinem ursprünglichen Beruf als Arzt und Chemiker zu widmen. Fahie fand rund 40 Jahre später bei einem Neffen von Davy Manuskripte aus den Jahren 1836 bis 1838, die er auszugsweise in [42] veröffentlichte. Die folgenden Ausführungen über Davys Telegraphen fußen auf dieser Quelle.

1836 zum mindesten gedanklich beschäftigt hatte, nämlich mit individuellen Leitungen für jeden Buchstaben des Alphabetes eine telegraphische Verbindung zwischen London und Liverpool einzurichten.
Seine ersten Überlegungen sahen senderseitig eine Reibungselektrisiermaschine vor, deren Konduktor über eine Klaviatur wahlweise an die
den einzelnen Buchstaben zugeordneten Drähte angeschlossen werden
konnte. Empfängerseitig sollte an jede Leitung ein einfaches Elektroskop
mit Holundermark-Kügelchen angeschlossen werden (pith-ball-elec-
trometer, siehe Fußnote 3 auf Seite 32). Dies Konzept ist also nur
eine weitere Variante der Vorschläge von C. M., dem Anonymus im
Journal de Paris, Lesage und Reußer (Band 1, Kap. VIII). Technikgeschichtlich interessant ist aber, daß Davy schon bei diesem ersten
gedanklichen Telegraphenentwurf ausdrücklich darauf hinweist, daß
man nicht notwendigerweise für jeden Buchstaben einen eigenen Draht
benötigt:

"If there be twenty-four such wires, there will be one for each letter in the alphabet;
but six wires would be more than sufficient in practice, owing to the numerous
changes that might be made upon them by combination."

In welcher Weise Davy im weiteren Verlauf seiner Überlegungen von
dieser Möglichkeit Gebrauch machte, wird in dem folgenden Abschnitt
gezeigt werden.

C Parallel-Codes

Einen ersten Gebrauch von Kombinationen machte Davy bei einem
Telegraphen, in dessen Empfangsgerät „4 pairs of letter neddles"
und „1 pair of colour needles" zusammenwirkten. Jedes Nadelpaar
war in zwei mit entgegengesetztem Wicklungssinn in Reihe geschalteten
Muktiplikatorspulen zu einem Doppelgalvanometer zusammengebaut;
mechanische Anschläge sorgten dafür, daß — je nach der Stromrichtung
— immer nur eine der beiden Nadeln ausschlagen konnte.
Wurde eine „letter needle" ausgelenkt, zeigte sie auf eine Gruppe von
drei unterschiedlich farbig markierten Buchstaben, z. B. A rot, B
schwarz und C weiß. Mit vier Nadelpaaren konnten also wahlweise
acht Buchstabengruppen zu je drei verschiedenen Buchstaben angezeigt
werden. Welcher Buchstabe innerhalb einer solchen Gruppe gemeint
war, bestimmt das „pair of colour needles": stromloser Zustand bedeutete weiß, Ausschlag der einen Nadel rot und Ausschlag der anderen Nadel schwarz. Aus den Kombinationen der „letter-needles" mit
den „colour-needles" konnten so 24 Buchstaben angezeigt werden.
Dieses Schema wandte Davy 1837 auf einen Telegraphen an, der in
zeitgenössischen Veröffentlichungen (z. B. [132]) „needle and lamp
telegraph" genannt wurde. Seine Funktionsweise erläutert Bild IX. 2.

Bild IX.2. Funktionsweise des „needle and lamp" Telegraphen von Eduard Davy 1837

Auf einer Glasplatte ist das Alphabet in 8 Gruppen zu je 3 Buchstaben aufgezeichnet. Die Glasplatte wird von der Rückseite her durch eine Lampe beleuchtet. Zwischen der Lichtquelle und der Glasplatte sind längliche lichtundurchlässige Schirme („screens") angebracht, und zwar 8 senkrechte und zwei horizontale. Die 8 senkrechten Schirme können seitlich ausgelenkt werden; von den beiden horizontalen Schirmen (die „triplicator" genannt wurden) kann der obere nach unten, der untere nach oben bewegt werden. In Bild IX. 2 sind die Bewegungsrichtungen durch Pfeile angedeutet.

Wird beispielsweise der senkrechte Schirm ganz links im Bild ausgelenkt, leuchtet der Buchstabe B auf, wird zusätzlich der obere Triplikator ausgelenkt, erscheint der Buchstabe A, bei Auslenkung des unteren Triplikators der Buchstabe C. (Über die Art und Weise, wie die Auslenkung der Schirme durch „pairs of needles in a double coil"

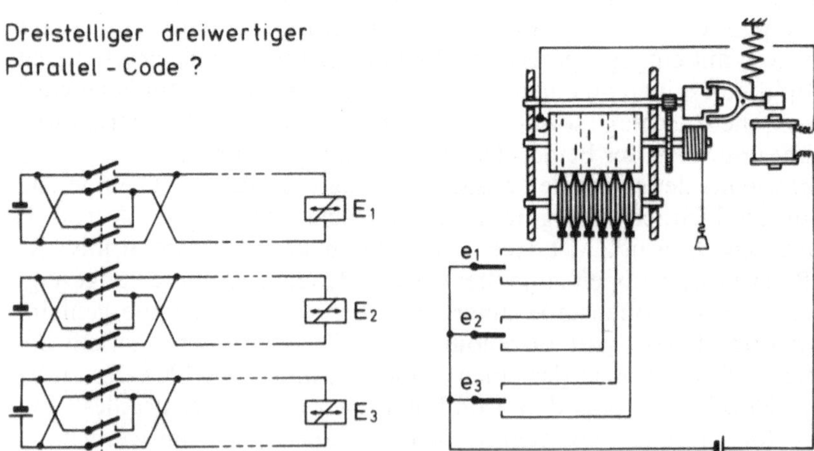

Bild IX.3. Hypothetische Rekonstruktion des elektrochemischen Telegraphen von Eduard Davy 1838

konstruktiv gelöst war, konnten keine zeitgenössischen Unterlagen gefunden werden).

Unabhängig von dieser Detailfrage wird man aber wohl davon ausgehen dürfen, daß Davy durch die Beschäftigung mit den Dreier-Gruppen seiner ersten Telegraphen schließlich auch auf die besonderen Eigenschaften eines dreistelligen dreiwertigen Parallel-Codes aufmerksam wurde, wie ihn Kopp schon 1795 für einen optischen Telegraphen vorgeschlagen hatte (Band 1, Kap. XI. K). Es spricht jedenfalls einiges dafür, daß seiner in der Literatur immer wieder beschriebenen Entwicklung eines elektrochemischen Schreibtelegraphen ein solches Konzept zugrunde lag.

Bild IX. 3 zeigt eine (hinsichtlich der Übertragungsleitungen hypothetische) Rekonstruktion dieses Telegraphen[3]. Sendeseitig (links im Bild) waren drei galvanische Stromquellen mit je zwei zweipoligen Tastenschaltern als Kommutatoren angeordnet. Die Stromrichtung in der anschließenden Übertragungsleitung hing davon ab, welche der beiden zusammengehörigen Tastenschalter jeweils niedergedrückt wurde. Empfangsseitig (Bildmitte) endeten die Übertragungsleitungen in drei — wie wir heute sagen würden — polarisierten Relais mit Mittelstellung. Sie bestanden (ähnlich wie bei den zuvor beschriebenen Telegraphen von Davy) aus je zwei in Reihe geschalteten Multiplikatoren entgegengesetzten Wicklungssinnes. Die Nadeln, die wieder nur in einer Richtung ausgelenkt werden konnten, bestätigten Quecksilberschalter, die in einem Ortsstromkreis lagen (rechts im Bild).

Die Schreibvorrichtung bestand aus einer Walze, auf die ein mit Jodkalium präpariertes Papierblatt aufgespannt werden konnte. Eine zweite aus Isoliermaterial bestehende Walze trug 6 Platinringe, die auf dem Papierblatt auflagen und dort bei Stromdurchgang elektrolytisch einen Farbstrich erzeugten. Die Schreibwalze wurde durch einen Gewichtsantrieb in Drehung versetzt, und zwar mit Hilfe einer elektromagnetischen Hemmung immer nur für die Dauer einer (parallel eintreffenden) Signalkombination. So entstanden auf dem Papierblatt zeilenweise Strichkombinationen in drei nebeneinander liegenden Spalten.

Sowohl die Anordnung auf der Sendeseite (dreimal zwei Tastenschalter, die einzeln oder in bestimmten Kombinationen betätigt werden konnten) als auch die Empfangsanordnung (drei polarisierte Relais mit Mittelstellung und eine Schreibvorrichtung mit drei Spalten für dreiwertige Spuren (mehr rechts, mehr links oder keine Spur) legen es nahe, daß das Konzept von Davy die Verwendung eines systematischen dreistelligen dreiwertigen Parallel-Codes vorsah.

---

[3] Der besseren Übersichtlichkeit wegen werden in Bild IX. 3 und Bild IX. 4 die heute üblichen Schaltsymbole verwendet.

Leider gibt es dafür keinen eindeutigen Beweis. Wie Bild IX. 3 zeigt, hätte die Realisierung eines solchen Konzeptes 6 Verbindungsdrähte zwischen Sender und Empfänger benötigt. In der Spezifikation einer Patentanmeldung vom 4. Juli 1838 schreibt Davy aber ausdrücklich, daß dieser Telegraph nur 3 Drähte benötige. Die zu dieser Beschreibung gehörende Zeichnung läßt nur erkennen, daß diese 3 Drähte empfängerseitig an die Eingänge der 3 polarisierten Relais geführt sind, deren Ausgänge untereinander verbunden sind. Eine befriedigende Erklärung der Wirkungsweise fehlt.

Diesen Mangel hat Vail schon 1845 in seiner „History of Telegraphs ..." (Kap. VIII. E) bemängelt:

"The following description of Mr. Davy's telegraph is taken from his specification and drawings, published in the Repertory of Patent Inventions. Although the specification has given the basis of his plan, yet the description contained therein, and the drawings representing his plan, are so obscure and deficient, that to have given it to the public in that form, would have represented it as perfectly impracticable. He has failed to state the number of signals which it is capable of giving. He has committed great errors in the arrangement of his wires for producing signals. He has introduced two keys, which produce the same signals as two others in the same arrangement. He has employed three extended wires for communicating frome one station to another station, and by his arrangement of them, could not have obtained more than four signals. He has also very obscurely described his escapement, by which his marking cylinder is made to advance one division at a time for receiving the signals. This latter difficulty, however, we have been enabled to clear up, by a description of it in a work published by Mr. Bain. Notwithstanding the imperfections and obscurities of his specification and drawings, we have endeavoured to carry out his plan, and give it a practical shape, perhaps, as Mr. Davy originally designed it."

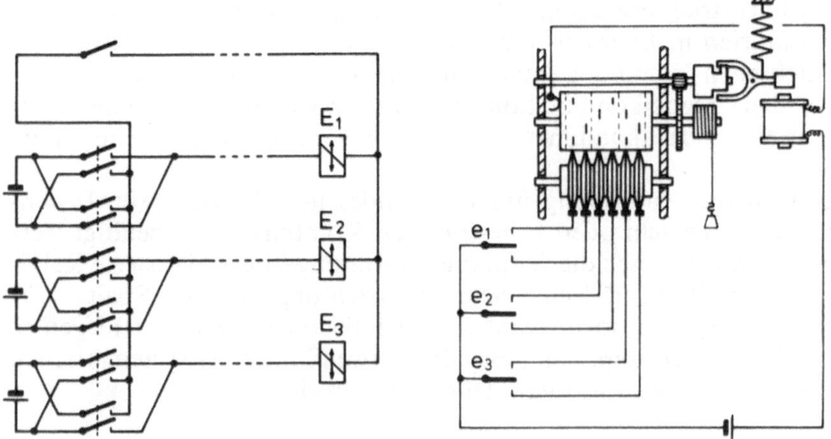

Bild IX.4. Schreibtelegraph von Davy nach der Rekonstruktion von Vail 1845

Um Davys Telegraphen überhaupt funktionsfähig zu machen, führte Vail einen vierten Leitungsdraht als gemeinsame Rückleitung für die drei polarisierten Relais und einen zusätzlichen Tastenschalter in dieser Rückleitung ein (Bild IX. 4). Mit dieser Anordnung konnten 26 verschiedene Strichkombinationen gebildet werden; dazu mußten allerdings jeweils mindestens zwei und in einigen Fällen sogar vier Tasten gleichzeitig niedergedrückt werden. In der späteren Literatur zur Geschichte der elektrischen Telegraphie ist Davys elektrochemischer Schreibtelegraph meist in der von Vail vorgeschlagenen Variante mit 4 Drähten beschrieben worden; wie Davys ursprüngliches Konzept gewesen war und warum er in seiner Patentspezifikation nur 3 Drähte angegeben hat, wird sich wohl nicht mehr klären lassen. Aber wie dem auch im einzelnen gewesen sein mag, zum mindesten gedanklich war er dem dreistelligen dreiwertigen Parallel-Code schon sehr nahe gewesen.

Ganz konsequent verfolgten diesen Weg die Brüder *Highton*[4] in einem 1848 angemeldeten Patent. Ausgangspunkt der im folgenden beschriebenen Telegraphen war der Ersatz der in einer Multiplikatorspule drehbar angeordneten Magnetnadel durch einen an einer Quertraverse drehbar gelagerten hufeisenförmigen Dauermagneten (Bild IX. 5). Am unteren Ende des „horse-shoe magnet" war zwischen dessen Schenkeln ein Weicheisen-Elektromagnet angeordnet. Bei Erregung dieses Magneten durch einen elektrischen Strom wurde der Hufeisenmagnet je nach der Stromrichtung um einige Winkelgrade im Uhrzeigersinn oder entgegen dem Uhrzeigersinn um den Drehpunkt in der Mitte der Quertraverse ausgelenkt. Der Vorteil dieser Anordnung gegen-

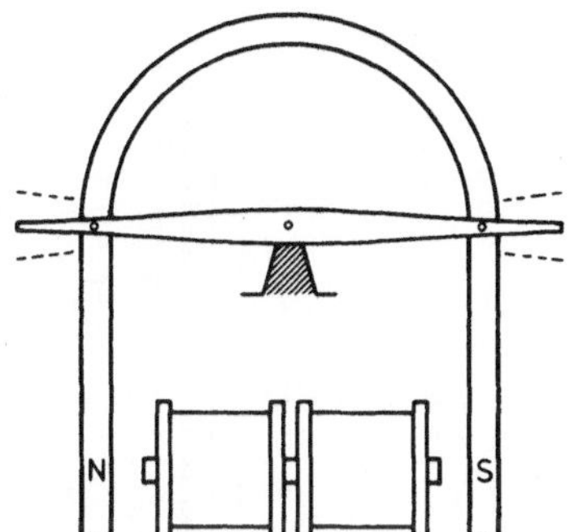

Bild IX.5. Hightons Peränode 1848

---

[4] Rev. Henry Highton M. A. und sein Bruder Eduart Highton haben eine ganze Reihe von Patenten für elektrische Telegraphen angemeldet. Eduard Highton war Telegraphen-Ingenieur bei der London-North Western Railway Company, in deren Auftrag er sich um die Entwicklung von Telegraphen bemühte „free from the objections and defects inherent to most telegraphs then in use, and free also from any of the then existing patents" [65].

über Magnetnadeln in einer Multiplikatorspule lag — von der Patentfreiheit abgesehen — in dem weitgehend geschlossenen magnetischen Kreis:

> "the same amount of electric power is enabled to produce a far greater effect on the distant telegraphic instrument, or less power to produce an equal effect [65]"

Hightons nannten diese Anordnung „Peraenode" (von $\pi\varepsilon\rho\alpha\acute{\iota}\nu\omega$ = vollenden und $\delta\delta\acute{o}\varsigma$ = Weg) und benutzten ihre Eigenschaft, drei definierte Stellungen einnehmen zu können (Ruhestellung, Arbeitsstellung 1 und Arbeitsstellung 2) zur Realisierung von Telegraphen mit einem dreistelligen dreiwertigen Parallel-Code.

Bei einer ersten Anwendung wurde direkt die mechanische Auslenkung von drei Peraenoden mit konzentrischen Wellen zur Anzeige eines bestimmten von 26 Buchstaben ausgenutzt (Bild IX. 6). Hinter einer feststehenden Blende bewegte die Peraenode 1 einen aus dünnem Blech gefertigten Flügel, auf dem in drei Spalten 26 Buchstaben und ein Stern aufgezeichnet waren. Je nach der Stellung der Peraenode 1 konnten durch die feststehende Blende die Buchstaben A bis I, J bis Q (und Stern) oder R bis Z abgelesen werden. Vor der feststehenden Blende bewegte die Peraenode 2 einen Flügel mit drei Schlitzen, der aus der hinter der Blende eingestellten Gruppe von 9 Buchstaben eine Untergruppe von nunmehr 3 Buchstaben auswählte. Die Peraenode 3 schließlich bewegte einen Flügel mit 3 Gruppen von je 3 kreisrunden Öffnungen, mit deren Hilfe der zu übertragende Buchstabe aus der Unter-

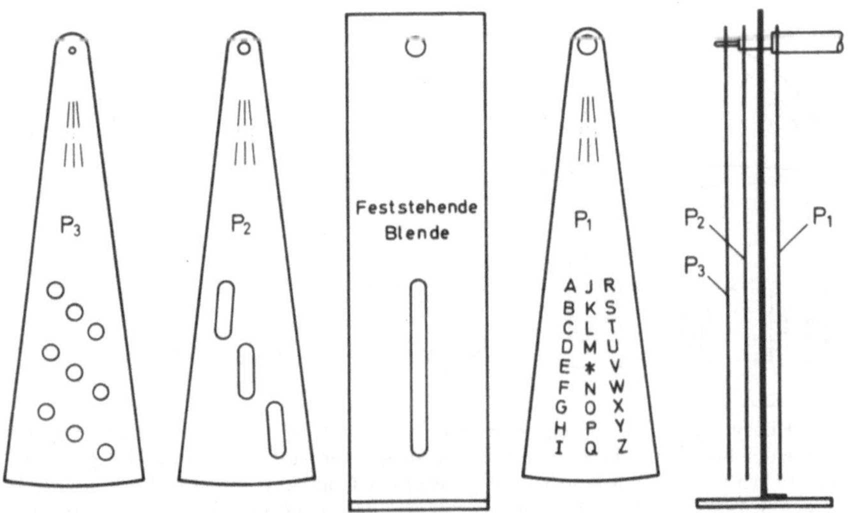

Bild IX.6. Hightons „direct letter-showing telegraph"

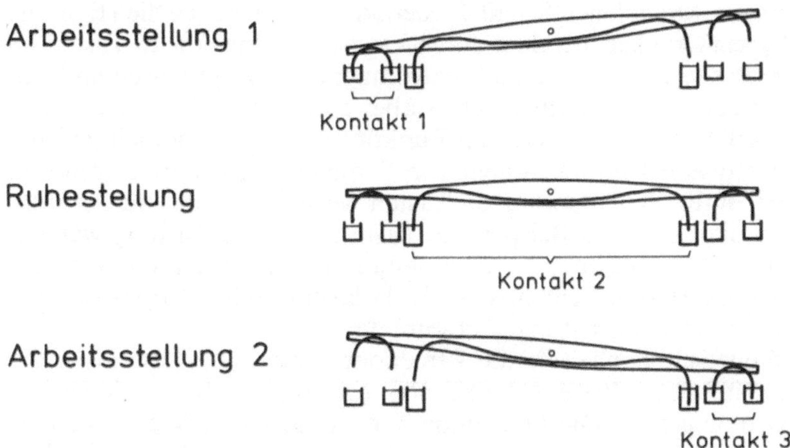

Bild IX.7. Hightons Peränode als dreistufiger Schalter

gruppe des zweiten Flügels ausgewählt wurde. Highton nennt diese Anordnung „direkt letter-showing telegraph".

Bei der zweiten Anordnung waren die Peraenoden zu dreistufigen Schaltern erweitert (Bild IX. 7). An der Quertraverse waren Drahtbügel angebracht, die je nach der Stellung der Peraenode durch Eintauchen in mit Quecksilber gefüllte Näpfchen drei verschiedene Kontakte schlie-

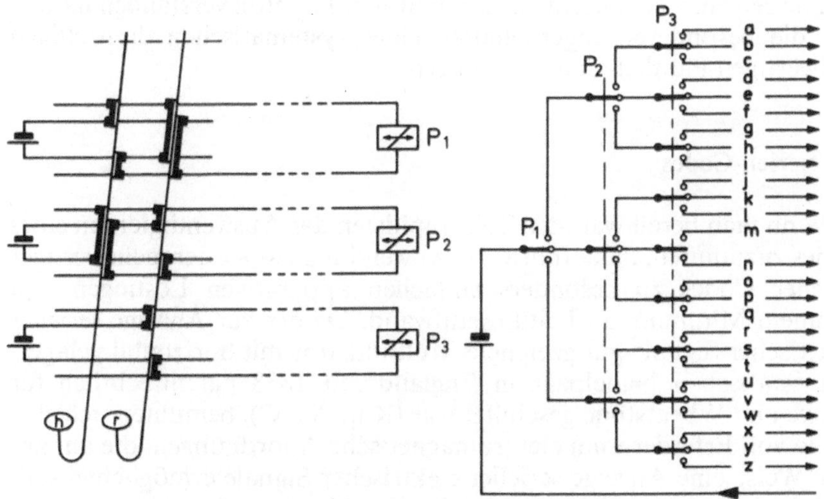

Bild IX.8. Hightons Typendrucker 1848

ßen konnten. Mit solchen Schalt-Peraenoden entwickelten die Hightons einen Typen-Drucker, bei dem durch Druck auf eine von 26 Tasten im Sendegerät direkt einer von 26 Elektromagneten erregt wurde und den der Taste zugeordneten Buchstaben über einen Typenhebel zum Ausdruck brachte. Bild IX. 8 zeigt das Funktionsschema: sendeseitig waren drei Stromquellen an ein System von Sammelschienen angeschlossen, die quer unter den Buchstaben-Tasten verliefen. Jede Buchstaben-Taste (in Bild IX. 8 als Beispiel die Taste h und die Taste r) war mit Kontaktstücken versehen, die als Kommutatoren wirkten und die dem jeweiligen Code-Wort entsprechende Polarität (oder Stromlosigkeit) der drei Übertragungsleitungen bestimmten.

Empfängerseitig schaltete die Peraenode 1 eine Ortsbatterie an die erste, zweite oder dritte Gruppe von (im Bild nicht gezeichneten) 26 Elektromagneten. Die Peraenode 2 stellte gleichzeitig eine Verbindung zu einer der drei Untergruppen her, die Peraenode 3 schließlich schloß den Ortsstromkreis zu demjenigen Elektromagneten, der den zu übertragenden Buchstaben über seinen Typenhebel abdrucken sollte. Um diese durch einen einzigen Tastendruck ausgelösten Schaltvorgänge zu ermöglichen, mußte die Peraenode 1 mit einem, die Peraenode 2 mit drei und die Peraenode 3 mit neun dreistufigen Schaltern ausgerüstet werden und für jeden Buchstaben ein eigener Elektromagnet zur Verfügung stehen. Diesem großen apparativen Aufwand stand auf der anderen Seite eine Telegraphier-Geschwindigkeit gegenüber, die nicht mehr zu überbieten war.

Technikgeschichtlich interessant sind der „direct letter showing telegraph" und der vorstehend beschriebene Typendrucker vor allem, weil sie zeigen, wie konsequent es die Brüder Highton verstanden hatten, hier die besonderen Eigenschaften eines systematischen dreistelligen dreiwertigen Parallel-Codes zu nutzen.

D   Serien-Codes

Wenn man bereit war, den Telegraphisten das Auswendiglernen eines Codes zuzumuten, dann führte die Anwendung zwei- oder mehrwertiger serieller Codes zu besonders einfachen apparativen Lösungen und zu einem Minimum an Leitungsaufwand. Da der zur Anzeige serieller elektrischer Signale gut geeignete Multiplikator mit horizontal gelagertem astatischen Nadelpaar in England seit 1838 patentrechtlich für Cooke und Wheatstone geschützt war (Kap. VI. C), bemühten sich eine Reihe von Erfindern um elektromagnetische Anordnungen, die auf andere Weise eine Anzeige serieller elektrischer Signale ermöglichen sollten. Auf zwei Beispiele soll in diesem Abschnitt kurz eingegangen werden.

Bild IX.9. Funktionsweise des „I and V"-Telegraph von Alexander Bain 1843

Alexander Bain (1818 ... 1877) meldete 1843 einen Telegraphen an, bei dem die Magnetnadeln durch zwei halbkreisförmig gebogene Dauermagnete ersetzt waren (Bild IX. 9). Die beiden Magnetstäbe waren an einer in ihrer Mitte drehbar gelagerten Messingtraverse so befestigt, daß sich ihre gleichnamigen Pole — durch einen Luftspalt voneinander getrennt — gegenüberstanden. Die Trennstellen der beiden Magnetstäbe lagen im Innern von zwei in Reihe geschalteten Multiplikatorspulen; floß ein elektrischer Strom durch die Wicklungen, drehte sich der ringförmige Magnet je nach der Stromrichtung um einige Winkelgrade im Uhrzeigersinn oder entgegen dem Uhrzeigersinn. Ein mit der Traverse verbundener Zeiger deutete dann entweder auf den Buchstaben I oder den Buchstaben V. Im stromlosen Zustand nahm der Zeiger aufgrund der Schwerkraft die in Bild IX. 8 gezeichnete Ruhestellung ein.

Die Buchstaben I und V (nach denen der Telegraph benannt wurde) dienten als Elemente eines ein- bis vierstelligen zweiwertigen Serien-Codes für die Buchstaben des Alphabetes.

Bains Telegraph war zwar in seinem konstruktiven Aufbau komplizierter als der Ein-Nadel-Telegraph von Cooke und Wheatstone (Kap. VI. C), aber er bewährte sich in der Praxis bei einigen englischen Eisenbahngesellschaften und wurde in einer modifizierten Form vorübergehend auch in Österreich eingesetzt. Zu diesem Erfolg dürfte beigetragen haben, daß Bain bei den von ihm errichteten Anlagen von Anfang an die Erde als Rückleiter benutzte [139]. Bains I- und V-Telegraph beruhte — nach der damaligen Vorstellung — auf der Wirkung, die ein feststehender stromdurchflossener Leiter auf einen beweglichen Magneten ausübt; er gehört also in die Klasse der ,Nadel-Telegraphen'.

Den umgekehrten Effekt, nämlich die Wirkungen eines feststehenden Magneten auf einen beweglichen stromdurchflossenen Leiter benutzte *Henry Highton* in seinem 1846 zum Patent angemeldeten „gold-leaf-telegraph".

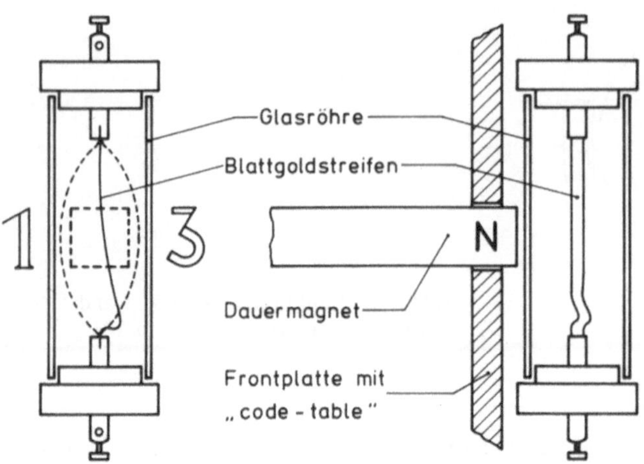

Bild IX.10. Funktionsweise des „gold-leaf" Telegraphen von Henry Highton 1846

Seine Wirkungsweise ist in Bild IX. 10 angedeutet: zwischen zwei
Elektroden ist ein schmaler Streifen aus Blattgold so befestigt, daß
er im stromlosen Zustand schlaff herabhängt. Zum Schutz gegen
Zugluft ist dieser ‚hauchdünne' Streifen von einer Glasröhre umgeben.
Außerhalb der Glasröhre befindet sich der Pol eines stabförmigen Dauermagneten. Wird über die Klemmschrauben dieser Anordnung ein
elektrischer Strom durch den Blattgoldstreifen geleitet, dann wird
dieser — je nach der Stromrichtung — nach links oder rechts ausgelenkt und nimmt eine der beiden in Bild IX. 10 gestrichelt angedeute-
ten Lagen ein.

Diese Anordnung war an einer senkrecht stehenden Frontplatte befestigt, auf der die Ziffer 1 einer Auslenkung nach links, die Ziffer 3
einer Auslenkung nach rechts zugeordnet war. Aus diesen beiden Ziffern hatte Highton einen ein- bis vierstelligen Serien-Code für ein Alphabet aus 26 Buchstaben gebildet. Dieser Code war auf der Frontplatte
als „code-table" in zweierlei Form vermerkt: in der linken Hälfte waren
die Buchstaben des Alphabetes den Code-Worten zugeordnet, also
A = 33, B = 1131, C = 311 usw. bis Z = 3131, in der rechten Hälfte die
Codeworte den Buchstaben, also 1 = E, 3 = T, 11 = O usw. bis 3133 = J.
Schon diese wenigen Beispiele zeigen, daß Highton häufig vorkommenden Buchstaben kurze und selten vorkommenden Buchstaben lange
Code-Worte zugeordnet hatte.

Sendegerät und Alarum entsprachen den entsprechenden Einrich-
tungen bei den Ein-Nadel-Telegraphen von Cooke und Wheatstone
(Kap. VI. C), denen der „gold-leaf-telegraph" auch in der äußeren
Formgebung sehr ähnlich war. Der ins Auge springende Unterschied

bestand darin, daß anstelle der von Cooke und Wheatstone als Signal-
indikator benutzten drehbar vor der Frontplatte angeordneten Magnetnadel dort das Glasrohr mit dem Blattgoldstreifen befestigt war.

Der mechanische Aufbau des „gold-leaf-telegraph" von Highton
war äußerst einfach. Das mag mit dazu beigetragen haben, daß die
Großherzoglich Badischen Eisenbahnen trotz der damals noch vor-
herrschenden Abneigung gegen Code-Telegraphen im Eisenbahnbetrieb
Ende der 40er Jahre ihre ersten Telegraphenlinien zwischen Karlsruhe
und Durlach sowie zwischen Heidelberg und Mannheim vorübergehend mit Telegraphen nach Hightons Vorbild ausgerüstet haben[5].

Bei den Eisenbahnern fand dieser „Rechts-Links-Telegraph" allerdings keinen Anklang ([54b]:

> „Was diese Art des Telegraphierens betrifft, so erfordert solche nicht nur ein
> Studium, sondern auch eine große Aufmerksamkeit, und kann nur bei regem Eifer
> durch tägliche und unausgesetzte Übung diejenige Fähigkeit erlangt werden,
> welche die Zuverlässigkeit bedingt und die Sicherheit erfordert."

Das aber sei nur hauptamtlichen „Telegraphern" zuzumuten, deren
vorzugsweise Beschäftigung das Telegraphieren ist.

E Physiologische Telegraphen

Während des 17. und 18. Jahrhunderts gab es vor allem drei Indikatoren für die „vis electrica", die von geriebenen Nichtleitern ausging
(Band 1, Kap. VIII):

1. die anziehende oder abstoßende Kraft auf andere leichte Körper,
2. das Überspringen von Funken auf benachbarte leitende Körper, und
3. der elektrische Schlag, den ein Experimentator verspürte, wenn er
   einen elektrisch geladenen Körper berührte.

Der älteste überlieferte Vorschlag, die zuletzt genannte direkte physiologische Wirkung auf den menschlichen Körper zur Detektion elektrischer Signale zu benutzen, stammt von Salvá y Campillo, der 1795
mit Hilfe elektrischer Schläge zwischen Barcelona und Mataró hatte
telegraphieren wollen (Kap. I. C).

40 Jahre später, also nach der Entdeckung des ‚Galvanismus' und
des ‚Elektromagnetismus', griff Carl Friedrich Gauß diesen Vor-

---

[5] Die Anregung dazu ging von *Wilhelm Eisenlohr* (1799 ... 1872) aus, der seit 1840 Professor der Physik am Polytechnikum Karlsruhe war. Im Auftrage der badischen Regierung hatte er 1846 England und Schottland bereist, um den neuesten Stand der dortigen
Telegraphentechnik kennenzulernen [54a]. Bei dieser Gelegenheit hat er wohl auch den
gold leaf telegraph von Highton kennengelernt. Die für die ersten Telegraphenlinien in
Baden benötigten Apparate wurden nach Eisenlohrs Angaben von dessen Instituts-
mechaniker Heckmann angefertigt [126].

schlag erneut auf. Im Zusammenhang mit einem Bericht über die Einführung des ‚Inductors' als Signalgeber für die telegraphischen Versuche in Göttingen (Kap. V. D) schrieb er am 11. Nov. 1835 an Olbers [110]:

> „Eine ganz artige Entdeckung oder Bemerkung habe ich vor etwa 6 Wochen gemacht, dass man den Sinn (ob + oder —) eines galvanischen Induktionsimpulses ganz bestimmt mit den Lippen unterscheiden kann, sodass wir zum Spass schon so telegraphiert haben, dass die Depesche aufgeschmeckt wurde."[6]

Und schon am 13. Sept. 1835 hatte er in dem selben Zusammenhang an Schumacher geschrieben [29]:

> „Man würde diese Methode zum telegraphieren gebrauchen können und die Depesche, welche S. M. aller Reussen in Petersburg abspielen lassen sollte, würde in demselben Augenblicke in Odessa *geschmeckt* werden können. Wollte man eine mehrfache Kette ziehen, und zugleich eine korrespondierende Anzahl Schmecker an anderen Ende aufstellen, wozu man auch blinde Invaliden gebrauchen könnte, die nur jedesmal, wenn ihnen zu schmecken gegeben wird, die Hand in die Höhe zu halten hätten, während ein Sekretär die aufgehobenen Hände protokollierte, so würde sicher nach dieser Methode sehr schnell telegraphiert werden können."

Sicherlich waren diese Bemerkungen nicht sehr ernst gemeint. Aber sie zeigen immerhin, wie intensiv sich Gauß im Sommer 1835 auch gedanklich mit den Problemen einer elektrischen Nachrichtenübertragung beschäftigt hat.

Ernsthaft gemeint dürfte dagegen ein Vorschlag gewesen sein, den Vorsselman de Heer[7] 1839 der physikalischen Gesellschaft von Deventer in einem Experimentalvortrag erläutert und noch im gleichen Jahr in Poggendorffs Annalen veröffentlicht hat [135].

Nach einem Hinweis auf die elektromagnetischen Telegraphen von Gauß, Steinheil, Wheatstone und Morse und auf den elektrochemischen Telegraphen von Soemmerring, entwickelt Vorsselman de Heer in einer längeren theoretischen Abhandlung „die Vortheile, welche der physiologische Telegraph nothwendig vor jedem anderen, auf den magnetischen Wirkungen der Elektricität beruhenden, Systemen der Telegraphie hat". Er kommt dabei zu dem Ergebnis, daß schon sehr kurze Spannungsstöße „sehr intensive physiologische Effecte erzeugen."

---

[6] Eine experimentelle Nachprüfung durch H. D. Lüke in Aachen ergab, daß ein „Schmecken" induktiv wie galvanisch erzeugter Impulse mit den befeuchteten Lippen gut möglich ist. Dabei wird ein zuckendes, leicht brennendes Gefühl besonders an der negativen Elektrode empfunden. Mit häufiger Wiederholung wird die Empfindung zunehmend lästiger, es breitet sich ein leichtes Wundgefühl über einen größeren Lippenbereich aus, das die Unterscheidung der Polarität erschwert. Längere Texte könnten nur mit Erholungspausen übertragen werden und erforderten langmütiges Personal.

[7] P.O.C. Vorsselman de Heer (1809 ... 1841), Professor der Physik am Athenaeum in Deventer (Niederlande).

„Man bedarf hier nicht der stetigen Ströme; selbst mit instantanen lassen sich
die Effecte hervorbringen, und daraus entspringt eine große Oeconomie für die
Mittel, deren man sich zur Entwicklung des elektrischen Fluidums bedient."

Als besonders einfachen und zugleich sehr wirksamen Signalgenerator empfiehlt Vorsselman de Heer einen Transformator, dessen Sekundärwicklung zehn- bis zwanzigmal mehr Windungen hat als die Primärwicklung. Schließt man an die Primärwicklung eine Gleichstromquelle
an, dann wird im Augenblick des Einschaltens in der Sekundärwicklung
ein sehr kurzer Impuls hoher Spannung induziert:

„Mit dieser . . . Vorrichtung und einer Voltaschen Kette von einem Quadratfuß
Oberfläche gab ich durch eine Kette von funfzehn Personen eine sehr fühlbare
Erschütterung."

Im Rahmen eines Beitrages zur Geschichte der Nachrichtentechnik
ist nun von besonderem Interesse, wie sich Vorsselman de Heer die
Übertragung alphanumerischer Texte mit Hilfe „physiologischer Effecte" gedacht hatte. Bild IX. 11 zeigt die Funktionsweise der von ihm
in Deventer vorgeführten Anordnung. In der Empfangsstation sind auf
einer isolierenden Unterlage zwei mal fünf Metallstreifen so nebeneinander angeordnet, daß ein Telegraphist mit den Fingern beider Hände
alle zehn Kontaktstreifen berühren kann. Über zehn Drähte, die zur
Sendestation führen, können je zwei dieser Kontaktstreifen mit Hilfe
von Tasten an den Signalgenerator angeschlossen werden.
  Wird je ein Finger der rechten Hand und ein Finger der linken Hand
angeschlossen, ergeben sich 25 Kombinationen zur Übertragung von
Buchstaben. Sind nur Finger der gleichen Hand angeschlossen, ergeben
sich je 10 Kombinationen, bei der linken Hand zur Übertragung der

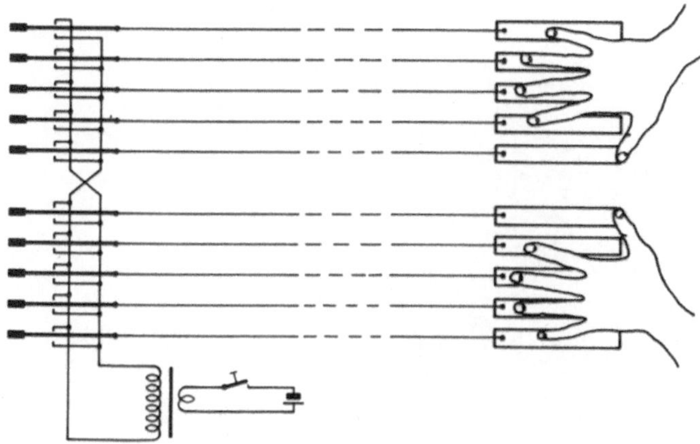

Bild IX.11. Funktionsweise des physiologischen Telegraphen von Vorsselman de Heer
1839

10 Ziffern des dekadischen Zahlensystems, bei der rechten Hand zur
Übertragung von Satzzeichen und Betriebsanweisungen.

Ein besonderes Problem bei dieser Anordnung entstand dadurch,
daß sich der physiologische Effekt an den beiden beteiligten Fingern
unterschiedlich auswirkte:

> „Die Erschütterungen in den beiden Fingern sind nicht von gleicher Stärke. Die
> stärkste erhält der Finger, welcher im Sinne der Nervenverzweigung von dem
> Strom durchlaufen wird, d. h. zu welchem der Strom austritt . . . So geschieht es,
> daß die Erschütterung in dem einen Finger sehr deutlich ist, während sie in dem
> anderen kaum verspürt wird.“

Dieser Schwierigkeit begegnete Vorsselman de Heer durch die Anweisung, daß die Gleichstromquelle des Signalgenerators sogleich
nach dem Einschalten auch wieder abgeschaltet werden sollte. Dadurch
wurden in der Sekundärwicklung kurz nacheinander zwei Spannungsstöße entgegengesetzter Polarität induziert:

> „Die beiden Ströme, die sich erzeugen, gehen in entgegengesetzter Richtung, und
> es bleibt dann kein Zweifel, welche Finger vom elektrischen Fluidum durch-
> strömt wurden.“

Bei der praktischen Vorführung seines Telegraphen benutzte Vorsselman de Heer Apparate, die — jeweils in doppelter Ausführung —
sowohl in der Sende- als auch in der Empfangsstation benutzt werden
konnten. Bild IX. 12 zeigt eine perspektivische Darstellung, die Zetzsche
[139] aus der Veröffentlichung in Poggendorffs Annalen übernommen
hat. Für jeden Finger einer Hand waren zwei übereinander liegende
Tasten vorgesehen, deren metallische Beläge durch einen Bügel b leitend
miteinander verbunden waren. Am vorderen Ende der Tasten waren
die Beläge nach unten abgebogen; quer unter diesen Verlängerungen

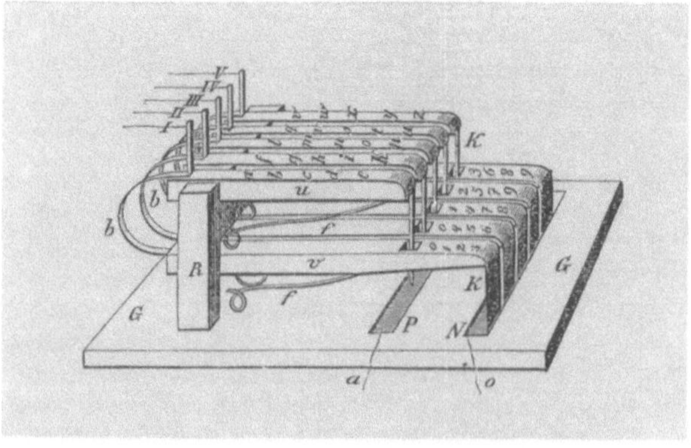

Bild IX.12. Tastenapparat von Vorsselman de Heer nach Zetzsche [139]

verliefen zwei mit Quecksilber gefüllte Rinnen P und N, die ihrerseits mit der Sekundärwicklung des Signalgenerators verbunden waren. Wurde eine der oberen Taste niedergedrückt, tauchte ihre Verlängerung in die Rinne P, beim Niederdrücken einer der unteren Taste tauchte deren Verlängerung in die Rinne N.

Die fünf Tastenpaare der Sendeseite waren über fünf Leitungen mit einem genau gleichgestalteten Apparat in der Empfangsstation verbunden. Legte dort der Telegraphist die fünf Finger einer Hand entweder auf die obere oder die untere Tastenreihe (ohne sie dabei herabzudrücken), konnten so je zwei seiner Finger mit dem Signalgenerator der Sendestation verbunden werden. Wenn in jeder Station zwei solcher Apparate nebeneinander standen und deren Quecksilberrinnen über Kreuz miteinander verbunden wurden (siehe Bild IX. 11), dann konnten (über die jetzt notwendigen 10 Leitungen) auch je ein Finger der linken und ein Finger der rechten Hand des empfangenden Telegraphisten mit dem Signalgenerator der Sendestation verbunden werden[8].

Vorsselman de Heer schreibt über diese Anordnung:

„Ich habe durch den Orgelbauer Holtgreve zu Deventer, einem Mechaniker voll Eifer und Talent, einen solchen Apparat ausführen lassen; und am 31. Jan. 1839, in einer Sitzung unserer physikalischen Gesellschaft, hatten mehrere Mitglieder selber Gelegenheit Versuche damit anzustellen, und sich von der ausserordentlichen Leichtigkeit der Fortsendung der Zeichen zu überzeugen. Ich kann behaupten, dass es bei einiger Uebung gelingt, sie mit grosser Schnelligkeit zu geben und zu vernehmen, mit einer weit grösseren, als man irgend von einem magnetischen Telegraphen erwarten kann. Nicht alle Personen sind gleich empfänglich für die Erschütterungen; allein ändert man die Grösse der elektromotorischen Apparate, deren man in den telegraphischen Büreaus einige vorräthig halten muss, so kann man Stösse hervorbringen, die der Empfindlichkeit Dessen, der die Finger auf die Tasten setzt, proportional sind."

Bei dieser sehr optimistischen Einschätzung seines Telegraphen hat Vorsselman de Heer die Schwierigkeiten unterschätzt, die in der damaligen Zeit mit der Isolierung und Verlegung eines zehnadrigen Kabels verbunden gewesen wären (Nebensprechen?). Vor allem aber war ihm wohl nicht bewußt geworden, daß die „Empfänglichkeit für elektrische Erschütterungen" nicht nur von Person zu Person sehr verschieden ist, sondern auch bei ein und derselben Person bei aufeinanderfolgenden Reizen zu rasch anwachsenden Unannehmlichkeiten führt[9];

---

[8] Der sendende Telegraphist sollte Seidenhandschuhe tragen, um zu verhindern, daß seine Finger einen Nebenschluß bildeten, durch den das zu übertragende Signal geschwächt worden wäre.

[9] Siehe dazu die Ausführung von Alexander von Humboldt über die Abhängigkeit galvanischer Erscheinungen (galvanisch in der ursprünglichen Bedeutung des Wortes) von der Stärke des Reizes einerseits und von der Erregbarkeit der Organe andererseits (Kap. I. B) und Fußnote 6 zu dem physiologischen Telegraphen von Gauß (Seite 230).

in der Empfangsstation hätten sich also viele Telegraphisten ständig ablösen müssen. So ist es verständlich, daß dieser physiologische Telegraph keine Anwendung in der Praxis gefunden hat.

F Telegraphen für besondere Zwecke

Die in den vorhergehenden Abschnitten behandelten Telegraphenerfindungen verfolgten alle das Ziel einer buchstabenweisen Nachrichtenübertragung. Nachdem sich gezeigt hatte, daß der Elektromagnetismus eine praktisch brauchbare Lösung dieser Aufgabe ermöglichte, lag es nahe, die Übertragung elektrischer Signale auch für andere — manchmal sehr spezielle — Zwecke zu nutzen. In diesem Abschnitt wird auf drei Beispiele solcher besonderen Anwendungen eingegangen werden.

Das erste Beispiel ist der *Aachener Eisenbahntelegraph*. Da er der erste für den praktischen Betrieb benutzte elektromagnetische Telegraph auf dem europäischen Kontinent war, soll hier etwas ausführlicher auf die politischen, wirtschaftlichen und technischen Gründe eingegangen werden, die im Jahre 1843 zu seiner Beschaffung und Inbetriebnahme geführt hatten[10].

Auf Beschluß des Wiener Kongresses waren 1815 die ehemalig Habsburgischen Niederlande — also vor allem Flandern und Brabant — mit der Republik der vereinigten Niederlande — Seeland, Holland, Geldern und Friesland — zu einem Königreich der Vereinigten Niederlande zusammengeschlossen worden. Diese Zwangsehe sollte nicht lange halten; als Fernwirkung der Pariser Juli-Revolution von 1830 erklärte der südliche Teil seine Unabhängigkeit und wurde 1831 von den Signatarmächten des Wiener Kongresses als souveränes Königreich Belgien anerkannt. Diese politische Entwicklung hatte tiefgreifende Folgen: Industrie und Handel, die bislang eng mit den nördlichen Nachbarn verbunden waren, mußte sich nun nach dem Osten hin neu orientieren. Da die Scheldemündung unter niederländischer Kontrolle geblieben war, fehlte der direkte Zugang zum Rhein als einem der wichtigsten Transportwege nach Mitteleuropa. In dieser Situation beschloß die neue belgische Regierung schon 1831, eine Eisenbahnlinie zwischen Antwerpen und der preußischen Grenze zu bauen, in der Hoffnung, daß durch eine Verlängerung dieser Strecke nach Köln ein „eiserner Rhein" entstehen würde.

---

[10] Die folgenden Ausführungen haben nur indirekt mit der Geschichte der Nachrichtentechnik zu tun; sie zeigen aber an einem besonders instruktiven Beispiel, wie vielfältig die Randbedingungen sein können, deren zeitliches und räumliches Zusammentreffen zur praktischen Einführung einer technischen Neuentwicklung führen kann.

Es ist hier nicht der Ort, auf die administrativen und lokalpolitischen Schwierigkeiten einzugehen, die den Bau der Anschlußlinie von der belgischen Grenze nach Köln verzögerten; erst nach dem von der preußischen Regierung veranlaßten Zusammenschluß konkurrierender Gesellschaften begann schließlich 1838 der Bau einer Eisenbahn zwischen Köln und Aachen, deren Betrieb am 1. Sept. 1841 eröffnet werden konnte[11].

Als Grenzbahnhof zur Weiterführung dieser Eisenbahnstrecke nach Belgien war Herbesthal (etwa 7 km südwestlich von Aachen) vorgesehen; von dort aus sollte dann in Verviers der Anschluß an das belgische Eisenbahnnetz erfolgen. Aus dieser Linienführung ergab sich folgendes eisenbahntechnische Problem: zwischen Aachen und Herbesthal erhebt sich relativ steil der Aachener Wald, zwischen dessen Kammlinie und dem Aachener Bahnhof ein Höhenunterschied von 110 bis 170 m besteht. Der Höhenunterschied zu Herbesthal beträgt etwa 70 m. Bei dem damaligen Stand der Lokomotiv-Technik hätte diese Situation nur mit Hilfe eines nahezu 7 km langen Tunnels bewältigt werden können, der den ganzen Aachener Wald unterfahren und die Höhendifferenz zu Herbesthal mit einer gleichbleibenden Steigung von etwa 1:100 überwunden hätte. Diese Lösung erwies sich in der Kalkulation als zu kostspielig.

Unter diesen Umständen wurde beschlossen, die Züge auf einer Steilrampe, einer sogenannten „geneigten Ebene", mit Hilfe eines endlosen Seiles durch eine stationäre Dampfmaschine von der Ausfahrt aus dem Aachener Bahnhof auf die Höhe von Ronheide emporwinden zu lassen und von dort aus durch einen kurzen Tunnel und dann auf einer nahezu horizontalen Trasse von einer Lokomotive nach Herbesthal ziehen zu lassen. Eine ähnliche Anordnung war kurz zuvor zwischen Erkrath und Hochdahl im Zuge der Düsseldorf—Elberfelder Eisenbahn in Betrieb genommen worden. Zur Verständigung zwischen dem Maschinisten am oberen Ende und dem Bahnpersonal am unteren Ende der „geneigten Ebene" war dort ein pneumatischer Telegraph installiert worden, über den M. M. von Weber folgendes berichtet [137]:

„Auf einer anderen ... geneigten Ebene war, vom Jahre 1841 ab, ein Signalapparat in Gebrauch, der, nach einem für den Zweck sehr praktischen, gesunden und der nützlichen Entwicklung fähigem Principe konstruiert, lange Zeit dort gute Dienste geleistet hat. Er beruhte auf der Fortpflanzung des Luftdruckes durch lange Röhren und bestand aus einem von Hochdahl nach Erckrath gelegten Metallrohre, das an beiden Enden mit einer Art von Gasometern in Verbindung stand. Wurde eines dieser Gasometer niedergedrückt, so verdichtete sich die Luft

---

[11] Eine ausführliche Darstellung gibt Kumpmann in „Die Entstehung der Rheinischen Eisenbahngesellschaft 1830 bis 1844" [76].

in dem Rohr und blies eine Orgelpfeife am unteren Ende der Bahn an. Durch
die Aufeinanderfolge der Töne derselben wurde die Verständigung bewirkt."

Die Rheinische Eisenbahngesellschaft entschloß sich zu einer anderen
Lösung. Auf Anregung ihres Oberingenieurs Pickel (der mehrfach zu
Studienreisen in England gewesen war) wurde der Hamburger Mechanikus Moltrecht[12] beauftragt, aus England einen „elektrisch-magnetischen Telegraphen" zu beschaffen und an der geneigten Ebene Aachen-
Ronheide zu installieren [99].

In der deutschsprachigen Literatur zur Geschichte der Telegraphie
ist über diesen Telegraphen nur wenig zu finden. Eine authentische
Quelle ist erst 1967 von Puschmann [100] wieder aufgefunden worden:
in einem Sitzungsbericht der Institution of Civil Engineers vom Mai 1843
heißt es [98]:

> "No. 663. A pair of electro-magnetic signal telegraphs, constructed for the Aix-
> la-Chapelle railway, from the plans of Professor Wheatstone, were exhibited.
> Professor Wheatstone explained, that the principle of this signal telegraph, which
> he considered to be the most efficient arrangement for practical purposes, was
> the same as his last electromagnetic telegraph, in which a dial, or hand, was
> caused to advance by the alternate attractions and cessations of attraction of an
> electro-magnet, occasioned by corresponding alternate completions and inter-
> ruptions of the circuit, by means of a peculiarly constructed apparatus, placed at
> the opposite end of the telegraphic line. The present signal telegraph was intended
> for use of the inclined plane on the railway at Aix-la-Chapelle, where only a
> limited number of signals were required; the entire alphabet of the complete
> telegraph, was therefore dispensed with, and the instrument was restricted to six
> elementary signals . . ."

Bei dem Aachener Eisenbahntelegraphen handelt es sich also um eine
spezielle Ausführung des Zeigertelegraphen von Wheatstone mit elektromagnetischem Antrieb (Kap. VIII. D und Bild VII. 3. C), bei der
statt der 24 Buchstaben des Alphabetes nur 6 Nachrichtenelemente
angezeigt werden konnten: ein Kreuz für die Ruhestellung des Zeigers
und die Buchstaben M, S, C, T und B[13]. Nach Wheatstone waren dies

---

[12] Hannibal Moltrecht (1812 ... 1882) hatte in Hamburg eine Mechanikerlehre bei dem
Instrumentenbauer Repsold absolviert (siehe auch Fußnote 12 in Kap. VII, Seite 185).
Während der anschließenden Wanderjahre arbeitete er bei Steinheil in München, als dieser seinen ersten elektromagnetischen Telegraphen entwickelte. Nach Hamburg zurückgekehrt gründete er Ende der 30er Jahre die Maschinenfabrik Moltrecht & Co. [99].

[13] Anläßlich eines Nachbaues des Aachener Eisenbahntelegraphen im Institut für Elektrische Nachrichtentechnik der TH Aachen zeigte es sich, daß die Beschränkung auf
nur sechs Zeigerstellungen in mechanischer Hinsicht zu Schwierigkeiten führen konnte.
Die schrittweise Weiterbewegung des Zeigers um jeweils 60° führte zu der Gefahr, daß
der Zeiger dabei eine so große Beschleunigung erfuhr, daß er über das nächste Zeichenfeld hinaus auf das übernächste Feld geschleudert wurde. Um dies zu vermeiden, mußte
der Zeiger so leicht wie möglich gemacht werden, außerdem mußten die Federkonstanten der Zug- und Schubstange sowie der Rückholfeder sehr sorgfältig aufeinander abgestimmt werden [10].

die Anfangsbuchstaben von Fachwörtern, die bei dem Betrieb einer geneigten Ebene häufig benutzt wurden; Wahrscheinlich bedeutete M = Maschine, S = Seil, C = Convoi (damals übliche Bezeichnung für eine Wagenkolonne), T = Telegraph und B = Bremse.

Technikgeschichtlich interessant ist, daß Wheatstone aus dem Kreuz und den fünf Buchstaben einen — wie wir heute sagen würden — fehlererkennenden Code ableitete:

"... The cross being reserved to indicate the quiescent condition of the apparatus, there remained five available characters, which, combined two and two, gave twenty-five signals — a number amply sufficient for the purposes of the railway. It being established as an invariable rule, that each signal should consist of two characters followed by the cross; were the telegraph to act in any way irregularly, the index would, at the end, point to some other character, instead of the cross, and this would indicate that the proceeding signals were wrong, so that if the signals received, should not correspond with those sent (which, however, could not be the case if ordinary care was taken), no mistake could possibly arise, because they carried with them the evidence of their error ..."

Außer dieser Neuerung erfüllte der Aachener Eisenbahntelegraph eine Art von Pilotfunktion für die Einführung der elektromagnetischen Telegraphie bei den Eisenbahnen auf dem europäischen Kontinent. M. M. von Weber schrieb später darüber [137]:

„In Gestalt von Wheatstone's Apparate trat die Elektrische Telegraphie im Jahre 1843 im Eisenbahndienste auf den Kontinent über, volle acht Jahre, nachdem deutsche Gelehrte sich mit dem gleichen Gegenstand im Interesse der Leipzig—Dresdener Eisenbahn beschäftigt hatten {Gauß und Weber, siehe Kap. V, Fußnote 14}
Sie erschien zuerst auf der geneigten Ebene zwischen Aachen und Ronheide. Wheatstone und Cooke hatten die Apparate geliefert, die hier zum ersten Male auf Zeichenscheiben fortrückende, durch Elektromagnete bewegte Weiser zeigten, welche sich direkt auf die gemeinten Buchstaben richteten. Die Leitung war vierdrähtig. Zwei Drähte bedienten den Wecker, die anderen den Zeigerapparat[14].
Es war eine in ihrer Art sehr vollkommene Vorrichtung, die eine rasche und sichere Verständigung über alle Funktionen des Mechanismus der geneigten Ebene gestattete."

---

[14] Weber gibt als Quelle für diese Angabe einen Aufsatz von Beil aus dem Jahre 1845 an [17]. Dort heißt es in einer redaktionellen Fußnote, „daß der Apparat bei diesem Telegraphen in 4 Leitungsdrähten besteht, wovon je zwei eine Kette bilden". Diese Aussage steht im Widerspruch zu Wheatstones Erläuterungen vor der Institution of Civil Engineers im Mai 1843 [98], in der es heißt: „By employing the earth ... to return the current ... one of the communicating wires might be entirely dispensed with; this plan would be adopted at Aix-la-Chapelle". Da man die tatsächliche Ausführung der Leitungen an der geneigten Ebene Aachen — Ronheide wohl nicht mehr wird rekonstruieren können, bleibt also die Frage offen, ob schon dort oder erst 1844 bei der Taunusbahn zum ersten Mal auf dem Kontinent bei einer für den praktischen Betrieb bestimmten Telegraphenlinie die Erde als Rückleitung benutzt wurde.

Nach der erfolgreichen Bewährungsprobe des Aachener Eisenbahntelegraphen installierten bald auch andere Eisenbahngesellschaften auf dem Kontinent Zeigertelegraphen, allerdings wieder wie bei der ursprünglichen Ausführungsform von Wheatstone mit dem vollständigen Alphabet, um eine buchstabenweise Nachrichtenübertragung zu ermöglichen (Kap. VII). Die Spezialausführung in Aachen wurde spätestens 1855 wieder demontiert, nachdem die Fortschritte der Lokomotivtechnik erlaubten, die geneigte Ebene bei Aachen auch ohne Seilzug zu befahren.

Als zweites Beispiel eines Telegraphen für besondere Zwecke soll im folgenden auf den „*Eisenbahn-Control-Telegraph*" eingegangen werden, den *Steinheil* 1846 zwischen München und Nannenhofen eingerichtet hatte. Nach Steinheils eigenen Angaben[15] beabsichtigte die Eisenbahnverwaltung

„durch diesen Telegraphen eine vollständige Kontrolle zu erlangen
1) über die Zeit des Abganges jedes Bahnzuges,
2) über die Geschwindigkeit des Zuges in jedem Punkt,
3) über die Dauer des Aufenthaltes auf jeder Station,
4) über die Präsenz eines jeden einzelnen Bahnwärters und
5) über die Dauer der ganzen Fahrt."

---

[15] Steinheil hat im Sommer 1846 vor dem Polytechnischen Verein in München erstmals über diesen Telegraphen berichtet [125]. Ausführlich geht er auf dessen Aufgabenstellung und Wirkungsweise in dem Gutachten ein, daß er 1849 der bayerischen Staatsregierung im Zusammenhang mit der geplanten Einrichtung von Staats-Telegraphen erstattete (siehe Kap. IV. B auf Seite 76); der obenstehende Abschnitt über den „Eisenbahn-Control-Telegraphen" fußt auf der Veröffentlichung dieses Gutachtens in den Abhandlungen der Kgl. Bayerischen Akademie der Wissenschaften [126]. In diesem auch heute noch sehr lesenswerten Bericht beschreibt Steinheil (außer seinem eigenen Telegraphen zwischen München und Nannenhofen) die Telegraphen von Geiger/Fardely (Stuttgart—Esslingen), Eisenlohr/Highton (Karlsruhe—Durchlach und Mannheim—Heidelberg), Fardely (Frankfurt—Wiesbaden), Robinson/Morse (Hamburg—Cuxhaven), Stöhrer (Leipzig), Siemens & Halske (Preußische Staatstelegraphen von Berlin aus) und Eckling/Bain (Österreichische Staatstelegraphen von Wien aus). Aufgrund seiner „Vergleichung" kommt Steinheil zu folgender (etwas gekürzt wiedergegebenen) Empfehlung für die Einrichtung von Staatstelegraphen in Bayern: „Für den Bahndienst taugen nur Apparate mit welchen jeder Bahnbeamte telegraphieren kann ohne vorgängige Einübung. Für diese sind also Zeigerapparate ohne alle Frage die geeignetsten … Anders dagegen werden die Anforderungen an Telegraph-Apparate für Staats- und Handelsmittheilungen. Hier ist Schnelligkeit der Mittheilung und Sicherheit der Maasstab der Beurtheilung, und darin kann kein anderer Apparat in Concurrenz treten mit dem Schreibapparat von Morse mit Relais. Denn er arbeitet wie wir gesehen haben 6 mal schneller als der Siemens'sche und liefert ein gedrucktes Document über die Mittheilung was nachgelesen werden kann und was unabhängig ist von der Aufmerksamkeit des Telegraphisten der die Nachricht empfängt …"."

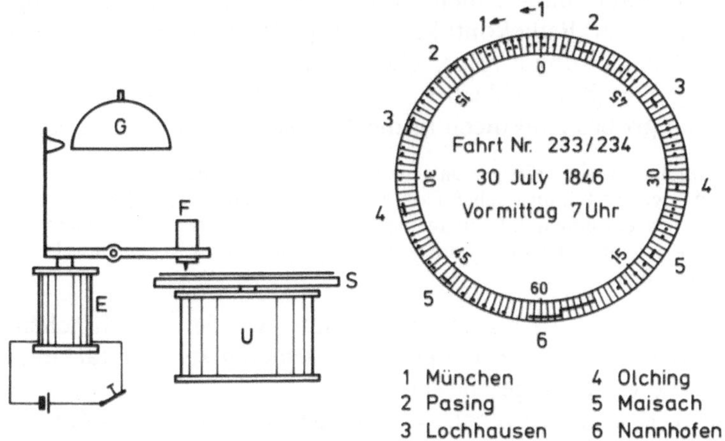

Bild IX.13. Kontrolltelegraph von Steinheil 1846 [20]

Während bei den bisher behandelten Telegraphen stets nur ein begrenzter Vorrat diskreter Nachrichtenelemente (Buchstaben, Ziffern, Betriebsanweisungen usw.) zu übertragen waren, sollten hier also mit Hilfe elektrischer Signale in weiten Grenzen beliebig variable Angaben über den zeitlichen Ablauf einer Zugfahrt von München nach Nannenhofen und zurück ermittelt und an den Endstationen dokumentiert werden.

Bild IX. 13 zeigt, wie Steinheil diese Aufgabe gelöst hat. Die Empfangsapparate an den Endstationen bestanden aus einem Uhrwerk U, das eine horizontale kreisrunde Scheibe S antrieb; ein voller Umlauf erfolgte in 2 Stunden. Auf der Scheibe S wurde ein ebenfalls kreisrundes Papierblatt („Controlkarte") aufgeklemmt, das am Rande eine Minutenteilung trug (Bild IX. 13 rechts). Über dieser Minutenskala war ein Schreibstift F angeordnet, der (über einen zweiarmigen Hebel) durch einen Elektromagneten E angehoben war[16]. Wurde der Strom durch die Wicklung des Elektromagneten unterbrochen, legte sich der Schreibstift (durch Schwerkraft) auf das Papierblatt auf (Ruhestrom-Betrieb).

Die Verbindung der Geräte in München und Nannenhofen erfolgte über eine Freileitung, die in jedes der 42 Bahnwärter-Häuschen entlang der Strecke und in die Stationsgebäude in Pasing, Lochhausen,

---

[16] Im Gegensatz zu seinem ersten Schreibtelegraphen benutzte Steinheil hier nicht mehr die Ablenkung eines Magnetstabes in einer Multiplikatorspule, sondern die Anziehungskraft eines Elektromagneten. Siehe dazu die letzten Absätze von Kap. V auf Seite 129.

Olching und Maisach eingeschleift war[17]. An jeder Einschleifung war ein handbedienter Ruhekontakt („Klappe") in die Leitung eingeschaltet. Die Rückleitung erfolgte über die Erde; dazu war in München ein 5 m² großes Kupferblech in einen Brunnen und in Nannenhofen ein ebenso großes Zinkblech in die Maisach versenkt worden.

> „Durch die Kette geht ein kräftiger galvanischer Strom (hervorgerufen durch die Endplatten) welcher . . . ausreichend stark ist zum Geben von Zeichen. Die Stromstärke hatte nach einem Jahr nicht merklich abgenommen. Diese höchst einfache Batterie scheint sich also besonders für Telegraphenlinien zu eignen welche mit Relais arbeiten."

Da Steinheil ohne Relais auskommen wollte, wurden in München und Nannenhofen noch je zwei Daniel'sche Elemente zur Verstärkung des Stromes in die Kette eingeschaltet.

Anhand der in Bild IX. 13 rechts wiedergegebenen „Control-Karte" (in deren Mitte Fahrtnummer, Datum und planmäßige Abfahrtzeit eingetragen waren), ergibt sich folgende Funktionsweise: zur fahrplanmäßigen Abfahrtszeit des Zuges wurden die Uhrwerke in Gang gesetzt; im Augenblick der tatsächlichen Abfahrtszeit wurde in München der Ruhestrom in der Telegraphenlinie kurz unterbrochen, der Schreibstift vermerkt einen Punkt auf der Minutenskala, bei jeder Vorbeifahrt an einem Bahnwärter-Häuschen betätigte der dort diensttuende Wärter (sofern er anwesend war) seine „Klappe" und der Telegraph vermerkte den Zeitpunkt der Vorbeifahrt; in den Zwischenstationen blieb die „Klappe" vom Eintreffen bis zur Abfahrt des Zuges geöffnet, so daß der Telegraph die Aufenthaltsdauer durch einen Strich auf der Minutenskala aufzeichnete.

Während des Umspannens der Lokomotive in Nannenhofen wurde für die Rückfahrt der Schreibstift etwas in radialer Richtung verschoben, so daß die Ankunft in München um 9 Uhr 7 Minuten neben den Abfahrspunkten aufgezeichnet werden konnte. Die mittlere Geschwindigkeit zwischen zwei Kontrollstationen ergab sich aus der bekannten Entfernung zwischen diesen Stationen und dem Zeitabstand der Punkte auf der Minutenskala der „Control-Karte".

Um in besonderen Fällen auch alphanumerische Nachrichten übertragen zu können, hatte Steinheil noch eine Glocke angebracht, die bei jeder Stromunterbrechung angeschlagen wurde:

---

[17] Die Länge der Bahnlinie München—Nannenhofen beträgt rund 30 km. Bei 4 Zwischenstationen und 42 Bahnwärter-Häuschen bedeutet dies einen mittleren Abstand von etwa 0,625 km zwischen den einzelnen Kontrollpunkten. Die Beschäftigung von 42 Bahnwärtern auf einer so relativ kurzen Strecke war wohl nur in einer Zeit möglich, in der menschliche Arbeitskraft noch recht billig war; die große Zahl der ohne direkte Aufsicht in ihren Häuschen tätigen Bahnwärter macht den Wunsch nach einer fernmeldetechnischen Kontrolle verständlich.

> „Sollte dem Bahnzug ein Unfall begegnen . . ., so begibt sich der Oberconducteur
> des Zuges an die nächste Bahnwärterhütte und gibt mit der Klappe daselbst das
> verabredete Zeichen an den Endstationen. Ja er kann auch jede Mittheilung mit
> Buchstaben und Worten machen; denn wie er die Klappe schnell niederdrückt
> und wieder ausläßt, schlägt der Hammer einen klingenden Schlag auf die Glocken
> der Endstationen. Läßt er aber die Klappe etwas niedergedrückt so entsteht ein
> gedämpfter Glockenschlag. Diese zweierlei Zeichen, welche sich durch das Gehör
> sehr gut unterscheiden lassen, dienen, in Gruppen geordnet, zur Bildung des
> Alphabetes, wie ich schon früher angegeben habe."

Als „Gruppen" wählte Steinheil den bei seinem Telegraphen von
1837 eingeführten Code (Kap. V. E).

Nach der Inbetriebnahme des Kontrolltelegraphen im Sommer 1846
„gingen die Mittheilungen den Bahndienst betreffend, so wie die Anfertigung der Controlkarten ganz gut vonstatten". Im Laufe der
Zeit ergaben sich aber mehrere Schwierigkeiten. Die einzelnen Draht-
längen der Freileitung waren nicht sachgerecht miteinander verbunden
worden, so daß bei heftigem Wind Unterbrechungen auftreten konnten.
Diese ‚Wackelkontakte' konnten durch Verlötung der Verbindungs-
stellen beseitigt werden. Schwerwiegender waren die Blitzschäden, die
zur Verletzung mehrerer Bahnwärter führten; dieser Gefahr beugte
Steinheil durch die Entwicklung von „Blitz-Platten" auf den Dächern
der Stationsgebäude und der Bahnwärter-Häuschen vor. Sie leiteten die
von einem Blitz ausgelösten Wanderwellen hoher Spannung direkt in
den nachfolgenden Leitungsabschnitt weiter und verhinderten das Auftreten hoher Spannungsspitzen im Innern der Gebäude. Eine weitere
Schwierigkeit ergab sich aus der großen Zahl in Reihe geschalteter
Ruhekontakte, die nach Betätigung der „Klappen" nicht immer mit der
nötigen Sorgfalt wieder geschlossen wurden.

> „Dazu kömmt aber eine noch viel größere Schwierigkeit, nämlich die, dass gerade
> diejenigen welchen den Telegraphen beaufsichtigen und im Stande erhalten sollen,
> durch ihn einer sehr strengen Controle unterliegen und sich daher auch wohl nicht
> veranlasst sehen mögen, nach besten Kräften für seinen regelmässigen Gang zu
> sorgen."

Diese mangelnde Akzeptanz durch das Bahnpersonal mag mit dazu
beigetragen haben, daß nach einem Brand des Münchener Bahnhofes
(am Ostersonntag 1847) der bei dieser Gelegenheit zerstörte Kontroll-
Telegraph nicht wieder ersetzt wurde und „die ganze Anstalt als Telegraph" aufgegeben wurde.

Trotz dieser „stiefmütterlichen Behandlung" hatte Steinheil mit
seinem Kontroll-Telegraph aber doch den grundsätzlichen Beweis er-

---

[18] Die Bahnlinie München—Nannenhofen war das erste in Betrieb genommene Teil-
stück der im Bau begriffenen Eisenbahnverbindung München—Augsburg. Zur Zeit der
Installation des Kontroll-Telegraphen war jeweils nur ein Zug zwischen München und
Nannenhofen oder zurück unterwegs.

bracht, daß mit Hilfe elektrischer Signale und elektromagnetisch betätigter Schreibgeräte nicht nur alphanumerische Texte übertragen, sondern auch räumlich weit ausgedehnte Betriebsabläufe zentral erfaßt und dokumentiert werden konnten.

Als drittes Beispiel eines Telegraphen für besondere Zwecke soll jetzt noch kurz auf den „Kopier-Telegraphen" von Frederik Collier *Bakewell* eingegangen werden, der 1848 in England zum Patent angemeldet wurde [14]. Aufgabe dieses Telegraphen war es, beliebige graphische Vorlagen, also nicht nur alphanumerische Texte, sondern auch individuelle Unterschriften, Strichzeichnungen oder andere graphische Darstellungen mit Hilfe elektrischer Signale formgetreu in die Ferne zu übertragen. Wollte man diese Aufgabe — die wir heute Faksimile-Übertragung nennen — mit nur einer Leitung lösen, dann mußte am Sendeort aus dem räumlichen Nebeneinander der Elemente einer graphischen Vorlage ein zeitliches Nacheinander elektrischer Signale abgeleitet und aus dieser Signalfolge am Empfangsort wieder die räumliche Zuordnung niedergeschrieben werden.

Bild IX. 14 zeigt die Funktionsweise der von Bakewell angegebenen Lösung. Die Vorlage wird mit einer isolierenden ‚Tinte' (z. B. Firniß) auf eine Zinnfolie aufgezeichnet. Nach dem Trocknen wird diese Folie im Sendegerät auf eine Metallwalze aufgespannt. Diese Walze wird durch ein mechanisches Uhrwerk mit konstanter Drehzahl in Umdrehung versetzt. Über ein (im Bild nicht gezeichnetes) Zahnradgetriebe wird eine Schraubenspindel angetrieben, die einen auf der Zinnfolie aufliegenden Schleifkontakt parallel zur Walzenachse verschiebt. Bei geeigneter Wahl des Übersetzungsverhältnisses tastet der Schleifkontakt die Walze in einer engen Schraubenlinie ab.

Auf der Walze des identisch aufgebauten Empfangsgerätes ist ein mit blausaurem Kali getränktes und mit verdünnter Salzsäure angefeuchtetes Papierblatt aufgespannt; anstelle des Schleifkontaktes im

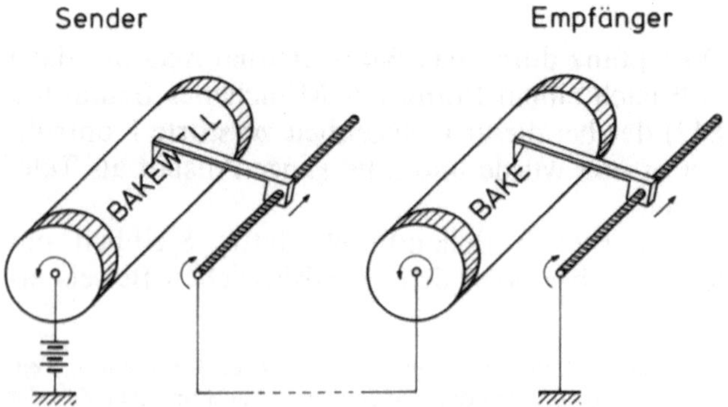

Bild IX.14. Funktionsweise des Kopiertelegraphen von Bakewell 1849

Sendegerät liegt im Empfangsgerät ein eiserner Schreibstift auf dem präparierten Papierblatt auf. Solange der Schleifkontakt des Sendegerätes Kontakt mit der Zinnfolie hat, fließt ein elektrischer Strom aus der Batterie der Sendestation über eine eindrähtige Leitung zur Empfangsstation, erzeugt dort auf dem präparierten Papier durch Elektrolyse eine fortlaufende blaue Linie und fließt durch die Erde zur Empfangsstation zurück. Wird senderseitig der Strom durch ein isolierendes Bildelement der Vorlage unterbrochen, wird empfangsseitig auch die blaue Linie unterbrochen, es entsteht also eine negative Kopie der Vorlage.

Wird die Vorlage nicht mit einer isolierenden Tinte auf eine leitende Unterlage aufgezeichnet, sondern in einen die ganze Unterlage bedeckenden isolierenden Überzug eingeritzt, entsteht empfangsseitig eine positive Kopie (wie in Bild IX. 14 angedeutet).

Der notwendige Synchronismus zwischen der Drehbewegung der beiden Walzen konnte durch eine „guide-line" überwacht werden. Sie bestand aus einer zur Walzenachse parallelen geraden Linie, die am oberen oder unteren Rand der Vorlage aufgezeichnet war. Aus einer Krümmung dieser Linie im Empfangsgerät konnte erkannt werden, daß dessen Walze gegenüber der Walze im Sendegerät zu schnell oder zu langsam gedreht wurde. Darüberhinaus hatte Bakewell auch elektromagnetisch gesteuerte Regeleinrichtungen vorgeschlagen, die allerdings zusätzlicher Leitungen bedurft hätten.

Die durch den damaligen Stand der Technik bedingten Einzelheiten der Beschriftung der Vorlage auf der Sendeseite und der Präparierung und Befeuchtung des Papierblattes auf der Empfangsseite wirken aus heutiger Sicht umständlich und wenig benutzerfreundlich. Technikgeschichtlich bemerkenswert ist aber, das Bakewell trotz dieser Schwierigkeiten schon zu einem so frühen Zeitpunkt das Prinzip einer zeilenweisen Abtastung einer zweidimensionalen graphischen Vorlage konzipiert und realisiert hat, ein Verfahren, das bis heute Grundlage aller Bildübertragungsverfahren geblieben ist.

G Schlußbemerkung

Am Ende dieses Kapitels sei noch einmal ausdrücklich darauf hingewiesen, daß hier bewußt auf den Versuch verzichtet wurde, möglichst alle Erfindungen auf dem Gebiet der elektromagnetischen Telegraphie aus der Zeit von 1837 bis 1850 zu erfassen. Das Ziel war vielmehr, an einigen wenigen ausgesuchten Beispielen die Vielseitigkeit der erfinderischen Phantasie der damaligen Zeit aufzuzeigen. Die dazu notwendige Beschäftigung mit den Original-Quellen und der zeitgenössischen Literatur führte darüberhinaus dazu, daß hier über einige der behandelten Erfindungen ausführlicher berichtet werden konnte, als dies bislang in der Sekundärliteratur geschehen ist.

X   Ausblick auf die weitere Entwicklung

A   Ausbreitung der Telegraphie bis 1850

In der 1. Hälfte des 19. Jh. hatte der ‚Galvanismus‘ und der ‚Elektromagnetismus‘ die naturwissenschaftlichen Voraussetzungen für die Entwicklung einer eigenständigen ‚Elektrotechnik‘ geschaffen. Ein erstes Anwendungsfeld fand diese neue ingenieurwissenschaftliche Disziplin im Bereich der Telegraphie, für die Ende der 30er Jahre bei den sich schnell ausbreitenden Eisenbahnen ein potentieller Markt entstand. Nachdem sich dort elektromagnetische Telegraphen in der Praxis bewährt hatten, interessierten sich bald auch staatliche Institutionen für dies schnelle wetter- und tageszeitunabhängige Kommunikationsmittel. Dort, wo die neuen Telegraphenlinien der Öffentlichkeit zur Benutzung freigegeben wurden, fanden sie eine überraschend große Akzeptanz und wurden alsbald zur Übermittlung kommerzieller und privater Nachrichten in Anspruch genommen.

Einen ersten Überblick über diese Entwicklung hat im deutschsprachigen Raum J. H. *Schellen* in seinem 1850 erschienenen Buch ,,Der electro-magnetische Telegraph in den einzelnen Stadien seiner Entwicklung“ gegeben [109]. Ohne hier auf die zum Teil tabellarisch aufgelisteten Einzelheiten einzugehen, ergibt sich aus Schellens ,,Aphorismen aus der elektromagnetischen Telegraphie“ folgendes Bild der von Land zu Land verschieden verlaufenen Einführung von Telegraphenlinien:

In *England* wurden die ersten elektromagnetischen Telegraphen 1839 bei der Great-Western-Eisenbahn eingeführt. In den 40er Jahren folgten weitere Eisenbahngesellschaften; 1845 betrug die Länge der in Betrieb befindlichen Telegraphenlinien rund 800 km, 1848 rund 3700 km und ,,gegenwärtig befinden sich auf fast allen Eisenbahnen Englands elektrische Telegraphen“. Ursprünglich vor allem für die Sicherung des Eisenbahnbetriebes bestimmt, wurden diese Telegraphenlinien bald auch zur Übermittlung privater Telegramme freigegeben. Schellen schreibt darüber:

,,Der Central-Telegraph der ,,Electric Telegraph Company“ zu London ist eines der großartigsten Institute der neuesten Zeit und setzt durch das von ihm ausgehende Drahtnetz die Hauptstadt mit allen Stationen der bedeutenderen Eisenbahnen Englands in Verbindung. In der Lothburystraße ... bemerkt man ein großes Gebäude, dessen große elektrische Uhr sogleich den Blick auf sich zieht. Tritt man in das Gebäude ein, stößt man auf eine große Halle mit mehreren Gallerien und Bureaus. Hier werden die zu telegraphierenden Botschaften an die Beamten weitergegeben ... Der obere Stock enthält den Instrumentensaal ... Die Verbindung zwischen den oben bei den Instrumenten fungierenden Beamten und den darunter befindlichen Schreibern der Bureaus wird durch gleitende Büchsen hergestellt, welche in Röhren vermittels Drähten auf- und niedergezogen werden können ... Schon gegenwärtig befördert der Central-Telegraph die Depeschen von London aus nach 215 Städten Englands.‟[1]

In den *Vereinigten Staaten von Nordamerika* wurde die erste elektromagnetische Telegraphenlinie 1844 zwischen Washington und Baltimore in Betrieb genommen und von Anfang an der „allgemeinen Benutzung" durch die Öffentlichkeit übergeben. Ihr großer Erfolg führte zur Gründung vieler privater Gesellschaften, die in erstaunlich kurzer Zeit Telegraphenlinien „über das ganze Land ausbreiteten". Als erstes wurde die Strecke Washington—Baltimore über Philadelphia nach New York und 1846 bis Boston verlängert. Von dieser Linie zweigten mehrere Linien nach Westen ab; zwischen den Hauptlinien entstanden schnell auch „eine Menge von kleinen Zweiglinien". Schellen gibt eine Liste von 43 teils längeren, teils kürzeren Linien an, deren Gesamtlänge im Juli 1849 schon knapp 18000 km erreichte.[2]

In *Frankreich* waren während der französischen Revolution optische Telegraphenlinien eingerichtet worden. Sie wurden unter Napoleon und während der Restauration immer weiter ausgebaut und verbanden schließlich Paris mit allen wichtigeren Provinz- und Hafenstädten. Diese besondere Situation führte dazu, daß die für diese Staatstelegraphen zuständigen Behörden in den 40er Jahren die Forderung aufstellten, daß elektromagnetische Telegraphen „genau dieselben Zeichen hervorbringen müßten, welche bisher bei den optischen Telegraphen benutzt wurden". *Bréguet* entwickelte daraufhin einen Doppel-Zeiger-Telegraphen, dessen beide nebeneinander angebrachten Zeiger je 8 verschiedene Stellungen einnehmen konnten, entsprechend den je 8 Stellungen der Indikatoren bei horizontal gestelltem Regulator des optischen Telegraphen von Claude Chappe (Band 1, Kap. X). Dieser Umweg verzögerte die Einführung der elektromagnetischen Telegraphie in Frankreich, die in größerem Maßstab erst Anfang der 50er Jahre erfolgte.

---

[1] Schellen beschreibt dann noch ausführlich, wie der Central-Telegraph durch vieladrige unterirdisch verlegte Kabel mit den Bahnhöfen der von London ausgehenden Eisenbahnlinien verbunden wurde und welche Vorkehrungen man zur Fehlerortung in diesem „Drahtnetz" getroffen hatte.

[2] Nach Schellen wurde dieser schnelle Ausbau dadurch erleichtert, daß die Farmer längs einer neu zu errichtenden Linie sowohl zur Installation als auch zur späteren Beaufsichtigung und Unterhaltung herangezogen wurden und dafür Aktien der Gesellschaft erhielten, an deren Gewinnen sie also interessiert sein mußten.

In *Mitteleuropa* begann die praktische Einführung der elektromagnetischen Telegraphie ab 1843 zuerst als Hilfsmittel des Eisenbahnbetriebes. Ende der 40er Jahre wurden die ersten Staatstelegraphenlinien eingerichtet, so in *Preußen* von Berlin nach Frankfurt a. M., über Köln nach Aachen, nach Hamburg, nach Stettin und über Breslau zur österreichischen Grenze. In *Österreich* entstanden Staatstelegraphenlinien von Wien aus nach Prag, nach Preßburg, nach Triest, nach Salzburg zum Anschluß an die bayerischen Linien und zur preußischen Grenze zum Anschluß an die preußischen Linien. Noch vor 1850 entstanden kürzere Staatstelegraphenlinien in *Sachsen* und *Bayern*; in *Württemberg* und in *Baden* war ihre Einrichtung in Angriff genommen worden[3].

Soweit Schellens Übersicht über die Ausbreitung der elektromagnetischen Telegraphie bis zum Jahre 1850.

B   Die weitere Entwicklung der Telegraphie

So unterschiedlich die Ausgangsposition in den einzelnen Regionen gewesen war, spätestens in der Mitte des 19. Jh. war klar zu erkennen, daß in der elektromagnetischen Telegraphie eine neue Technik entstanden war, deren weltweite Ausbreitung nicht mehr aufzuhalten war.

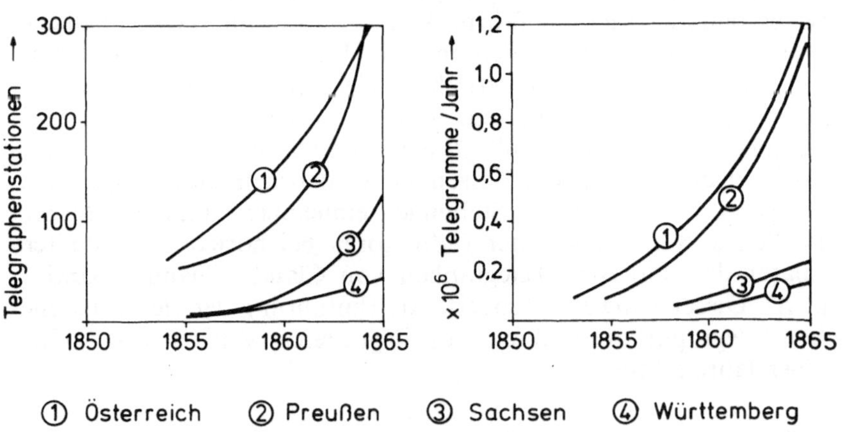

Bild X.1. Entwicklung des Telegrammverkehrs im Bereich des Deutsch—Österreichischen Telegraphenvereins zwischen 1855 und 1865 [140, 141].

---

[3] Schellen erwähnt hier auch die von privaten Gesellschaften errichteten und betriebenen elektromagnetischen Telegraphenlinien für den Schiffsmeldedienst zwischen Bremen und Bremerhaven (1847) und zwischen Hamburg und Cuxhaven (1848) [9].

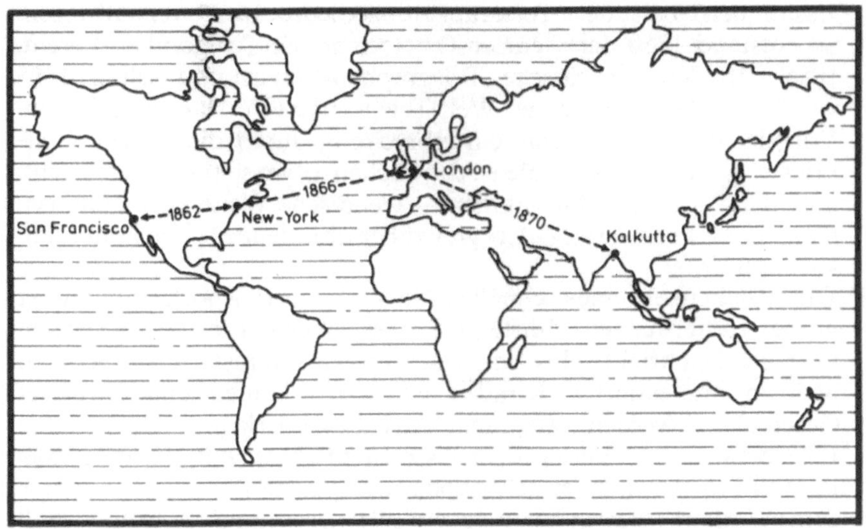

Bild X.2. Frühe Telegraphenweitverkehrsverbindungen

Unabhängig von der Frage, ob die Telegraphen-Netze von privaten Gesellschaften errichtet und betrieben wurden oder einem Staatsmonopol unterlagen, wuchsen in den zivilisierten Ländern die Anforderungen an dies neue Kommunikationsmittel schnell an. Das führte einerseits zu dem Wunsch, flächendeckende Netze von Telegraphenstationen einzurichten, um einem möglichst großen Teil der Bevölkerung die Benutzung zu ermöglichen; Bild X. 1 zeigt diese Entwicklung exemplarisch am Ausbau der Telegraphennetze und an der Entwicklung des Telegrammaufkommens in Österreich, Preußen, Sachsen und Württemberg in der Zeit zwischen 1855 und 1865. Auf der anderen Seite entstand der Wunsch, immer größere Entfernungen telegraphisch überbrücken zu können; Bild X. 2 zeigt auch hierfür einige herausragende Beispiele[4].

Bevor wir versuchen, einen ganz knappen Ausblick auf die technischen Konsequenzen dieser Entwicklung zu geben, soll hier auf zwei andere Folgen hingewiesen werden.

1. Der große Vorzug der elektromagnetischen Telegraphie, Nachrichten über nahezu beliebig große terrestrische Entfernungen übertragen zu können, forderte schon frühzeitig eine internationale

---

[4] *Stefan Zweig* hat in seinem Buch „Sternstunden der Menschheit" dem dramatischen Kampf um die erste Realisierung einer telegraphischen Verbindung zwischen Amerika und Europa ein eigenes Kapitel gewidmet [142].

Zusammenarbeit der Telegrapheningenieure und -verwaltungen. So entstand 1850 der Deutsch-Österreichische Telegraphen-Verein, 1855 der Westeuropäische Telegraphen-Verein und schon 1865 wurde in Paris der erste Welt-Telegraphen-Vertrag geschlossen. Von da an wurde — mit Unterbrechung durch die beiden Weltkriege — in internationalen Absprachen gegenseitig sichergestellt, daß — mit wenigen Ausnahmen — technische Weiterentwicklungen nicht zur Erschwerung der grenzüberschreitenden Telekommunikation führten.

2. Die Möglichkeit eines schnellen Nachrichtentransportes auch über große Entfernungen führte zu einer neuen Einstellung gegenüber der Nachricht selbst, die als Ware zu sammeln, aufzubereiten und an interessierten Kunden weiterzuverkaufen ein lukratives Geschäft zu werden versprach. Aus dieser Erkenntnis gründeten 1848 New Yorker Verleger die Associated Press (AP), richtete 1849 B. Wolff in Berlin einen telegraphischen Nachrichtendienst ein, aus dem Wolff's Telegraphenbüro (WTB) hervorging, entstand 1850 in Paris aus einem schon 1835 gegründeten Übersetzungsbüro die Agance Havas (heute AFP) und gründet 1851 P. J. Reuter in London Reuter's Telegram Company (Reuters).

Wenn wir jetzt noch einen ganz kurzen Überblick über die technische Weiterentwicklung zu geben versuchen, beginnen wir mit der *Telegraphie*: Der schnelle Ausbau der Telegraphen-Netze führte zu einer gewissen Standardisierung des *Leitungsbau*; bei den Freileitungen (aus Kupfer-, Bronze- oder verzinktem Stahldraht) setzte sich der Doppelglockenisolator aus Glas oder Porzellan durch, der den besten Schutz gegen Ableitungsverluste durch Regen und Tau bot. Land- und Seekabel bewährten sich nach der Einführung der Guttaperch-Isolation und einer mechanischen Schutzbewehrung durch Stahldrähte, Kabel mit Faserstoff- oder Papierisolation mußten zusätzlich mit einem Bleimantel als Feuchtigkeitsschutz umpreßt werden.

Das schnelle Anwachsen des Telegrammaufkommens zwang zur *Rationalisierung des Telegraphenbetriebes* und zwar einmal zur möglichst guten Ausnutzung der bestehenden Leitungen (Erhöhung der Telegraphiergeschwindigkeit, Mehrfachausnutzung) und zur Mechanisierung der Sende- und Empfangsgeräte (Lochstreifensender, schnelle Typendrucker). Der Wunsch nach einem — wie wir heute sagen würden — telegraphischen Individualverkehr führte schließlich zur *Fernschreibtechnik*; wurde sie auf drahtlosen Übertragungsstrecken eingesetzt, mußte ein besonderer Schutz gegen Störungen der Übertragungssignale eingeführt werden (fehlererkennender Code, Schriftzeichen mit hoher Redundanz).

C   Diversifikation und Technologiewandel

Mitte der 70er Jahre des 19. Jh. begann die Einführung der *Telephonie*, die zur Entwicklung einer besonderen *Vermittlungstechnik* zwang, um jeweils zwei bestimmte von allen möglichen Teilnehmern eines Fernsprechnetzes miteinander verbinden zu können. Im Verlauf des 20 Jh. gewann die Telephonie immer mehr an Bedeutung und substituierte schließlich weitgehend die Telegraphie, vor allem, nachdem die jeweils gewünschte Verbindung von den Teilnehmern selbst hergestellt werden konnte (*Wähltechnik*).

Um die Wende vom 19. Jh. zum 20. Jh. gelangen die ersten *drahtlosen Signalübertragungen*. Diese neue Technik eröffnete nach dem ersten Weltkrieg die Möglichkeit einer Nachrichtenübertragung an Viele (*Hörfunk*), dem nach dem zweiten Weltkrieg das *Fernsehen* folgte. Als vorläufig letzter Schritt in dieser Entwicklungskette entstand in der 2. Hälfte des 20. Jh. die *Datenverarbeitung*, in der Informationen nach vorgebbaren Regeln miteinander verknüpft werden, um neue Informationen zu gewinnen.

Die praktische Realisierung nachrichtentechnischer Geräte und Anlagen geschah im 19. Jh. mit Hilfe *elektromechanischer Bauelemente*; in der ersten Hälfte des 20. Jh. kam die *Vacuum-Elektronenröhre* als Verstärkerelement auf, die in der zweiten Hälfte des 20. Jh. weitgehend durch den Transistor ersetzt wurde (*Halbleitertechnik*).

D   Schlußbemerkung

Die in den vorangehenden Abschnitten in knappester Form beschriebenen Entwicklungen erfolgten nicht in einem abgeschlossenen System. Sie wurden ausgelöst und beeinflußt durch das schnelle zahlenmäßige Wachstum der Bevölkerung und durch viele andere zeitlich parallel verlaufende technische Entwicklungen. Bild X. 3 deutet diese Zusammenhänge exemplarisch an[5], um zu zeigen, wie vielfältig und kompliziert die Probleme sind, die durch die wachsenden zivilisatorischen Ansprüche der Menschen einerseits und deren Befriedigung durch immer mehr neue Techniken andererseits aufgeworfen wurden und werden.

Diese Fragen sind nicht mehr Gegenstand des vorliegenden Buches. In den vorhergehenden Beiträgen zur Geschichte der Nachrichten-

---

[5] Die Darstellung beschränkt sich auf das Wachstum der europäischen Bevölkerung, weil hier die zahlenmäßige Entwicklung noch am ehesten aus der Geburtenrate und der mittleren Lebenserwartung auch für zurückliegende Zeiten abgeschätzt werden kann [6].

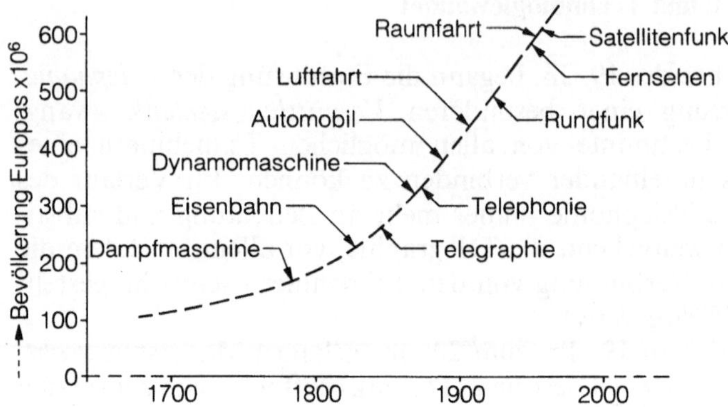

Bild X.3. Anwachsen der Bevölkerung in Europa seit 1700 und Einführung neuer Techniken seit dem Ende des 18. Jh.

technik in der ersten Hälfte des 19. Jh. wurde lediglich der Versuch unternommen, anhand der zeitgenössischen Quellen aufzuzeigen, aus welchen ursprünglichen naturwissenschaftlichen und technischen Wurzeln die Nachrichtentechnik (oder — nach dem neuesten Sprachgebrauch — die Informationstechnik) unserer Zeit hervorgegangen ist.

Literaturverzeichnis

1. Allgemeine Bauzeitung, hrsg. von Chr. Fr. Förster: Baron Schilling's Versuche, Elektrizität auf Telegraphie ... anzuwenden. Wien: 1837, Seite 440
2. American Journal of Science (Silliman's American Journal). T. 33 (1837), Seite 185 ... 187
3. American Peoples Encyclopedia. New York: Grohier 1970
4. Ampère, A. M.: De l'Action mutuelle de deux courans électrique. Annales de chimie et de physique Ser. 1, Vol. 15 (1820), Seite 59 ... 76
5. Anonymus: Beschreibung der vorhandenen Telegraphen mit besonderer Berücksichtigung des preußischen nebst Vorschläge zur Verbesserung derselben. Quedlinburg: Hanewald, 1833. 45 S. 8°
6. Aschoff, Volker: Von der Verantwortung des Ingenieurs. Elektrotechn. Zeitschrift A 93 (1972), S. 681 ... 686
7. Aschoff, Volker: 800 Jahre Hochschulreform. Alma Mater Aquensis. Band XI (1973/74) Seite 63 ... 75
8. Aschoff, Volker: Paul Schilling von Canstatt und die Geschichte des elektromagnetischen Telegraphen. Abhandlungen und Berichte des Deutschen Museums 44 (1976) Heft 3
9. Aschoff, Volker: Frühe Anfänge der Telegrafie im norddeutschen Küstenraum. Archiv für deutsche Postgeschichte Heft 1, 1979
10. Aschoff, Volker: David Hansemann und der Aachener Eisenbahntelegraph. Technische Mitteilungen 74 (1981), S. 371 ... 376
11. Aschoff, Volker: Drei Vorschläge für nichtelektrisches Fernsprechen aus der Wende vom 18. zum 19. Jh. Abhandl. und Berichte des Deutschen Museums 49 (1981), Heft 3, Seite 3 ... 42
12. Aschoff, Volker: Die telegraphische Korrespondenz zwischen Danzig und Neufahrwasser im Jahre 1807. RWTH-Themen 3/83, Seite 28 ... 31
13. Aschoff, Volker und Lüke, H. D.: Noch einmal Gauß und Weber. Nachrichtentechn. Zeitschrift, Bd. 40 (1987), Seite 428 ... 442
14. Bakewell, F. C.: Patentspecification 12.352. London, 2. Juni 1849
15. Barlow, P.: On the Laws of Electro-Magnetic Action, as depending on the Length and Dimensions of the conducting Wire, ... Edinburgh Philosophical Journal Vol. XII, (1825), Seite 105 ... 114
16. Basse, F. H.: Galvanische Versuche und Beobachtungen, die Leitung des Galvanisch-electrischen Fluidums betreffend ... Annalen der Physik (Gilbert) Bd. 14 (1803) Seite 26 ... 37
17. Beil, A.: Die Anwendung electro-magnetischer Telegraphen für den Dienst der Eisenbahnen. Organ f. d. Fortschritt des Eisenbahnwesens in technischer Beziehung 1. Bd. (1845) Seite 90 ... 105
18. Bergmann, K.: Telegrapheninspektor Friedrich Clemens Gerke. Postgeschichtliche Blätter, Hamburg 1968
19. Berliner Abendblätter: Herausgegeben von Heinrich von Kleist Faksimileausgabe. Wiesbaden, VMA-Verlag, 1980

20. Berling, K.: Bayerns Anteil an der Frühgeschichte der Telegraphie. Archiv für Postgeschichte in Bayern 1929 (Heft 1, S. 7 ... 13, Heft 2, S. 80 ... 95)
21. Bender, G.: Die Uhrenmacher des hohen Schwarzwaldes und ihre Werke. Villingen: Müller, 1. Bd. 1975, 2. Bd. 1978
22. Beuermann, G. und Görke, R.: Der elektromagnetische Telegraph von Gauß und Weber. Mitteilungen der Gauß-Gesellschaft Göttingen Nr. 20/21, Göttingen 1983/ 84
23. Biographie, Allgemeine Deutsche . . . Leipzig: Dunker und Humboldt 1875 ... 1912
24. Biography, Dictionary of national . . . London: Smith, Elder & Co. 1885 ... 1900
25. Biographie, Nouvelle . . . général. Paris: Didot 1852 ... 1866
26. Biot, B. J.: Exp. sur la propagation du son à travers les corps solides . . . Mém. d'Arcueil T. II 1809, Seite 405 ... 423
27. Börne, L.: Briefe aus Paris 1830 ... 1831. Hamburg: Hoffmann und Campe 1832, Seite 239
28. Bowers, B.: Sir Charles Wheatstone. London: HMSO, 1975
29. Briefwechsel zwischen C. F. Gauß und H. C. Schumacher. Hrsg. von C. A. F. Peters, Bd. 1—4, Altona 1860 ... 1865
30. Busch, G. Ch. B.: Versuch eines Handbuches der Erfindungen. Wittekind, Eisenach, 1790 ... 98
31. Cavallo, Tiberius: Complete Treatise on Electricity in theory and practice . . . 4th edition, London 1795
32. Cavallo, Tiberius: Vollständige Abhandlungen der theoretischen und praktischen Lehre von der Elektrizität . . . aus dem Englischen übersetzt von J. M. W. Baumann. Leipzig: Weidmann, 1797
33. Chladni, E. F. F.: Die Akustik. Breitkopf u. Härtel, Leipzig, 1802
34. Chopin, Frédéric: Briefe hrsg. von Krystyna Koblánska, übersetzt von C. Rymarowicz. Frankfurt: S. Fischer Verlag 1984
35. Cooke, W. F.: The electric telegraph. Was it invented by Prof. Wheatstone? Part I: London: Smith 1857; Part II: London: Smith 1856
36. Cooke, W. F.: Telegraphic Railways: or the single way . . . under the safe guard of the electric Telegraph. London: 1842
37. Cooper, J. F.: The Sea-Lions or 'the lost Sealers. Zitiert nach der Leather-Stocking Edition. New York: Putnam's Sons 1893
38. Drogge, H.: 150 Jahre elektromagnetische Telegrafie. Archiv für deutsche Postgeschichte Heft 2 (1983), Seite 73 ... 99
39. Encyclopedia Universal Ilustrada. Barcelona 1905 ... 1926
40. Erman, P.: Über die Entladung der Voltaischen Säule durch Vermittlung einer beträchtlichen Strecke eines Stromes. Annalen der Physik (Gilbert) Band 14 (1803), Seite 385 ... 396
41. Eyewitness to early American telegraphy. New York, Arno Press, 1974
42. Fahie, John. J.: A History of Electric Telegraphy to the Year 1837. London: Spon, 1884. Reprint New York: Arno Press 1974
43. Faraday, M.: Induction of electric currents; evolution of electricity from magnetismus; . . . Philosophical Transactions of the Royal Society, London, 1831
44. Fardely, William: Der elektrische Telegraph . . . für den gefahrlosen . . . Betrieb der Eisenbahnen . . . Mannheim: J. Bensheimer 1844
45. Fardely, W.: Der elektrische Telegraph auf der Taunus Eisenbahn. Dinglers Polytechnisches Journal Band 101 (1846) Seite 478 ... 480
46. Fardely, W.: Der Zeigertelegraph für den Eisenbahndienst dargestellt. Mannheim: T. Löffler 1856
47. Fechner, G. Th.: Lehrbuch des Galvanismus und der Elektrochemie. (3. Bd. des Lehrbuches der Experimental-Physik von J. B. Biot, übersetzt u. bearb. von G. Th. Fechner, 2. Aufl.) Leipzig: Voß, 1829
48. Fechner, G. Th.: Repertorium der Experimentalphysik. Leipzig: Voß, 1832

49. Feyerabend, E.: Der Telegraph von Gauß und Weber im Werden der elektrischen Telegraphie. Berlin: Reichsdruckerei 1933

50. Galvani, Luigi: de viribus electricitatis in motu musculari commentarius. Comment. Bonon. VII, Bologna 1791

51. Gauß, C. F.: Intensitas vis magneticae terrestris ad mensuram absolutam revocata. Deutsche Übersetzung herausgegeben von E. Dorn, Ostwald's Klassiker der exakten Naturwissenschaften Band 53, Leipzig: Engelmann 1894

52. Gauß, C. F. und Weber, W.: Resultate aus den Beobachtungen des magnetischen Vereins im Jahre 1837. Göttingen: Dietrich, 1838

53. Gauß, Carl Friedrich: Werke. Herausgegeben von der Gesellschaft der Wissenschaften zu Göttingen. a) Band XI Abt. 2; b) Band XII. Berlin: Springer 1870 ... 1929

54. Generallandesarchiv Karlsruhe. a) Protokoll des Ministeriums des Inneren vom 1. Juni 1847. GLA 233/32986; b) Gutachten des Expeditionsgehilfen Schneider vom 25. April 1849. GLA 237/13040

55. Gerke, Fr. C.: Der praktische Telegraphist oder die electromagnetische Telegraphie nach dem Morse'schen System ... Hamburg: Hoffmann und Campe, 1851

56. Gilbert: Des Prof. Erman ... Untersuchungen über den Magnetismus des geschlossenen Voltaischen Kreises. Annalen der Physik, Band 67 (1821) Seite 382 bis 426

57. Göttingsche gelehrte Anzeigen: a) 126 Stück (1821) S. 1249 ff.; b) 128 Stück (1834) S. 1265 ff.

58. Guerout, A.: L'historique de la Télégraphie électrique. La Lumière Électrique, T. VIII (1883) Seite 337

59. Hamel, Joseph: Die Entstehung der galvanischen und elektromagnetischen Telegraphie. Bulletin de l'Académie Impériale des Sciences de St.-Pétersbourg 1860 Band II, Spalte 97 ... 136 und 298 ... 303

60. Handschriftenabteilung der Niedersächsischen Staats- und Universitätsbibliothek Göttingen. a) Gauss, Briefe B: Weber; b) Gauss, Physik 6

61. Handwörterbuch des elektrischen Fernmeldewesens. Herausgegeben von Feyerabend, Heidecker, Breisig und Krukow, Berlin: Springer 1929

62. Hennig, R.: Die älteste Entwicklung der Telegraphie und Telephonie. Leipzig: J. A. Barth 1908

63. Henry, J.: On the application of the principle of the galvanic multiplier to electromagnetic apparatus ... Silliman's American Journal of Science Vol. XIX (1831), S. 400 ... 408

64. Henry: The papers of Joseph ... Vol. 3: 1836 ... 1837. Washington: Smithson. Press 1979

65. Highton, Eduard: The electric Telegraph: its History and Progress. London: John Weale, 1852

66. Hülsse, J.: Anwendung des Elektromagnetismus auf Telegraphie. Polytechnisches Zentralblatt 1838. Heft 31/32, Seite 481 ... 502

67. Humboldt, Fr. Alexander von: Versuche über die gereizte Muskel- und Nervenfaser nebst Vermuthungen über den chemischen Process des Lebens in der Thier- und Pflanzenwelt. Posen: Decker und Comp und Berlin: H. A. Rottmann 1797

68. Isis oder encyclopädische Zeitschrift, vorzüglich für Naturgeschichte, vergleichende Anatomie und Physiologie. (Hrsg. Lorenz Oken). 1836. Bericht über die Versammlung der Naturforscher und Ärzte zu Bonn im September 1835 Spalte 727

69. Jacobi, M. H.: Einige Notizen über galvanische Leitungen. (Aus dem Bulletin der phys. math. Kl. der Petersburger Akademie, T. I. p. 30) Poggendorff's Annalen, Band 58 (1842) Seite 409 ... 423

70. Jacobi, M. H.: Sur la Télégraphie Électrique. Archives de l'électricité T. 5 (1845) S. 574 ... 595

71. Jarozkij, A. W.: Pawel Lwowitsch Schilling. Sowjetische Akademie der Wissenschaften, Moskau, 1963

72. Journal für Chemie und Physik, Neues: (Hrsg. J. S. Ch. Schweigger) Band 2 (1811) Seite 217 ... 247

73. Journal für Fabrik, Manufaktur, Handlung und Mode. Band 12, 1797, Seite 226/27

74. Karrass, Th.: Geschichte der Telegraphie. Braunschweig: Vieweg (1909)

75. Kreuzer, R.: Zeitgeschichte von Furtwangen und Umgebung, Villingen: Görlacher 1880, S. 175/76

76. Kumpmann, K.: Die Entstehung der Rheinischen Eisenbahngesellschaft 1830 bis 1844. Archiv für Rheinisch-Westfälische Wirtschaftsgeschichte 1, Essen 1910

77. Lindner, H.: Strom. Erzeugung, Verteilung und Anwendung der Elektrizität. Deutsches Museum, Kulturgeschichte der Naturwissenschaft und Technik. Hamburg: Rowohlt 1985

78. Magazin für das Neueste aus Physik und Naturgeschichte. Herausgegeben von . . . Johann Heinrich Voigt 9. Band, 1. Stück. Gotha: Ettinger 1794 Seite 57 ... 59

79. Marggraff, H.: Carl August Steinheil und sein Wirken auf telegraphischem Gebiet. Sonderdruck aus dem Bayerischen Industrie und Gewerbeblatt 1888. München: Theodor Riedel o. J.

80. Mechanics' Magazine. London 1837. a) Alexander's Telegraph: S. 122/23; b) Telegraphic Communication betwixt Edinburgh and London: S. 318/19

81. Meller: Elektrische Telegraphen. Eisenbahnzeitung 1845 Seite 396

82. Morse, S. F. B.: Modern Telegraphy. Some errors of dates of eventh and of statement in the history of telegraphy exposed and rectified. Paris: A Chaix & Co. 1867, zitiert nach [49]

83. Morse, S. F. B.: His letters and journals. Hrsg. Eduard Lind Morse. Boston u. New York: Houghton Mifflin 1914

84. Muncke, G. W.: Beitrag „Multiplicator" in Gehlers Physikalischem Wörterbuch Band VI, 3. Abt. Leipzig: E. B. Schwickert 1837

85. Muncke, G. W.: Beitrag „Telegraph" in Gehlers Physikalischem Wörterbuch Band IX, 1. Abt. Leipzig: E. B. Schwickert 1838

86. Nobili, C. L.: Über einen neuen Galvanometer . . . übersetzt von Dr. Schweigger-Seidel. Journal für Chemie und Physik Band 45 (1825) Seite 249 ... 256

87. Oersted, Johannes Christianus: Experimenta circa effectum Conflictus electrici in Acum magneticam. Schweigger's Journal für Chemie und Physik. Bd. 29 (1820) S. 275 ... 281

88. Oersted, H. Chr.: Versuche über die Entwicklung des elektrischen Conflicts auf die Magnetnadel. Gilbert's Annalen der Physik Bd. 66 (1820) Seite 295 ... 304

89. Oersted: Neuere electro-magnetische Versuche. Schweigger's Journal für Chemie und Physik. Bd. 29 (1820) Seite 364 ... 369

90. Ohm, G. S.: Bestimmung des Gesetzes, nach welchem Metalle die Kontaktelektricität leiten, nebst einem Entwurfe zu einer Theorie des Voltaischen Apparates und des Schweiggerschen Multiplicators. Journal für Chemie und Physik Band 46 (1826) Seite 137 ... 166

91. Ohm, G. S.: Die galvanische Kette, mathematisch bearbeitet. Berlin: T. H. Riemann, 1827

92. Philosophical Magazine London: Bericht der Royal Institution über Ritchies Vortrag am 12. Febr. Bd. VII (1830) Seite 212

93. Poggendorff, J. C.: Über die galvanischen Ketten . . . Poggendorffs Annalen der Physik und Chemie 49 (1840) Seite 39

94. Poggendorff, J. C.: Biogr.-Lit. Handwörterbuch zur Geschichte der exakten Naturwissenschaften. a) Band 1/2, Leipzig: J. M. Barth 1863; b) Band 3, Leipzig: 1898

95. Pohl, R. W.: Elektrizitätslehre: 19. Auflage Berlin, Göttingen, Heidelberg: Springer 1964

96. Polytechnisches Journal, hrsg. von Dingler: Der elektromagnetische Telegraph an der Great-Western-Eisenbahn. Band 74 (1839) S. 394

97. Pope, F. L.: The American Inventors of the Telegraph. The Century Illustrated Magazine 13 (1888) Seite 924 ... 944
98. Proceedings of the Institution of Civil Engineers. Mai 1843, Seite 181 ... 182
99. Puschmann, P.: Der Aachener Eisenbahntelegraph. Zeitschr. des Aachener Geschichtsvereins 77 (1966), S. 162 ... 168
100. Puschmann, P.: Über den Aachener Eisenbahntelegraphen. Technikgeschichte 34 (1967) S. 350 ... 360
101. Reimann, Fr. A.: Die Kunst des Posamentirers ... Weimar: F. B. Voigt, 1840
102. Ritchie, W.: On a Torsion Galvanometer. Journ. Royal Institution of Great Britain London, Okt. 1830, Seite 37 ... 38
103. Ronalds, Francis: Descriptions of an Electrical Telegraph and of some other Electrical Apparatus. London: Hunter, 1823
104. Ronalds Library: Catalogue of Books and Papers, relating to Electricity, Magnetism, the electric telegraph & C, including the ... Edited by A. J. Frost, Society of Telegraph Engineers, London: Spon, 1880
105. Rosenberger, F.: Die Geschichte der Physik. Braunschweig 1882 ... 1890. Reprint Hildesheim: Olms 1965
106. Saavedra, A. S.: Tratado de Telegrafia, Tomo I. Barcelona: Jepús 1880
107. Salvà y Campillo, Francisco: a) Memoria sobre la electricidad aplicada á la telegrafia (16. Dezember 1795) Seite 1 ... 12; b) Disertacion sobre el galvanismo (19. Februar 1800) Seite 13 ... 27; c) Adicion sobre la aplicacion del galvanismo á la telegrafia (14. Mai 1800) Seite 28 ... 40; d) Memoria segunda sobre el galvanismo applicado á la telegrafia (22. Februar 1804) Seite 41 ... 55. Memorias de la Real Academia de ciencias naturales y artes de Barcelona Segunda época, Tomo I Barcelona, J. Jepús, 1878
108. Schaefer, C.: Über Gauss' Physikalische Arbeiten. Gauss Werke 11. Bd., 2. Abt., Abh. 2 Berlin: Springer 1929
109. Schellen, Heinrich: Der elektromagnetische Telegraph in den einzelnen Stadien seiner Entwicklung und in seiner gegenwärtigen Ausbreitung und Anwendung ... Braunschweig: Vieweg, 1850
110. Schilling, C.: Wilhelm Olbers, sein Leben und seine Werke. Bd. II. Briefwechsel zwischen Olbers und Gauß. Berlin: Springer 1909
111. Schilling, P. W.: Opisanije telegrafa elektromagnetitscheskojo, mnoju isobretennogo. Voprosy istorii estestvoznanija i techniki 1 (1956) Seite 246 ... 250
112. Schilling von Canstatt, C. F.: Geschlechtsbeschreibung derer Familien von Schilling. Carlsruhe: Müllerische Hofbuchdruckerei 1807
113. Schweigger, I. S. C.: Zusätze zu Oersteds elektromagn. Versuchen. Journal für Chemie und Physik, Band 31 (1821) Seite 1 ... 41)
114. Schweigger, I. S. C.: Auszüge aus der Schrift: Umrisse zu den physischen Verhältn. d. v. Herrn Prof. Oerstedt entdeckte elektrochem. Magnetismus von P. Ermann, Berlin 1821. Journal für Chemie und Physik Band 32 (1821) Seite 38 ... 50
115. Schweigger, J. S. C.: Einige Werte über Barlow's Versuch, die Leitung der Electricität durch Drähte betreffend. Journal für Chemie und Physik Band 44 (1825) Seite 118 ... 121
116. Sembdner, H.: Die Berliner Abendblätter Heinrich von Kleists, ihre Quellen und ihre Redaktion (Bd. 19 der Schriften der Kleist-Gesellschaft). Berlin: Weidemannsche Verlagsbuchhandlung, 1939
117. Shaffner, T. P.: The Telegraph Manual. New York: D. van Nostrand, 1867, Seite 136 ... 137 (Erstausgabe New York 1859)
118. Siemens, Werner von: Lebenserinnerungen. Berlin: Julius Springer 1892
119. Soemmerring, Samuel Thomas: Über einen elektrischen Telegraphen. Denkschriften der Kgl. Akademie der Wissenschaften zu München für die Jahre 1809 und 1810 Band II, Seite 401 ... 414 Tab. IV und V, München 1811

120. Soemmerring, Wilhelm: Der elektrische Telegraph als deutsche Erfindung S. Th. von Soemmerring's aus dessen Tagebüchern nachgewiesen. Beselli, Frankfurt a. m. 1863

121. Somerville, Maria: Überblick der physikalischen Wissenschaften in ihrem Zusammenhang. Übersetzt nach der 2. Aufl. des engl. Originals von K. F. Klöden. Berlin: Lüderitz 1835

122. Stauffert, F.: Über Ursprung, Ausbildung und Anwendung der verschiedenen Telegraphensysteme auf den Betrieb der Eisenbahnen. Allgemeine Bauzeitung (Hrsg. Ch. F. L. Förster) Wien, 13 (1848) S. 205 ... 279

123. Steinheil, C. A.: Über Telegraphie, insbesondere durch galvanische Kräfte. (Akademievortrag vom 25. Aug. 1838) München: C. Wolf, O. J.

124. Steinheil, C. A.: Noch ein Wort über den galvanischen Telegraphen zu München. Astronomisches Jahrbuch für 1839. Hrsg. von H. C. Schumacher Jg. 4. Stuttgart 1839, Seite 162 ... 179

125. Steinheil, K. A.: Mittheilungen über einen galvanischen Telegraphen. Kunst- und Gewerbe-Blatt des polytechn. Vereins für das Königreich Bayern. 32. Jahrgang, München 1846, Spalte 482 ... 485

126. Steinheil, C. A.: Beschreibung und Vergleichung der galvanischen Telegraphen Deutschlands nach Besichtigung im April 1849. Abhandl. d. mathem.-physik. Classe der Kgl. Bayer. Akademie der Wissenschaften, 5. Band. München 1850 S. 779 ... 840

127. Stricker, Wilhelm: Samuel Thomas von Soemmerring: ... nach seinem Leben und Wirken geschildert. Neujahrsblatt des Vereins für Geschichte und Alterthumskunde zu Frankfurt am Main. Frankfurt 1862

128. Sturgeon, W.: A complete set of novel electro-magnetic apparatus. Transactions Royal Society of arts 1825, Seite 37 ... 52

129. Teichmann, J.: Zwischen Physik und Technik: Elektrizität, Elektromagnetismus und Gauß-Weberscher Telegraph. Technikgeschichte 48 (1981) Nr. 4, Seite 298 bis 307

130. Urban: Das 50jährige Jubiläum des Morse-Alphabetes. Archiv für Post und Telegraphie 22 (1894) S. 281 ... 684

131. Vail, A.: Description of the American Electromagnetic Telegraph: now in operation between ... Washington und Baltimore. Washington: J. & G. S. Gideon 1845

132. Vail, A.: The American Electro Magnetic Telegraph: With the Reports of Congress and a Description of all Telegraphs known. Philadelphia: Lea & Blanchard, 1845

133. Vail, A.: Gründliche Darstellung des Electro-Magnetischen Telegraphen, nach dem System des Professor Morse, aus dem Englischen übersetzt von Clemens Gerke. Hamburg: Hoffmann & Campe 1848

134. Volta, Alessandro: Untersuchungen über den Galvanismus. Ostwalds Klassiker der exakten Wissenschaften Band 118, Leipzig 1900

135. Vorsselman de Heer, P. O. C.: Theorie der elektrischen Telegraphie, nebst Beschreibung eines neuen, auf die physiologischen Wirkungen der Elektricität begründeten Telegraphen. Annalen der Physik und Chemie, herausgegeben von J. C. Poggendorff Band 46 (1839), Seite 513 ... 537

136. Weber, E. H. und Weber, W.: Wellenlehre auf Experimente gegründet ... Leipzig: G. Fleischer 1825

137. Weber, M. M. Freih. von: Das Telegraphen- und Signalwesen der Eisenbahnen. Geschichte und Technik desselben. Weimar: B. F. Voigt, 1867

138. Wilson, Geoffrey: The Old Telegraphs. London: Phillimore & Co., 1976

139. Zetzsche, K. E.: Geschichte der elektrischen Telegraphie. Berlin: Springer 1877

140. Zetzsche, E.: Die Zunahme der telegraphischen Correspondenz in den Jahren 1851

bis 1859. Zeitung des Vereins Deutscher Eisenbahnverwaltungen 1861 S. 364 bis 366

141. Zetzsche, E.: Die Entwicklung der Telegraphen und des telegraphischen Verkehrs in den Jahren 1859—1865. Zeitung des Vereins Deutscher Eisenbahn-Verwaltungen 1866 S. 424 ... 426

142. Zweig, Stefan: Sternstunden der Menschheit. Zwölf historische Miniaturen. Stockholm: Bermann-Fischer, 1943

Namen- und Sachverzeichnis

Personennamen sind *kursiv* gedruckt, **fett** gedruckte Zahlen verweisen auf Seiten mit biographischen Angaben